Introduction to Analysis

by

Eiji YANAGIDA

SHOKABO

TOKYO

JCOPY 〈出版者著作権管理機構 委託出版物〉

▍まえがき

　数学の分野は代数学，幾何学，解析学，その他に大きく分類される．おおざっぱに言えば，代数学が数と計算，幾何学が図形を対象としているのに対し，解析学は変化あるいは変動を扱う分野である．例えば数列や関数はまさに変動を記述しており，解析学はそれらを扱うための理論と道具を与える．

　本書は，解析学の基礎について丁寧に解説することにより，数学を論理的に理解し記述するための基本的な能力を養うことを目的としている．解析学に関する著書は数多く出版されているが，本書の特色は，変動という視点をより明確に意識することによって，解析学の基礎をまとめ直している点にある．これにより，初等的な微積分学から本格的な解析学へと自然な形でつなげ，解析学に特有の細かい議論を直感的に理解できるように理論を展開する．なお，ここでいう直感的な理解とは厳密さを欠いたものではなく，論理を正しく展開するための道筋を俯瞰するためのものという意味である．

　読者としては，高校あるいは大学初年次の全学教育で習うような数学（微積分学，線形代数，集合など）についての知識をある程度備えており，さらに解析学に関する専門的な知識を学びたいと考えている人たちを想定している．したがって，すでになじみがあると思われる用語や概念については，特に定義せずに用いることもある．一方，解析学の理論を展開する際に厳密に扱うべき事項については，既知と思われる点についてもきちんと定義し直し，繰り返しを避ける場合を除けばすべての定理に証明を与える．

　厳密さを求めるとどうしても説明が長く難解になりがちであるが，そのような場合は証明をいくつかのステップに分けて，証明の流れがわかりやすくなるように工夫した．それでも証明が煩雑過ぎると思われるときには，強めの仮定を加えて議論を簡単化してある．その結果，多少の一般性は失われることにはなるが，本質的な部分については理解しやすくなっているはずである．理論的

な理解を深めるためには，具体的な例や計算問題も欠かせない．そのために，多くの例題と演習問題を用意し，丁寧な解答を巻末に与えた．

　数学独特の論理に最初はとまどう部分もあるかもしれないが，いろいろな定義の必然性とそれから導かれる結果の重要性についての理解が深まれば，論理的調和感にあふれた解析学の世界を味わうことができるであろう．本書が多少なりともそのための助けになれば幸いである．

　なお比佐幸太郎氏には原稿を丁寧に通読して頂き，多くの貴重なご指摘を頂いた．末筆ではあるが，ここに深く感謝の意を表したい．

2021 年 12 月

柳 田 英 二

目　次

KEYWORDS 🔑 とびらの鍵

1 CHAPTER
1 実　数

【この章の目標】

　数の体系は自然数から始まり，加減算や乗除算を自由に扱えるようにするために自然な形で整数や有理数が定義される．ところが実数は何らかの形で無限や極限の概念と関係しており，有理数から実数を構成するには有限回の代数的操作のみでは不十分である．この章では，無限の概念を直接扱うことを避け，切断と呼ばれる方法を用いて実数を定義し，実数がもつもっとも重要な性質が連続性であることを明らかにする．また，無限の概念を正しく扱うために無限集合についての理解を深め，有理数の集合と実数の集合の本質的な違いについて解説する．

1.1　数と集合

1.1.1 ── 数 の 体 系

　この節では，読者は数や集合についてある程度の知識を備えているものと想定し，数がどのように体系づけられているかについて説明する．以下では次のような記号を用いる[1]．

　　$\mathbb{N}$：自然数全体　　$\mathbb{Z}$：整数全体　　$\mathbb{Q}$：有理数全体　　$\mathbb{R}$：実数全体

　数学とは少数の公理から出発して厳密な理論体系を築く学問であるが，数についても例外ではない．例えば，自然数は次の**ペアノの公理**で定義され，これから自然数に関する性質が導かれる．

---

[1] 複素数全体を $\mathbb{C}$ で表すが，本書では複素数はほとんど扱わないので省略した．

(P-1)　自然数 1 が存在する.

(P-2)　どの自然数にもその後者が存在する.

(P-3)　1 は他の自然数の後者ではない.

(P-4)　異なる自然数は異なる後者をもつ.

(P-5)　1 がある性質をもち, ある自然数がこの性質をもてばその後者も必ず同じ性質をもつとき, すべての自然数はこの性質をもつ.

ペアノの公理 (P-1)〜(P-4) の意味は, 我々のもつ自然数に対する素朴な直感と合致する. 一方, 公理 (P-5) は他と比べるとそれほど自明ではなく, 数学的帰納法による証明が正しいことを保証する公理である. (P-5) を公理に加えることにより, 自然数の範囲内で"無限"を数学的に扱えるようになる.

　自然数の集合 $\mathbb{N}$ には加算という演算が定義され, 二つの自然数の和はまた自然数となる. ところが, 加算の逆演算である減算を定義するためには, 自然数に 0 および負の数を加えて, 整数 $0, \pm 1, \pm 2, \ldots$ を考える必要があり, このとき二つの整数の加算と減算の結果はまた整数になる. さらに整数には乗算も定義でき, 二つの整数の乗算の結果はまた整数となる. このように, 整数の集合 $\mathbb{Z}$ は加減算と乗算について閉じている[2]だけでなく, 加減算と乗算について交換法則, 結合法則, 分配法則が成り立つ.

　整数の集合 $\mathbb{Z}$ は, 乗算の逆演算である除算については閉じていない. すなわち整数を整数で割ると整数になるとは限らない. そのため $m \neq 0, n$ を整数としたとき, 方程式 $mx = n$ の解として有理数 n/m が定義される. すると, 有理数の集合 $\mathbb{Q}$ では除算（ただし 0 での除算は除く）が定義できてその結果はまた有理数になり, したがって有理数の集合は加減乗除について閉じている. また整数と同様に交換法則, 結合法則, 分配法則が成り立つ.

　有理数全体を考えれば, その中で自由に加減乗除ができるので, 四則演算を扱うだけなら有理数の集合で十分である. しかしながら, 例えば方程式 $x^2 - 2 = 0$

---

[2] 演算による結果がその集合に属し, したがって集合外の要素を考える必要がないという意味である.

は有理数の範囲では解けない[3]など，有理数だけでは数の集合としては不十分である．実は，有理数から実数を構成するにはこのような代数的操作のみでは不十分であり，例えば円周率 $\pi = 3.14159\cdots$ やネイピア数 $e = 2.71828\cdots$（自然対数の底）は有理数を係数とする代数方程式の解にはなり得ない[4]ことが知られている．

有理数の集合は実数の中で稠密である．すなわち，二つの相異なる実数の間に有理数が必ず存在する（演習問題 1.2-5）．これは数直線上に有理数がぎっしりと詰まっていることを示しているが，隙間がないということではない．実際，二つの相異なる有理数の間には必ず無理数が存在するので，有理数は数直線上で隙間だらけということになる．

有理数を十進法で表現すると，有限小数または循環小数になる．言い換えれば，各有理数は有限の情報量しかもっていない．一方，無理数は循環しない無限小数で表され，したがって無理数は一般には無限の情報量をもっている．無理数を定義するのにそれを近似する有理数の極限として考えるのが一つの方法であるが，そのためにはまず極限について定義しなければならない．こう見ていくと，有理数から実数全体へと数の集合を拡げていくことは容易ではないことに気づく．実際，解析学の理論を厳密に展開するためには，まず実数についてきちんとした定義を与え，その性質について正しく理解することが必須であるが，実はこれは数学の歴史においてもっとも複雑で難しい問題の一つであった．

■1.1.2 — 実数の構成

上で述べたように，実数は本質的に極限の概念と関係しているが，一方，極限を定義しようとすると，そのためにはまず実数を定義しておくことが必要になり，素朴なやり方では循環論法に陥ってしまう．これを避けるためには，無限や極限を直接的に扱わずに実数を定義しなければならない．このような形で

---

[3] もちろん，2次以上の方程式が解けるようにするには，複素数の範囲まで数の集合を拡げる必要がある．
[4] 有理数を係数とする n 次方程式をみたす数を代数的数という．

実数を公理的に構成する方法はいくつか知られているが，次の有理数の切断による定義がもっとも簡潔である．

定義 1.1（**有理数の切断**）　すべての有理数を以下の条件をみたす（空でない）集合 A, B の組に分ける．これを**デデキントの切断**という．

> (D-1) 各有理数は A か B のいずれか一方のみに属する．すなわち $A \cup B = \mathbb{Q}$ かつ $A \cap B = \emptyset$[5] である．
> (D-2) すべての $a \in A$ および $b \in B$ に対して $a < b$ が成り立つ[6]．

デデキントの切断により，次の四つの場合が考えられる．

(I)　A に最大数があり，B に最小数がない．

(II)　A に最大数がなく，B に最小数がある．

(III)　A に最大数がなく，B に最小数がない．

(IV)　A に最大数があり，B に最小数がある．

このうち (IV) は起こり得ない．なぜなら，A の最小数 $\max A$ と B の最小数 $\min B$ は有理数なので (D-2) より $\max A < \min B$ であり，このとき $x = (\max A + \min B)/2$ は有理数であるが (D-1) をみたさないからである．また，デデキントの切断によって A と B は完全に分離されていることになるが，(I) と (II) は A と B の境目が有理数となる場合であり，(III) は境目となる有理数が存在しない場合である．なお，以上の議論は有理数のみを対象としており，実数はまだどこにも現れていないことに注意しよう．

　この考察にもとづいて実数を次のように構成する．まず，有理数の切断を上のように定義し，一つの切断に対して一つの実数が対応すると考える．数学的な言い回しをすれば，有理数に対するデデキントの切断と実数を "同一視" することによって実数を定義する．すなわち，(I) と (II) の場合は一つの有理数が対応し，(III) の場合は一つの無理数が定義される．重要な点は，デデキントの切

---

[5] 空集合を $\emptyset$ で表す．

[6] 有理数の集合は体の構造に加えて大小関係による "順序" という構造を備えている．

断による実数の定義は，極限あるいは無限という概念を直接的に扱うことを回避しているということである．このように，解析学における無限の扱いはきわめてデリケートなものであり，定義の段階では無限や極限を表に出さないことによって厳密性を保証するのである．

■1.1.3 ── 無 限 集 合

有限個の要素からなる集合を**有限集合**といい，無限個の要素からなる集合を**無限集合**という．ここで無限集合の正確な意味は，有限個の要素からなる部分集合に対して必ずそれ以外の要素が存在するという意味である．明らかに，数の集合 $\mathbb{N}, \mathbb{Z}, \mathbb{Q}, \mathbb{R}$ は無限集合である．ただしこれらは $\mathbb{N} \subset \mathbb{Z} \subset \mathbb{Q} \subset \mathbb{R}$ をみたしており，その大きさには差があることに注意しよう．

無限集合 A のすべての要素を $a_1, a_2, a_3, \ldots$ として順に並べることができるとき，A は**可算**[7]であるといい，また無限集合 A が可算のとき，その要素は**可算無限個**あるという．可算でない無限集合は**非可算**であるという．

定義から明らかなように自然数の集合 $\mathbb{N}$ は可算である．また，すべての整数の集合 $\mathbb{Z}$ は $0, 1, -1, 2, -2, 3, -3, \ldots$ と順に並べることができるので可算である．$\mathbb{N}$ は $\mathbb{Z}$ の真部分集合であるが，これらの集合の要素は順に並べることによって一対一に対応するので，無限の程度には差がないともいえる．なお，すべての無限集合には可算無限個の要素をもつ部分集合が含まれる．なぜなら，無限集合から有限個の要素を取り出して順に並べると，無限集合にはそれ以外の要素が必ず存在するのでそれを次の要素とすればよいからである．したがって可算無限集合はもっとも小さい無限集合ということになる[8]．

有理数の集合 $\mathbb{Q}$ が可算かどうかについて，次の定理が成り立つ．

定理 1.2　有理数全体の集合 $\mathbb{Q}$ は可算である．

[7] 可付番ともいう．より正確には，$\mathbb{N}$ から A への全単射（3.1 節参照）が存在することとして定義される．
[8] 厳密には，選択公理（無限個の空でない集合に対して，すべての集合から一つずつ要素を選び出せることを保証する公理）が必要である．

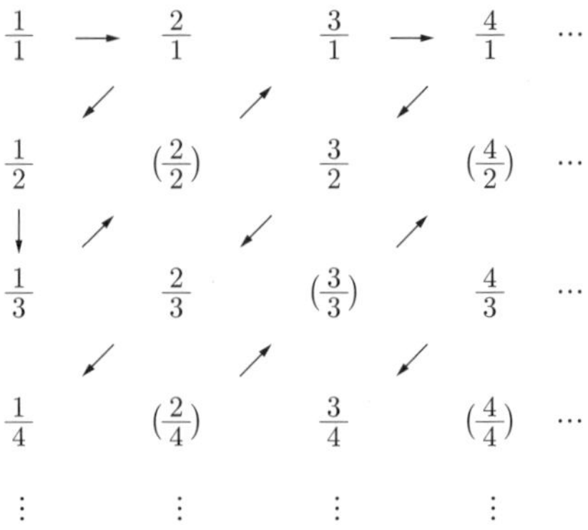

$$\frac{1}{1} \longrightarrow \frac{2}{1} \qquad \frac{3}{1} \longrightarrow \frac{4}{1} \quad \cdots$$

$$\frac{1}{2} \qquad \left(\frac{2}{2}\right) \qquad \frac{3}{2} \qquad \left(\frac{4}{2}\right) \quad \cdots$$

$$\frac{1}{3} \qquad \frac{2}{3} \qquad \left(\frac{3}{3}\right) \qquad \frac{4}{3} \quad \cdots$$

$$\frac{1}{4} \qquad \left(\frac{2}{4}\right) \qquad \frac{3}{4} \qquad \left(\frac{4}{4}\right) \quad \cdots$$

$$\vdots \qquad \vdots \qquad \vdots \qquad \vdots$$

図 1.1　すべての正の有理数の並べ方.

【証明】　正の有理数の集合を $\mathbb{Q}^+$ と表すことにし，そのすべての要素を図 1.1 のように並べる．すなわち，$\frac{n}{m}$ を第 m 行，第 n 列に配置し，矢印にしたがって順に並べる．ただし $\left(\frac{2}{2}\right), \left(\frac{2}{4}\right), \left(\frac{3}{3}\right)$ のような既約でない分数は省くことにする．

このようにして既約分数を順に取り出すと，すべての正の有理数を

$$1,\ 2,\ \frac{1}{2},\ \frac{1}{3},\ 3,\ 4,\ \frac{3}{2},\ \frac{2}{3},\ \cdots$$

と順に並べることができる．さらにこの並べ替えを利用し，0 から始めて正と負の有理数を交互に配置することによって，すべての有理数を

$$0,\ 1,\ -1,\ 2,\ -2,\ \frac{1}{2},\ -\frac{1}{2},\ \frac{1}{3},\ -\frac{1}{3}\ 3,\ -3,\ 4,\ -4,\ \frac{3}{2},\ -\frac{3}{2},\ \frac{2}{3},\ -\frac{2}{3},\ \cdots$$

のように順に並べることができる．よって $\mathbb{Q}$ は可算である．　■

最後に，$\mathbb{R}$ が非可算集合であることを示そう．

定理 1.3　実数全体の集合 $\mathbb{R}$ は非可算である．

【証明】　集合 $\mathbb{R}$ が可算であると仮定して矛盾を導く．すべての実数を順に並べることができたとし，それから $0 \le a < 1$ をみたす実数だけを取り出して並べたものを $\{a_1, a_2, a_3, \ldots\}$ とする．このとき，この列に含まれない実数で $0 < b < 1$ をみたすものが存在することを以下のようにして示す．

各 a_n を十進法の無限小数で

$$a_n = 0.\,\alpha_{n1}\,\alpha_{n2}\,\alpha_{n3}\cdots, \qquad \alpha_{ni} \in \{0,1,\ldots,9\}$$

と表す．このとき $\{\beta_n\}$ をすべての $n \in \mathbb{N}$ について $\beta_n \neq \alpha_{nn}$ をみたすように $\{1,2,\ldots,8\}$ の中から選び，実数 b を

$$b = 0.\,\beta_1\,\beta_2\,\beta_3\cdots$$

で定める．すると b は $0 < b < 1$ をみたし，また a_n とは小数第 n 位が異なるから，すべての $n \in \mathbb{N}$ について $b \neq a_n$ である[9]．したがって b は $\{a_1, a_2, a_3, \ldots\}$ には含まれないことになり，$\mathbb{R}$ が可算であるという仮定に反する．　∎

　定理 1.2 と定理 1.3 からわかるように，$\mathbb{R}$ は $\mathbb{Q}$ よりも真に大きな無限集合である．解析学の理論構築には有理数のみでは不十分で，実数全体を必要とする理由の一つがこれである．

演習問題 1.1

1. すべての無理数からなる集合は非可算であることを示せ．

2. 係数が整数であるような 2 次方程式の解となる実数の集合は可算であることを示せ．

1.2　実数の性質

■ 1.2.1 — 代数的性質

　この節では実数の集合 $\mathbb{R}$ について考える．まずは実数の基本的な性質についてまとめておこう．第一に，すでに述べたように実数の集合は有理数と無理数で構成されている．第二に，実数の集合は代数的には "体" と呼ばれる構造をもつ．すなわち，すべての $a, b \in \mathbb{R}$ に対して和 $a + b \in \mathbb{R}$ および積 $ab \in \mathbb{R}$ が定義

---

[9] $\{a_1, a_2, a_3, \ldots\}$ を十進法で表示して縦に並べると，$\alpha_{11}, \alpha_{22}, \alpha_{33}, \ldots$ は斜めの直線上にあるので，これを対角線論法という．

され，以下の性質をみたす．

(A-1)　$a + b = b + a$.（和の交換法則）

(A-2)　$(a + b) + c = a + (b + c)$.（和の結合法則）

(A-3)　すべての a に対して $a + 0 = a$.（零元の存在）

(A-4)　すべての a に対してある $(-a) \in \mathbb{R}$ が存在して $a + (-a) = 0$ が成り立つ．（和の逆元の存在）

(A-5)　$ab = ba$.（積の交換法則）

(A-6)　$(ab)c = a(bc)$.（積の結合法則）

(A-7)　$a(b + c) = ab + ac, (a + b)c = ac + bc$.（分配法則）

(A-8)　すべての a に対して $a1 = 1a = a$.（単位元の存在）

(A-9)　0 でないすべての a に対してある $a^{-1} \in \mathbb{R}$ が存在して $a(a^{-1}) = 1$ が成り立つ．（積の逆元の存在）

逆に条件 (A-1)〜(A-9) をみたす集合を**体**という．すなわち $\mathbb{R}$ は体である．また，有理数の集合 $\mathbb{Q}$ もこれらの条件をみたしているので体である．なお，整数の集合 $\mathbb{Z}$ は (A-1)〜(A-8) をみたしているが，(A-9) はみたさないので体ではなく，代数学的には**環**と呼ばれる[10].

　第三に，実数の集合には体としての構造に加えて，大小による順序関係が存在する．すなわち二つの実数には大小関係 $(\geq)$ が定義され，実数 a, b, c に対して以下が成り立つ．

(B-1)　$a \geq b$ または $b \geq a$ のいずれかが成り立つ．（全順序）

(B-2)　$a \geq a$.（反射律）

(B-3)　$a \geq b, b \geq a$ ならば $a = b$.（反対称律）

(B-4)　$a \geq b, b \geq c$ ならば $a \geq c$.（推移律）

(B-5)　$a \geq b$ ならば $a + c \geq b + c$.（加法律）

(B-6)　$a \geq 0, b \geq 0$ ならば $ab \geq 0$.（乗法律）

条件 (B-1)〜(B-4) をみたす集合を**全順序集合**という．自然数の集合 $\mathbb{N}$，整数の

---

[10]　乗法について交換法則が成り立つので，特に可換環という．

集合 $\mathbb{Z}$, 有理数の集合 $\mathbb{Q}$ も全順序集合である. 性質 (B-5) と (B-6) は, 体としての演算と順序の関係を表したものである.

■ 1.2.2 — 上限と下限

(A-1)〜(A-9) と (B-1)〜(B-6) は実数の集合 $\mathbb{R}$ と有理数の集合 $\mathbb{Q}$ に共通する性質であり, これだけでは $\mathbb{R}$ と $\mathbb{Q}$ の違いは見られない. $\mathbb{R}$ と $\mathbb{Q}$ の大きな違いは連続性と呼ばれる性質である. 連続性について説明するための準備として, $\mathbb{R}$ の部分集合に関するいくつかの定義を与えよう.

A を $\mathbb{R}$ の空でない部分集合とする. ある $M \in \mathbb{R}$ が存在して [11], すべての $x \in A$ について $x \leq M$ $(x \geq M)$ が成り立つとき, A は**上に**（**下に**）**有界**であるといい, このような M を A の**上界**（**下界**）[12]という. A の上界（下界）M に対し, それより大きい（小さい）数もまた M の上界（下界）である. A が同時に上と下に有界のとき A は**有界**であるといい, そうでないとき**非有界**であるという. 特に, 上界（下界）が存在しないような集合は**上に**（**下に**）**非有界**であるという. もし上界 M が A の要素でもあるとき, M を A の**最大元**あるいは**最大値**といい $M = \max A$ と表す. A に最大元 M が存在すれば, M は最小の上界である. 同様に, A に含まれる下界が存在すれば**最小元**（**最小値**）が定義され, A の最小元を $\min A$ で表す.

上に有界であるが最大元が存在しないとき, 最大値に代わるものとして上界の最小値を考える. 以下の二つの性質をもつ実数 s を A の**最小上界**という.

(i) s は A の上界である.
(ii) s より小さい数は A の上界でない.

なお条件 (ii) は「$t < s$ ならば, $t < x \leq s$ となる $x \in A$ が存在する」, あるいは「$\varepsilon > 0$ ならば, $x > s - \varepsilon$ をみたす $x \in A$ が存在する」と言い換えることもできる. 条件 (ii) より, 最小上界が存在すればそれはただ一つである. これを**上限**ともいい $\sup A$ で表す. すなわち記号 $s = \sup A$ は, A に上限が存在して s

---

[11] 集合 A に応じて M を十分大きく（小さく）選ぶ.
[12] 上界, 下界とは超えられない壁と考えると理解しやすい.

に等しいことを表している。同様に，集合 A の下界に最大値が存在するとき，これを**最大下界**あるいは**下限**といい $\inf A$ で表す。

集合 A が上に（下に）非有界ならば上界（下界）は存在せず，したがって上のようには上限（下限）は定義されない。しかしながら，実数全体に $\pm\infty$ を加えた集合 $\mathbb{R} \cup \{\pm\infty\}$ を便宜的に考えることにより，非有界集合に対する上限または下限が定義できる。すなわち，$\pm\infty$ をすべての集合の上界あるいは下界とみなし，形式的には上に非有界な集合の上限を $+\infty$ と定義して $\sup A = +\infty$ と表す。同様に，下に非有界な集合の下限を $-\infty$ と定義して $\inf A = -\infty$ と表す。また，A が上に有界なとき $\sup A < +\infty$，下に有界なとき $\inf A > -\infty$ と表す。なお，空集合に対しては上限や下限は定義されない [13]。

例題 1.4 次の集合の上界と下界をすべて求め，有界性，上限，下限，最大値，最小値について調べよ。

 (1) $I = \{x \in \mathbb{R} \mid a < x \leq b\}$ (2) $J = \{x \in \mathbb{R} \mid x < c\}$

[解] $x \geq b$ ならば x は集合 I の上界であり，$x \leq a$ ならば下界である。したがって I は有界であり，$\sup I = b$, $\inf I = a$, $\max I = b$ で最小値は存在しない。$x \geq c$ ならば x は J の上界であり，下界は存在しない。したがって J は上に有界で下に非有界であり，$\sup J = c$, $\inf J = -\infty$ で最大値と最小値は存在しない。 □

■ 1.2.3 ── 実数の連続性

例題 1.4 のように，上に有界な集合が最大値をもつとは限らないが，では上に有界な集合には必ず上限が存在するだろうか。実はこれは奥深い問題であり，実数の連続性と密接にかかわっている。実数の連続性とは，数直線が実数によって隙間なく埋められているという性質である。実数の連続性を数学的に厳密に定義するやり方はいくつかあるが，ここでは上限の存在を公理とする方法を用

---

13) 空集合 $\emptyset$ に対して $\sup \emptyset = +\infty$, $\inf \emptyset = -\infty$ と定めることがある。逆に $\sup \emptyset = -\infty$, $\inf \emptyset = +\infty$ とすることもある。

いる[14].

◉ 連続性の公理
上に有界な空でない実数の集合には上限が存在する.

なお,有理数のみからなる体系では,有界な集合であっても上限が存在するとは限らない.例えば $\sqrt{2} = \sup\{x \in \mathbb{Q} \mid x^2 \leq 2\}$ は $\mathbb{R}$ の中には存在するが,$\mathbb{Q}$ の中には存在しない.この例が示すように,連続性の公理は $\mathbb{R}$ と $\mathbb{Q}$ を区別する本質的な性質である.

次の定理は直感的には当たり前のように思えるが,厳密にはこれも連続性の公理を用いて証明される.

定理 1.5(アルキメデスの公理) すべての正の実数 a と b に対し,$Na > b$ をみたす自然数 N が存在する[15].

【証明】 このような自然数が存在しないと仮定しよう.すると集合 $A = \{na \mid n \in \mathbb{N}\}$ は上に有界であるから,連続性の公理より A には上限 M が存在する.すると $M - a < M$ であることから,ある $n \in \mathbb{N}$ に対して $M - a < na$ が成り立つ.

したがって $M < (n+1)a$ が得られるが,$n+1$ は自然数であるから,M が A の上限であることと矛盾する. ■

実数がもついくつかの重要な性質は,連続性の公理と同値な関係にある.例えば,連続性の公理を**実数の切断**を用いた次の公理と置き換えてもよく,有理数の切断と比べると $\mathbb{R}$ と $\mathbb{Q}$ の違いが鮮明になる.

◉ デデキントの公理
すべての実数を以下の条件をみたすように空でない集合 A, B の組に分ける.

---

[14] これは極限を考える際に直接的に使える方法である.
[15] この性質を公理として採用する理論構築も可能であり,そのためこのように呼ばれる.

> (D-1) 各実数は A か B のいずれか一方に属する. すなわち $A \cup B = \mathbb{R}$, $A \cap B = \emptyset$ である.
>
> (D-2) すべての $a \in A$ および $b \in B$ に対して $a < b$ が成り立つ.
>
> このとき次のいずれか一方が起こる.
>
> (I) A に最大数があり, B に最小数がない.
>
> (II) A に最大数がなく, B に最小数がある.

定理 1.6 連続性の公理とデデキントの公理は同値である.

【証明】 A と B は空でない実数の集合で, (D-1), (D-2) をみたすとする. 連続性の公理を認めると, (D-2) より A は上に有界であるから上限 $s = \sup A \in \mathbb{R}$ が存在する. もし $s \in A$ ならば s は A の最大数であり, したがって (D-1) より $s \notin B$ である. 逆に $s \notin A$ ならば $s \in B$ であり, したがって s は B の最小数である. よって連続性の公理からデデキントの公理が導かれた.

次に, 上に有界な空でない実数の集合 C に対し, B を C の上界からなる集合とし, $A = \mathbb{R} \setminus B$ とおく. すると A と B は空でない集合で (D-1) をみたす. また任意の $a \in A$ と $b \in B$ に対し, a は C の上界ではないから $a < s$ をみたす $s \in C$ が存在し, 一方, b は C の上界なので $s \leq b$ が成り立つ. よって $a < s \leq b$ であるから, A と B は (D-2) をみたす.

ここでデデキントの公理を認めるとしよう. もし (I) が成り立つと仮定すると, A に最大数 M が存在する. A の定義から $M \in A$ は C の上界ではないから, $c > M$ をみたす $c \in C$ が存在する. このとき, $M < a < c$ をみたす a は C の上界ではないので $a \in A$ である. これは M が A の最大数であることと矛盾する. したがって (II) が成り立つから, B には最小数 (すなわち C の上限) が存在する. よってデデキントの公理から連続性の公理が導かれた. ■

定理 1.6 のように, 連続性の公理は実数に関するいくつかの重要な性質と同値である. これ以上の深入りは避けるが, 実は以下の公理あるいは次章で述べ

る定理は同値の関係にある．

- 連続性の公理
- デデキントの公理
- 有界単調数列の収束（定理 2.7）
- アルキメデスの公理＋区間縮小法の原理（定理 2.9）
- アルキメデスの公理＋コーシー列の収束（定理 2.17）

以上をまとめると，実数の集合は次の四つの基本的な性質をもつ．

1° $\mathbb{R} \supset \mathbb{Q}$
2° 四則演算に関する性質 (A-1)〜(A-9)
3° 全順序性（大小関係）(B-1)〜(B-6)
4° 連続性の公理（あるはそれと同値な命題）

逆に，これらをみたす最小の集合として実数体 $\mathbb{R}$ を定義することもできる．

演習問題 1.2

1. 整数全体の集合は上にも下にも非有界であることを示せ．

2. 非有界な集合は無限集合であることを示せ．

3. 次の集合の上限と下限を求めよ．

(1) $\{x \in \mathbb{R} \mid x^3 - 2x > 0\}$ 　　(2) $\{1 - 1/n \mid n \in \mathbb{N}\}$

(3) $\{x = \tan\theta \mid 0 \le \theta < \pi/2\}$ 　　(4) $\{\sin\theta \mid \theta \in \mathbb{Q}\}$

4. $\mathbb{R}$ の空でない部分集合 A と B に対して次の等式を示せ．

(1) $\sup\{-x \mid x \in A\} = -\inf A$

(2) $\sup\{x + y \mid x \in A,\ y \in B\} = \sup A + \sup B$

(3) $\inf\{x + y \mid x \in A,\ y \in B\} = \inf A + \inf B$

5. 二つの相異なる実数の間には必ず有理数が存在すること（有理数の稠密性）を示せ．

2 数列と級数

【この章の目標】

　解析学の理論を構築する上で，極限の概念はもっとも重要な要素の一つである．この章では，まず数列の極限について厳密な定義を与え，この定義にもとづいて数列が収束するための条件を与える．特に，極限に関するいくつかの重要な性質が実数の連続性から導かれることを示す．次に数列の和として級数を定義し，級数の収束に関するいくつかの判定法を与える．また級数の収束を絶対収束と条件収束に分け，それらの本質的な違いを明らかにする．

2.1 数列の極限

■2.1.1 ── 数列の収束と発散

　各 $n \in \mathbb{N}$ に一つの実数 a_n を対応させたものを**数列**という．数列を $\{a_n\}$ と表し，a_n を**第 n 項**という．数列 $\{a_n\}$ が a に収束するとは，直感的には，n を限りなく大きくしていくと，a_n の値がいくらでも a に近づくということである．しかし，この説明では "限りなく" とか "いくらでも" という言葉の意味が明確でなく，数学的な定義としては問題がある．極限値が具体的に計算できるような数列に対し，実際にその値に近づいていくことが確かめられる場合には，定義が多少いいかげんでも特に大きな問題は生じない．しかし，解析学の理論構築においては，極限値を具体的に計算することよりも，極限値をもつかどうか，すなわち収束するかどうかを判定することのほうが重要なことが多い．このとき，数列の収束について精密さを欠いた論理を積み重ねると，しまいには収束するかどうか判定できないだけではなく，最悪の場合には誤った結論を導きか

ねない.

そこで, 数列 $\{a_n\}$ の極限を数学的に厳密に定義するために, 論理的な曖昧さを排除したいわゆる ε-N 論法を用いる. まずは極限の定義を与えよう.

定義 2.1 任意の実数 $\varepsilon > 0$ に対してある自然数 N が存在し, 条件

$$n \geq N \text{ ならば } |a_n - a| < \varepsilon$$

をみたすとき, 数列 $\{a_n\}$ は a に**収束**するといい, a を数列 $\{a_n\}$ の**極限**あるいは**極限値**という. $\{a_n\}$ がいかなる値にも収束しないとき, この数列は**発散**するという. $\{a_n\}$ が a に収束するとき $\lim_{n\to\infty} a_n = a$ あるいは $a_n \to a \ (n \to \infty)$ と表す.

ε-N 論法は, 数列の変動に関する性質を二つの数 ε と N を用いて特徴づけており, 数列の収束を論理的な形式で表現することによって無限の概念を直接的に扱うことを回避したものである. 文章にするとまわりくどくなるが, 論理記号 $\forall$ (すべての, 任意の), $\exists$ (ある, 存在する), $\Longrightarrow$ (ならば) を用いると

$$\forall \varepsilon > 0, \ \exists N \in \mathbb{N} \ (n \geq N \Longrightarrow |a_n - a| < \varepsilon)$$

と簡潔に表現できる. 以下では適宜このような記法を用いることにする.

定義 2.1 は論理性を重視するあまり, その意味がすぐにはわかりにくい. そこで厳密さをなるべく失わないようにして, ε-N 論法の意味がわかりやすいように言い換えると次のようになる (徐々に直感的になっていくことに注意).

- 任意の $\varepsilon > 0$ に対し, 条件 $n \geq N \Longrightarrow |a_n - a| < \varepsilon$ をみたすような $N \in \mathbb{N}$ が存在する.

- $\varepsilon > 0$ が与えられたとき, それに応じて $N \in \mathbb{N}$ を十分大きくとれば条件 $n \geq N \Longrightarrow |a_n - a| < \varepsilon$ がみたされる.

- $\varepsilon > 0$ がいくら小さくても, 十分大きなすべての n に対して $|a_n - a| < \varepsilon$ が成り立つ.

要するに, 数列 $\{a_n\}$ が a に収束するということは, 「許容できる変動の幅と

してどんなに小さな値 $\varepsilon > 0$ を設定しても，数列の先のほう（N 番目以降）では $a \pm \varepsilon$ の範囲内でしか変動しない」ということであり，これを論理的に述べたのが定義 2.1 である．

以上を踏まえた上でさらにいくつか補足するが，上記の意味を理解していればすぐに納得できるであろう．

- $N \in \mathbb{N}$ は ε に応じて選ぶ必要があるので，ε への依存性を明確にするために $N(\varepsilon)$, N_ε などと表記することもある．
- $\varepsilon > 0$ が小さいほど条件 $|a_n - a| < \varepsilon$ をみたすのが難しくなる．したがって，数列の収束を示すには，小さな $\varepsilon > 0$ について条件をチェックすれば十分である．
- $N \in \mathbb{N}$ が大きいほど条件 $n \geq N \Longrightarrow |a_n - a| < \varepsilon$ をみたすのが容易になる．したがって N として条件をみたすもっとも小さな数を選ぶ必要はなく，より大きいもので置き換えても構わない．
- $C > 0$ を n, ε, N と無関係な定数とするとき，収束の条件を $n \geq N \Longrightarrow$ $|a_n - a| < C\varepsilon$ と置き換えても構わない．$\varepsilon > 0$ が任意なら $C\varepsilon > 0$ の値も任意に選べるからである．

例題 2.2　$\displaystyle\lim_{n\to\infty} |a_n - a| = 0 \iff \lim_{n\to\infty} a_n = a$ を定義にもとづいて示せ．

［解］　$b_n = a_n - a$ とおく．極限の定義より，左側は任意の $\varepsilon > 0$ に対して条件 $n \geq N \Longrightarrow ||b_n| - 0| < \varepsilon$ をみたす $N \in \mathbb{N}$ が存在することを表している．$||b_n| - 0| = |a_n - a|$ であるから，これは条件 $n \geq N \Longrightarrow |a_n - a| < \varepsilon$ と同値である．よって左側と右側は同値である．　　　　　□

最後に数列の $\pm\infty$ への発散を定義しよう．

定義 2.3　任意の $K > 0$ に対してある $N \in \mathbb{N}$ が存在し，条件

$$n \geq N \Longrightarrow a_n > K$$

をみたすとき，数列 $\{a_n\}$ は $+\infty$ に**発散**するといい，$\lim_{n \to \infty} a_n = +\infty$ あるいは $a_n \to +\infty \ (n \to \infty)$ と表す．条件を $n \geq N \implies a_n < -K$ と置き換えると，$-\infty$ への発散が定義される．また，$\pm\infty$ に発散しない発散数列は**振動**するという．

この定義で，記号 $\pm\infty$ は無限大という数を表しているのではなく，数列の挙動を表したものであることに注意しよう．極限概念がかかわっていることから厳密な議論には注意を要するが，K として十分大きい数を想定しているほかは，数列の収束と同様の取り扱いが可能である．

■2.1.2 — 極限の性質

数列の極限に関する基本的な性質をいくつか挙げる．以下の性質は直感的には明らかであるが，厳密に証明するためには定義に戻る必要がある．

まずは極限の一意性を示そう．

定理 2.4　収束数列の極限値はただ一つである．

【証明】　背理法で証明する．数列 $\{a_n\}$ が $a \neq a'$ に対して $a_n \to a \ (n \to \infty)$ および $a_n \to a' \ (n \to \infty)$ をみたすと仮定し，$\varepsilon = |a - a'|/2 > 0$ とおく．すると極限の定義より

$$k \geq N \implies |a_k - a| < \varepsilon, \qquad k \geq N' \implies |a_k - a'| < \varepsilon$$

をみたす $N, N' \in \mathbb{N}$ が存在する．そこで $N'' = \max\{N, N'\}$ とおくと，$n \geq N''$ に対して

$$0 < 2\varepsilon = |a' - a| = |a_n - a - (a_n - a')| \leq |a_n - a| + |a_n - a'| < 2\varepsilon$$

となり矛盾が生じる．よって極限値が一つしかないことが示された．　∎

数列 $\{a_n\}$ に対し，その値の集合 $\{a_n \mid n \in \mathbb{N}\}$ が有界のとき，$\{a_n\}$ は**有界**であるという[1]．収束数列は十分先のほうでは極限値の近くで変動することか

---

[1] 誤解が生じなければ $\{a_n \mid n \in \mathbb{N}\}$ を単に $\{a_n\}$ と表す．

ら，収束数列が有界であることは直感的に明らかであるが，定義にもとづいて厳密に証明すると次の定理が得られる.

定理 2.5 収束数列は有界である.

【証明】 $a = \lim\limits_{n \to \infty} a_n$ とおく. 極限の定義 2.1 で $\varepsilon = 1$ とすると，$n \geq N \Longrightarrow |a_n - a| < 1$ が成り立つような $N \in \mathbb{N}$ が存在することがわかる. そこで

$$M = \max\{|a_1 - a|, |a_2 - a|, \ldots, |a_N - a|, 1\} > 0$$

とおくと，すべての $n \in \mathbb{N}$ について $a - M < a_n < a + M$ が成り立つ. よって $\{a_n\}$ には上界 $a + M$ と下界 $a - M$ が存在するので有界である. ∎

定理 2.5 の逆は正しくない. 例えば，$a_n = (-1)^n$ で定まる数列 $\{a_n\}$ は有界であるが，収束しないことは明らかである.

次に，収束する数列に対していくつかの演算を考える. 次の定理は，数列の加減乗除と極限操作は順序を交換してもよいことを示している.

定理 2.6 数列 $\{a_n\}$ と $\{b_n\}$ が収束すれば以下が成り立つ.

  (i) 任意の定数 $\alpha, \beta \in \mathbb{R}$ に対して
$$\lim_{n \to \infty} (\alpha a_n + \beta b_n) = \alpha \lim_{n \to \infty} a_n + \beta \lim_{n \to \infty} b_n. \text{（極限の線形性）}$$

  (ii) $\lim\limits_{n \to \infty} (a_n b_n) = \left(\lim\limits_{n \to \infty} a_n \right) \left(\lim\limits_{n \to \infty} b_n \right).$

  (iii) $b_n \neq 0$ かつ $\lim\limits_{n \to \infty} b_n \neq 0$ ならば $\lim\limits_{n \to \infty} \dfrac{a_n}{b_n} = \dfrac{\lim\limits_{n \to \infty} a_n}{\lim\limits_{n \to \infty} b_n}.$

【証明】 $a = \lim\limits_{n \to \infty} a_n, b = \lim\limits_{n \to \infty} b_n$ とおくと，定義より，任意の $\varepsilon > 0$ に対して条件

$$n \geq N_a \Longrightarrow |a_n - a| < \varepsilon, \qquad n \geq N_b \Longrightarrow |b_n - b| < \varepsilon$$

をみたす $N_a, N_b \in \mathbb{N}$ が存在する. そこで $N = \max\{N_a, N_b\}$ とおくと，$n \geq N$ に対して $|a_n - a| < \varepsilon$ および $|b_n - b| < \varepsilon$ が成り立つ. これを用いて (i)〜(iii)

を以下のように証明する.

(i) $n \geq N$ ならば

$$|(\alpha a_n + \beta b_n) - (\alpha a + \beta b)| \leq |\alpha(a_n - a)| + |\beta(b_n - b)| < (|\alpha| + |\beta|)\varepsilon$$

が成り立つ. $|\alpha| + |\beta|$ は n, ε, N と無関係なので $\alpha a_n + \beta b_n \to \alpha a + \beta b$ $(n \to \infty)$ である.

(ii) 定理 2.5 より,すべての $n \in \mathbb{N}$ について $|b_n| < M$ かつ $|a| < M$ をみたす M が存在する.したがって $n \geq N$ ならば

$$|a_n b_n - ab| = |(a_n - a)b_n + a(b_n - b)| \leq M(|a_n - a| + |b_n - b|) < 2M\varepsilon$$

が成り立つ. M は n, ε, N と無関係なので $a_n b_n \to ab$ $(n \to \infty)$ である.

(iii) 仮定から,ある $N' \in \mathbb{N}$ が存在して $n \geq N'$ ならば $|b_n| > |b|/2 > 0$ である.そこで $N'' = \max\{N, N'\}$ とおくと,$n \geq N''$ ならば

$$\left|\frac{1}{b_n} - \frac{1}{b}\right| = \left|\frac{b_n - b}{bb_n}\right| \leq \frac{2|b_n - b|}{|b|^2} < \frac{2\varepsilon}{|b|^2}$$

が成り立つ. ここで $|b|$ は n, ε, N'' と無関係なので,$1/b_n \to 1/b$ $(n \to \infty)$ が成り立つ. そこで数列 $\{a_n\}$ と $\{1/b_n\}$ に対して (ii) を用いると,$a_n/b_n \to a/b$ $(n \to \infty)$ が得られる. ∎

演習問題 2.1

1. 定義にもとづいて $\displaystyle\lim_{n \to \infty} \frac{\sin n}{n} = 0$ を示せ.

2. $C > 0$ を定数とするとき,定義にもとづいて $\displaystyle\lim_{n \to \infty} \frac{n}{n + C} = 1$ を示せ.

3. 数列 $\{a_n\}$ と $\{b_n\}$ はすべての $n \in \mathbb{N}$ について $a_n \leq b_n$ をみたすと仮定する. もし $\{a_n\}$ と $\{b_n\}$ が収束すれば,$\displaystyle\lim_{n \to \infty} a_n \leq \lim_{n \to \infty} b_n$ が成り立つことを示せ. すべての $n \in \mathbb{N}$ について $a_n < b_n$ をみたす場合はどうか?

2.2　収束の条件

■ 2.2.1 —— 有界単調数列

　前節では，数列の極限が存在すると仮定し，極限の定義とその基本的な性質について述べた．この節では，極限が存在するための条件について考える．収束数列は有界（定理 2.5）なので，最初から有界な列に限って議論すれば十分である．ただし有界だからといって収束するとは限らない（例題 2.12）ので，有界な数列が収束するためには追加の条件が必要である．

　ここではまず，単純な振る舞いをする数列を考える．以下のいずれかがすべての $n \in \mathbb{N}$ について成り立つとき，数列 $\{a_n\}$ は**単調**であるという．

$$a_n \leq a_{n+1} \quad \textbf{（非減少）} \qquad a_n < a_{n+1} \quad \textbf{（狭義増加）}$$

$$a_n \geq a_{n+1} \quad \textbf{（非増加）} \qquad a_n > a_{n+1} \quad \textbf{（狭義減少）}$$

次の定理から，有界な単調数列はその上限あるいは下限に収束することがわかる．

定理 2.7（**単調収束定理**）　$\mathbb{R}$ 内の有界な単調数列は収束する．

【証明】　数列 $\{a_n\}$ が非減少で上に有界と仮定して証明する．（他の場合も証明は同様である．）

　仮定から，$A = \{a_n \mid n \in \mathbb{N}\} \subset \mathbb{R}$ は上に有界な空でない集合なので，連続性の公理より A には上限が存在する．これを $a = \sup A$ とおくと，任意の $\varepsilon > 0$ に対して $a - \varepsilon < a_N$ をみたす $N \in \mathbb{N}$ が存在する．すると $\{a_n\}$ が非減少であることから

$$n \geq N \implies a - \varepsilon < a_N \leq a_n \leq a$$

が成り立つ．よって $a_n \to a \ (n \to \infty)$ である．　■

例題 2.8　数列 $\{a_n\}$ を

$$a_n = \left(1 + \frac{1}{n}\right)^n \qquad (n \in \mathbb{N})$$

で定めるとき, $\{a_n\}$ は収束することを示せ.

[**解**]　まず $\{a_n\}$ が狭義増加であることを示す. 相加相乗平均の不等式より, 正の実数 $x_1, x_2, \ldots, x_{n+1}$ に対して

$$\frac{x_1 + x_2 + \cdots + x_{n+1}}{n+1} \geq \left(x_1 x_2 \cdots x_{n+1}\right)^{1/(n+1)}$$

(等号は $x_1 = x_2 = \cdots = x_{n+1}$ のとき) が成り立つ. ここで

$$x_1 = 1, \qquad x_2 = x_3 = \cdots = x_{n+1} = \frac{n+1}{n}$$

とおくと

$$\frac{n+2}{n+1} > \left(\frac{n+1}{n}\right)^{n/(n+1)}$$

となる. これより

$$a_{n+1} = \left(\frac{n+2}{n+1}\right)^{n+1} > \left(\frac{n+1}{n}\right)^n = a_n \qquad (n = 1, 2, 3, \ldots)$$

が得られる.

一方, 二項定理を用いると

$$a_n = \sum_{k=0}^{n} {}_n C_k \frac{1}{n^k} = \sum_{k=0}^{n} \frac{1}{k!} 1 \left(1 - \frac{1}{n}\right) \left(1 - \frac{2}{n}\right) \cdots \left(1 - \frac{k-1}{n}\right)$$

$$\leq \sum_{k=0}^{n} \frac{1}{k!} \leq 1 + 1 + \frac{1}{2} + \frac{1}{2^2} + \frac{1}{2^3} + \cdots + \frac{1}{2^{n-1}} < 3$$

が得られる. したがって $\{a_n\}$ は上に有界であるから, 単調収束定理 2.7 より数列 $\{a_n\}$ は収束する. □

■2.2.2 ── 区間縮小法

$\mathbb{R}$ が全順序集合であることを用いて，$\mathbb{R}$ の部分集合である**区間**が定義される．実数 $a \leq b$ に対し，区間 $[a,b]$, $(a,b]$, $[a,b)$, (a,b) を

$$[a,b] = \{x \in \mathbb{R} \mid a \leq x \leq b\}, \qquad (a,b] = \{x \in \mathbb{R} \mid a < x \leq b\},$$

$$[a,b) = \{x \in \mathbb{R} \mid a \leq x < b\}, \qquad (a,b) = \{x \in \mathbb{R} \mid a < x < b\}$$

で定義する．同様にして，x に対する不等式を片側だけにすると区間 $[a,\infty)$, (a,∞), $(-\infty,b]$, $(-\infty,b)$ が定義される．なお両側の制限をはずしたものが $\mathbb{R} = (-\infty,+\infty)$ である．ここで記号 $\pm\infty$ を用いたが，これは x の範囲に制限がないことを表すために用いた記号であって，数を表しているのではない[2]．

区間 I を上のように表したとき，a と b を I の**端点**という．なお区間 $(-\infty,+\infty)$ は端点をもたない．I に属する点が端点でないとき，その点を I の**内点**という．端点がすべて属するような区間を**閉区間**といい，端点が一つも属さない区間を**開区間**という．$a \in \mathbb{R}$ に対し，a が属する開区間を a の**近傍**[3]といい $U(a)$ で表す．特に $U^{\delta}(a) = (a - \delta, a + \delta)$ の形の開区間を a の δ 近傍という．また $U(+\infty) = (a,\infty)$ $(U(-\infty) = (-\infty,b))$ の形の区間を $+\infty$ $(-\infty)$ の近傍という．

以下の定理は実数の連続性から導かれる．

定理 2.9（区間縮小法の原理）　閉区間の列 $I_n = [a_n, b_n]$ が以下の条件をみたすと仮定する．

(i) $a_1 \leq a_2 \leq a_3 \leq \cdots \leq b_3 \leq b_2 \leq b_1$, すなわち $I_1 \supseteq I_2 \supseteq I_3 \supseteq \cdots$.

(ii) $\displaystyle\lim_{n\to\infty} (b_n - a_n) = 0$.

このときある $\xi \in \mathbb{R}$ が存在して，すべての $n \in \mathbb{N}$ について $\xi \in I_n$ であり，また $\displaystyle\lim_{n\to\infty} a_n = \lim_{n\to\infty} b_n = \xi$ が成り立つ．

【証明】　条件 (i) より $\{a_n\}$ は上に有界な増加数列であり，$\{b_n\}$ は下に有界な

---

[2] 数が入るべきところに $\pm\infty$ を用いることがあるが，この場合には何らかの極限操作を伴っており，その意味を明確にしておく必要がある．

[3] 必ずしも小さい区間とは限らない．

減少数列である. したがって極限 $\lim_{n \to \infty} a_n = \alpha$ および $\lim_{n \to \infty} b_n = \beta$ が存在する (定理 2.7). すると条件 (ii) より $\lim_{n \to \infty} (b_n - a_n) = \beta - \alpha = 0$ である. よって $\xi = \alpha = \beta$ であり, すべての $n \in \mathbb{N}$ について $a_n \leq \xi \leq b_n$ が成り立つ. ∎

定理 2.10（はさみうちの原理） 数列 $\{a_n\}$, $\{b_n\}$ および $\{c_n\}$ が以下の条件をみたすとする.

(i) すべての $n \in \mathbb{N}$ に対して $a_n \leq c_n \leq b_n$.

(ii) $\lim_{n \to \infty} a_n = \lim_{n \to \infty} b_n = c \in \mathbb{R}$.

このとき $\lim_{n \to \infty} c_n = c$ が成り立つ.

【証明】 条件 (ii) より, 任意の $\varepsilon > 0$ に対してある N が存在し, すべての $n \geq N$ について $|a_n - c| < \varepsilon$ および $|b_n - c| < \varepsilon$ が成り立つ. すると条件 (i) より, $c_n \geq c \Longrightarrow 0 \leq c_n - c \leq b_n - c < \varepsilon$ および $c_n \leq c \Longrightarrow -\varepsilon < a_n - c \leq c_n - c \leq 0$ が成り立つ. したがって $n \geq N \Longrightarrow |c_n - c| < \varepsilon$ が成り立つから, $c_n \to c \ (n \to \infty)$ である. ∎

■2.2.3 ── 部 分 列

$\{n_k\}$ を自然数の増加列（すべての $k \in \mathbb{N}$ に対し $n_k \in \mathbb{N}$ および $n_k < n_{k+1}$ をみたす列）とする. このとき a_{n_k} を第 k 項とする数列 $\{a_{n_k}\}$ を $\{a_n\}$ の**部分列**という. 部分列の性質から収束のための条件が導ける.

定理 2.11 数列 $\{a_n\}$ が $a \in \mathbb{R}$ に収束するためには, そのすべての部分列が a に収束することが必要十分である.

【証明】 まず, 数列 $\{a_n\}$ が a に収束すれば, その部分列は必ず a に収束することを示そう. 収束の定義 2.1 より, 任意の $\varepsilon > 0$ に対して $n \geq N \Longrightarrow |a_n - a| < \varepsilon$ をみたす $N \in \mathbb{N}$ が存在する. $n_k \geq k$ であるから, $\{a_n\}$ の任意の部分列 $\{a_{n_k}\}$ に対して $k \geq N \Longrightarrow |a_{n_k} - a| < \varepsilon$ が成り立つ. よって $a_{n_k} \to a \ (k \to \infty)$ である.

逆に $\{a_n\}$ のすべての部分列が $a \in \mathbb{R}$ に収束すれば，$\{a_n\}$ 自身も一つの部分列であるから $a_n \to a \ (n \to \infty)$ である． ∎

発散する数列であっても，その中から収束する部分列を取り出せることがある．

例題 2.12 $a_n = (-1)^n + 1/n$ で定まる数列 $\{a_n\}$ から収束する部分列を取り出せ．

[**解**] 任意の $\varepsilon > 0$ に対して $N\varepsilon > 1$ となるような $N \in \mathbb{N}$ を選ぶ．すると $n \geq N \implies |1/n - 0| < \varepsilon$ であるから $1/n \to 0 \ (n \to \infty)$ である．そこで各 $k \in \mathbb{N}$ に対して $n_k = 2k$，すなわち $a_{n_k} = a_{2k} = 1 + 1/2k$ とすれば 1 に収束する部分列 $\{a_{n_k}\}$ が得られる．同様に $n_k = 2k - 1$ とすれば -1 に収束する部分列が得られる． □

実は，数列が有界であれば，その中に収束する部分列が必ず存在する．

定理 2.13（**ボルツァノ・ワイエルストラスの定理**）　有界な数列は収束する部分列をもつ．

【**証明**】$\{a_n\}$ を有界な数列とすると，すべての $n \in \mathbb{N}$ について $a_n \in [-M, M]$ となるような $M > 0$ が存在する．このとき，$[-M, 0]$ あるいは $[0, M]$ の少なくとも一方は $\{a_n\}$ に属する無限個の要素を含む．この区間を $I_1 = [b_1, c_1]$ で表し，I_1 に含まれる $\{a_n\}$ の要素 a_{n_1} を一つ選ぶ．次に I_1 を二等分すると，その一方は $\{a_n\}$ に属する無限個の要素を含む．この区間を $I_2 = [b_2, c_2]$ で表し，I_2 に属する $\{a_n\}$ の要素 $a_{n_2} \ (n_1 < n_2)$ を一つ選ぶ．この手続きを繰り返すと，閉区間 $I_k = [b_k, c_k]$ の列で $I_1 \supseteq I_2 \supseteq I_3 \supseteq \cdots$ および $\lim_{k \to \infty} (c_k - b_k) = 0$ をみたすものが見つかる．すると区間縮小法の原理（定理 2.9）より，すべての $k \in \mathbb{N}$ について $a \in I_k$ をみたすような $u \in \mathbb{R}$ が存在して $\lim_{n \to \infty} b_n = \lim_{n \to \infty} c_n = a$ が成り立つ．また部分列 $\{a_{n_k}\}$ の選び方から，すべての $k \in \mathbb{N}$ について $b_k \leq a_{n_k} \leq c_k$ をみたすので，はさみうちの原理（定理 2.10）より $\lim_{k \to \infty} a_{n_k} = a$ である． ∎

収束部分列の極限となる数を**集積値**という．すなわち，各 $\varepsilon > 0$ に対して $|a_n - a| < \varepsilon$ をみたす $n \in \mathbb{N}$ が無限個存在すれば，$a \in \mathbb{R}$ は数列 $\{a_n\}$ の集積値である．有界な数列は収束するとは限らないが，ボルツァノ・ワイエルストラスの定理によれば少なくとも一つの集積値が存在する．一般に集積値は一つとは限らない（例題 2.12）が，収束数列の集積値はただ一つであることが極限値の一意性（定理 2.4）より導かれる．

■ 2.2.4 ── 上極限と下極限

数列 $\{a_n\}$ に対して $b_n = \sup\{a_i \mid i \geq n\}$ とおくと，$\{b_n\}$ は非増加数列であり，したがって $\{a_n\}$ が有界ならば $\{b_n\}$ は極限値をもつ．この値を $\{a_n\}$ の**上極限**といい

$$\limsup_{n \to \infty} a_n \quad \text{あるいは} \quad \overline{\lim_{n \to \infty}} \, a_n \quad (= \lim_{n \to \infty} b_n)$$

で表す．なお，$\{a_n\}$ が上に非有界のときは $\displaystyle\limsup_{n \to \infty} a_n = \infty$，$\{b_n\}$ が $-\infty$ に発散するときは $\displaystyle\limsup_{n \to \infty} a_n = -\infty$ と表す．同様に，$c_n = \inf\{a_i \mid i \geq n\}$ で定まる数列 $\{c_n\}$ の極限値を $\{a_n\}$ の**下極限**といい

$$\liminf_{n \to \infty} a_n \quad \text{あるいは} \quad \underline{\lim_{n \to \infty}} \, a_n \quad (= \lim_{n \to \infty} c_n)$$

で表す．なお，$\{a_n\}$ が下に非有界のときは $\displaystyle\liminf_{n \to \infty} a_n = -\infty$，$\{c_n\}$ が $+\infty$ に発散するときは $\displaystyle\liminf_{n \to \infty} a_n = +\infty$ と表す．定義からわかるように，数列 $\{a_n\}$ に対して上極限と下極限は（$\pm\infty$ の場合も含めれば）常に存在する．

次の定理は上極限，下極限と極限の関係を与える．

定理 2.14　有界な数列 $\{a_n\}$ が収束するためには，その上極限と下極限が同じ有限値であることが必要十分である．

【証明】 $\{a_n\}$ が有界であれば，$b_n = \sup\{a_i \mid i \geq n\}$ と $c_n = \inf\{a_i \mid i \geq n\}$ はすべての $n \in \mathbb{N}$ に対して $-\infty < c_n \leq a_n \leq b_n < +\infty$ をみたす．したがって，$\{b_n\}$ と $\{c_n\}$ が同じ値 a に収束すれば，はさみうちの原理（定理 2.10）より，$\{a_n\}$ は a に収束する．

逆に $\{a_n\}$ が $a \in \mathbb{R}$ に収束すると仮定すると，任意の $\varepsilon > 0$ に対して条件 $n \geq N \Longrightarrow a - \varepsilon < a_n < a + \varepsilon$ をみたす $N \in \mathbb{N}$ が存在し，これより $n \geq N \Longrightarrow a - \varepsilon \leq c_n \leq b_n \leq a + \varepsilon$ が得られる．よって $\{b_n\}$ と $\{c_n\}$ は $n \to \infty$ で a に収束するから $\limsup\limits_{n \to \infty} a_n = \liminf\limits_{n \to \infty} a_n = a$ が成り立つ． ∎

定理 2.15 上に有界な数列 $\{a_n\}$ の上極限は $\{a_n\}$ の最大の集積値である．
下に有界な数列 $\{a_n\}$ の下極限は $\{a_n\}$ の最小の集積値である．

【証明】 $\{a_n\}$ の上極限を a とする．もし a が集積値でないとすると，$\varepsilon > 0$ を十分小さくとれば $a - \varepsilon < a_n < a + \varepsilon$ をみたす a_n は有限個しかない．一方，上極限の定義より，$a_n \geq a + \varepsilon$ をみたす a_n も有限個しかない．したがって $a_n \geq a - \varepsilon$ をみたす a_n は有限個しかないことになり，a が上極限であることと矛盾する．よって上極限 a は集積値である．

一方，任意の集積値 a' に対し，すべての n について $\sup\{a_i \mid i \geq n\} > a' - \varepsilon$ が成り立つ．ここで $n \to \infty$ とすると $a \geq a' - \varepsilon$ が得られる．$\varepsilon > 0$ は任意であるから $a \geq a'$ が成り立ち，したがって a は集積値の中で最大である．

下極限が最小の集積値であることも同様にして示される． ∎

■ 2.2.5 — コーシー列

これまでに，有界な数列に極限が存在するための十分条件をいくつか与えた．ここでは数列が収束するための必要十分条件を与える．そのために，まずは次の定義を用意しておく．

定義 2.16 （コーシー列） 数列 $\{a_n\}$ が

◉ 数列に対するコーシー条件

任意の $\varepsilon > 0$ に対してある $N \in \mathbb{N}$ が存在し

$$i, j \geq N \implies |a_i - a_j| < \varepsilon$$

が成り立つ．

をみたすとき，$\{a_n\}$ を**コーシー列**あるいは**基本列**という．

数列の極限の定義 2.1 では，極限値 a の近くを変動することを条件として課していたが，次の定理は，変動幅が（極限値と無関係に）徐々に小さくなれば，数列がある値に収束することを示したものである．

> **定理 2.17**（コーシーの定理） 数列が収束するためには，それがコーシー列であることが必要十分である．

【**証明**】 数列 $\{a_n\}$ が a に収束すれば，任意の $\varepsilon > 0$ に対してある N が存在し，$i, j \geq N$ に対して $|a_i - a| < \varepsilon/2$ および $|a_j - a| < \varepsilon/2$ が成り立つ．したがって

$$i, j \geq N \implies |a_i - a_j| \leq |a_i - a| + |a_j - a| < \varepsilon$$

が成り立ち，コーシー条件をみたしていることがわかる．

逆に $\{a_n\}$ がコーシー列であれば，定義より，$i, j \geq N \implies |a_i - a_j| < 1$ をみたす $N \in \mathbb{N}$ が存在する．特に $j = N$ とおくと，$i \geq N \implies |a_i - a_N| < 1$ が成り立つ．そこで

$$M = \max\{|a_1|, |a_2|, \ldots, |a_{N-1}|, |a_N| + 1\}$$

とおくと，すべての $n \in \mathbb{N}$ について $|a_n| \leq M$ である．したがって $\{a_n\}$ は有界であるから，ボルツァノ・ワイエルストラスの定理により，$\{a_n\}$ から収束部分列 $\{a_{n_k}\}$ が取り出せる．

$a = \lim_{k \to \infty} a_{n_k}$ とおき，$\{a_n\}$ が a に収束することを示そう．まず，任意の $\varepsilon > 0$ に対して条件 $n_k \geq N_1 \implies |a_{n_k} - a| < \varepsilon$ をみたす $N_1 \in \mathbb{N}$ が存在する．一方，コーシー条件より，$n, n_k \geq N_2 \implies |a_n - a_{n_k}| < \varepsilon$ をみたす $N_2 \in \mathbb{N}$ が存在する．そこで $N = \max\{N_1, N_2\}$ とおくと

$$n \geq N \implies |a_n - a| \leq |a_n - a_{n_k}| + |a_{n_k} - a| < 2\varepsilon$$

が成り立つ．よって $\{a_n\}$ は a に収束する． ■

　コーシーの定理 2.17 は，極限値についての具体的な情報を必要としないことに注意しよう．そのため，コーシー条件は数列が収束するための（極限値とは無関係な）一般的かつ本質的な条件であり，解析学の理論においてきわめて重要な役割を果たす．なお，以下では級数，点列，関数，関数列，関数項級数が収束するための必要十分条件として，数列に対するコーシー条件と類似した形の条件が現れるが，これらをすべてコーシー条件と呼ぶ．

演習問題 2.2

1. I を有界閉区間とし，数列 $\{a_n\}$ は $\{a_n\} \subset I$ をみたすとする．もし $a_n \to a$ $(n \to \infty)$ ならば $a \in I$ をみたすことを示せ．I が開区間のときはどうか？

2. 数列 $\{a_n\}$ と $\{b_n\}$ は $0 < a_1 < b_1$ および

$$a_{n+1} = \sqrt{a_n b_n}, \qquad b_{n+1} = \frac{a_n + b_n}{2} \qquad (n \in \mathbb{N})$$

をみたすとする．このとき $\{a_n\}$ と $\{b_n\}$ は同じ値に収束することを示せ[4]．

3. 次で定まる数列 $\{a_n\}$ の上極限と下極限を求めよ．

(1) $a_n = (-1)^n + \dfrac{1}{n}$ 　　　　(2) $a_n = \dfrac{(-1)^n(3n+1)}{2n+1}$

(3) $a_n = \cos\left(n\pi + \dfrac{1}{n}\right)$

2.3 級 数

2.3.1 — 級数の収束と発散

　有限個の数の和は，時間と労力を惜しまなければその値を求めることができる．また交換法則より，項をどの順に加えても結果は同じである．一方，無限個の数の和を考えるときには事情は複雑で，まずは和の定義を与えるところから始めなくてはならない．

---

[4] この極限値を a_1, b_1 の算術幾何平均という．

数列の和にあたるものとして，級数を以下のように導入する．数列 $\{a_n\}$ に対し，その第 n **部分和**を

$$s_n = \sum_{i=1}^{n} a_i = a_1 + \cdots + a_n, \qquad n \in \mathbb{N}$$

で定義する．数列と部分和の列の対 $(\{a_n\}, \{s_n\})$ を**級数**といい

$$a_1 + a_2 + \cdots + a_n + \cdots, \qquad \sum_{n=1}^{\infty} a_n \text{ あるいは単に } \sum a_n$$

などの記号で表す．$\sum a_n$ の**収束**と**発散**を，部分和の列 $\{s_n\}$ の収束と発散で定義する．すなわち，無限個の数の和（級数）を有限個の数の和（部分和）の列の極限として捉える．数列 $\{s_n\}$ が $s \in \mathbb{R}$ に収束するとき，あるいは $\pm\infty$ に発散するとき，$s \in \mathbb{R} \cup \{\pm\infty\}$[5)]を**級数の和**といい

$$s = \lim_{n \to \infty} s_n = \sum_{n=1}^{\infty} a_n$$

と表す．以下では級数 $\sum a_n$ に対し，混乱がなければ級数と級数の和を同じ記号で表すことにする．

　級数の収束（発散）とはその部分和の列の収束（発散）のことであるから，前節で扱った数列についての議論をそのまま級数に対して適用できる[6)]．例えば，数列に関する結果からただちに次の定理が導かれる．

定理 2.18　級数 $\sum a_n$ と $\sum b_n$ が収束すれば，任意の定数 $\alpha, \beta \in \mathbb{R}$ に対して $\sum(\alpha a_n + \beta b_n)$ は収束し

$$\sum(\alpha a_n + \beta b_n) = \alpha \sum a_n + \beta \sum b_n$$

をみたす．（級数の和の線形性）

【証明】　$\{a_n\}$, $\{b_n\}$ の部分和からなる列をそれぞれ $\{s_n\}$, $\{t_n\}$ とすると，

[5)] $\pm\infty$ は数ではないが，$\pm\infty$ への発散を便宜上このように表す．
[6)] 級数の形で表現したほうが自然なこともあり，その場合には別に扱ったほうがよい．

定理 2.6 (i) により

$$\sum (\alpha a_n + \beta b_n) = \lim_{n \to \infty} (\alpha s_n + \beta t_n)$$

$$= \alpha \lim_{n \to \infty} s_n + \beta \lim_{n \to \infty} t_n = \alpha \sum a_n + \beta \sum b_n$$

が得られる. ■

　級数の収束性は, その級数から有限個の項を除いたり加えたりしても変わらない. したがって, 収束性を考える限りは記号を簡略的に $\sum a_n$ としても問題ないことになる.

　コーシーの定理 2.17 より, 級数 $\sum a_n$ が収束するためには, 部分和の列 $\{s_n\}$ がコーシー列であることが必要十分である. コーシー列に関する定義 2.16 を級数に当てはめると, 級数が収束するための必要十分条件として次が得られる.

> ◉ **級数に対するコーシー条件**
>
> 　任意の $\varepsilon > 0$ に対してある $N \in \mathbb{N}$ が存在し
>
> $$N \le i < j \implies |s_j - s_i| = |a_{i+1} + a_{i+2} + \cdots + a_j| < \varepsilon$$
>
> が成り立つ.

コーシー条件からただちに, 級数が収束するための簡単な必要条件が得られる.

定理 2.19　級数 $\sum a_n$ が収束すれば $\lim_{n \to \infty} a_n = 0$ である.

【証明】 $\sum a_n$ が収束すれば, 任意の $\varepsilon > 0$ に対して条件 $N \le n < m \implies |s_m - s_n| < \varepsilon$ をみたす $N \in \mathbb{N}$ が存在する. ここで $m = n + 1$ ととると, $n \ge N$ に対して $|s_{n+1} - s_n| = |a_{n+1}| < \varepsilon$ が成り立つ. したがって $a_n \to 0$ $(n \to \infty)$ である. ■

　言い換えると, 数列 $\{a_n\}$ が 0 に収束しなければ級数 $\sum a_n$ は発散する. 一方, 定理 2.19 の逆は必ずしも正しくない.

例題 2.20 調和級数

$$1 + \frac{1}{2} + \frac{1}{3} + \cdots + \frac{1}{n} + \cdots$$

の収束性について調べよ.

［**解**］ 部分和に対して

$$s_{2n} - s_n = \frac{1}{n+1} + \cdots + \frac{1}{2n} > \frac{1}{2n} \cdot n = \frac{1}{2}$$

が成り立つ. したがって調和級数はコーシー条件をみたさないので発散する.

□

この例題からわかるように, 級数 $\sum a_n$ が収束するためには a_n がある程度速く 0 に収束する必要がある.

■ 2.3.2 ── 絶対収束と条件収束

級数の収束は絶対収束と条件収束の 2 種類に分類できる. そのための準備として, まず次の定理を示しておこう.

定理 2.21 級数 $\sum |a_n|$ が収束すれば $\sum a_n$ は収束する.

【**証明**】 $\sum |a_n|$, $\sum a_n$ の部分和をそれぞれ $\{s_n\}$, $\{t_n\}$ とすると, $i < j$ に対して

$$|t_j - t_i| = |a_{i+1} + \cdots + a_j| \leq |a_{i+1}| + \cdots + |a_j| = |s_j - s_i|$$

が成り立つ. したがって $\{s_n\}$ がコーシー列ならば $\{t_n\}$ もコーシー列である. よって $\sum a_n$ は収束する. ■

定理 2.21 の逆は正しくない. 例えば $\sum (-1)^{n+1} n^{-1}$ は収束するが, $\sum n^{-1}$ は発散する（例題 2.29）.

定理 2.21 を踏まえ, 級数 $\sum a_n$ の収束を以下のように分類する. $\sum |a_n|$ が

収束するとき，級数 $\sum a_n$ は**絶対収束**するという．$\sum a_n$ は収束するが $\sum |a_n|$ は発散するとき，級数 $\sum a_n$ は**条件収束**するという．絶対収束する級数と条件収束する級数は本質的に異なる性質をもつ．以下ではその違いを見ていこう．

まず絶対収束する級数について考える．級数 $\sum |a_n|$ はすべての項が非負であるから，絶対収束級数について理解するためには，すべての $n \in \mathbb{N}$ について $a_n > 0$ をみたす級数 $\sum a_n$ について調べればよい．このような級数 $\sum a_n$ を**正項級数**という．

定理 2.22 正項級数 $\sum a_n$ が収束するためには，部分和の列 $\{s_n\}$ が有界であることが必要十分である．

【証明】 正項級数の部分和はすべての $n \in \mathbb{N}$ について $s_{n+1} = s_n + a_{n+1} > s_n$ をみたすから，$\{s_n\}$ は単調に増加する数列となる．したがって，単調収束定理 2.7 より $\{s_n\}$ が有界ならば $\sum a_n$ は収束する．逆に，定理 2.5 より $\sum a_n$ が収束すれば部分和は有界である． ■

正項級数 $\sum a_n$ が収束するとき，$\sum a_n < +\infty$ と表す．

例題 2.23 級数 $\sum (-1)^{n+1} \dfrac{1}{n^2}$ は絶対収束することを示せ．

[**解**] 各 $n \geq 2$ について $n^2 > n(n-1) > 0$ を用いると

$$1 + \frac{1}{2^2} + \frac{1}{3^2} + \cdots + \frac{1}{n^2} < 1 + \frac{1}{1 \cdot 2} + \frac{1}{2 \cdot 3} + \cdots + \frac{1}{n(n-1)}$$

$$= 1 + \left(\frac{1}{1} - \frac{1}{2} \right) + \left(\frac{1}{2} - \frac{1}{3} \right) + \cdots + \left(\frac{1}{n-1} - \frac{1}{n} \right)$$

$$= 2 - \frac{1}{n} < 2$$

が得られる．したがって $\sum \dfrac{1}{n^2}$ の部分和の列は有界であるから $\sum \dfrac{1}{n^2}$ は収束する（定理 2.22）．よって $\sum (-1)^{n+1} \dfrac{1}{n^2}$ は絶対収束する． □

■ 2.3.3 ── 収束判定法

級数の収束あるいは発散を判定するためのいくつかの方法について説明しよう．まずは正項級数に対する判定法を与える．

定理 2.24（**比較判定法**）$\sum a_n$ と $\sum b_n$ を正項級数とする．もしある定数 $c > 0$ と $N \in \mathbb{N}$ に対して $n \geq N \Longrightarrow a_n \leq cb_n$ をみたせば，以下が成り立つ．

(i) $\sum b_n$ が収束すれば $\sum a_n$ は収束する．

(ii) $\sum a_n$ が発散すれば $\sum b_n$ は発散する．

【証明】　(ii) は (i) の対偶なので (i) のみ証明すればよい．条件 $n \geq N \Longrightarrow a_n \leq cb_n$ より，$\{a_n\}$ の部分和の列は $n \geq N$ に対して

$$s_n = a_1 + \cdots + a_{N-1} + a_N + \cdots + a_n$$

$$\leq a_1 + \cdots + a_{N-1} + cb_N + \cdots + cb_n$$

$$\leq a_1 + \cdots + a_{N-1} + c\sum_{n=1}^{\infty} b_n < +\infty$$

をみたす．したがって部分和の列は有界であるから，定理 2.22 より $\sum a_n$ は収束する．　■

等比級数との比較はしばしば有効であるが，次の判定法は自己完結的に等比級数と比べる方法である．

定理 2.25　正項級数 $\sum a_n$ に対して以下が成り立つ．

(i)（**ダランベールの収束判定法**）$\displaystyle\limsup_{n\to\infty} \frac{a_{n+1}}{a_n} < 1$ ならば収束し，$\displaystyle\liminf_{n\to\infty} \frac{a_{n+1}}{a_n} > 1$ ならば発散する．

(ii)（**コーシーの収束判定法**）$\displaystyle\limsup_{n\to\infty} \sqrt[n]{a_n} < 1$ ならば収束し，$\displaystyle\liminf_{n\to\infty} \sqrt[n]{a_n} > 1$ ならば発散する．

【証明】 $\limsup\limits_{n\to\infty}\dfrac{a_{n+1}}{a_n}<1$ ならば, $n\geq N\Longrightarrow\dfrac{a_{n+1}}{a_n}\leq r<1$ をみたす $N\in\mathbb{N}$ と $r\in\mathbb{R}$ が存在する. すると $n\geq N$ に対して

$$a_n\leq ra_{n-1}\leq r^2a_{n-2}\leq\cdots\leq r^{n-N}a_N$$

が成り立ち, また等比級数 $\sum r^{n-N}a_N$ は収束するから, 比較判定法(定理2.24 (i))により $\sum a_n$ は収束することがわかる.

また $\liminf\limits_{n\to\infty}\dfrac{a_{n+1}}{a_n}>1$ ならば, $n\geq N\Longrightarrow\dfrac{a_{n+1}}{a_n}\geq r>1$ をみたす $N\in\mathbb{N}$ と $r\in\mathbb{R}$ が存在する. すると $n\geq N$ に対して

$$a_n\geq ra_{n-1}\geq r^2a_{n-2}\geq\cdots\geq r^{n-N}a_N$$

が成り立ち, したがって $n\to\infty$ のとき $a_n\to 0$ をみたさない. よって $\sum a_n$ は収束の必要条件(定理2.19)をみたしていないので発散する. 以上により (i) が示された.

同様に, $\limsup\limits_{n\to\infty}\sqrt[n]{a_n}<1$ ならば $n\geq N\Longrightarrow a_n\leq r^{N-n}$ をみたす $N\in\mathbb{N}$ と $0<r<1$ が存在し, $\liminf\limits_{n\to\infty}\sqrt[n]{a_n}>1$ ならば $n\geq N\Longrightarrow a_n\geq r^{N-n}$ をみたす $N\in\mathbb{N}$ と $r>1$ が存在するので, 等比級数と比較することによって (ii) が示される. ■

最後に, 広義積分[7])を利用した判定法を紹介する.

定理 2.26(積分判定法)　関数 f は $[1,\infty)$ で連続かつ正で非増加であると仮定する. このとき, $\sum f(n)$ が収束するためには, 広義積分 $\displaystyle\int_1^\infty f(x)dx$ が存在することが必要十分である.

【証明】 $\displaystyle\int_1^\infty f(x)dx<\infty$ であると仮定する. f が正で非増加であることから

$$f(n)\leq\int_{n-1}^n f(x)dx\qquad(n=2,3,4,\ldots)$$

[7)] 広義積分については後に 4.3.3 項で詳しく解説することにし, ここでは既知として話を進める.

が成り立つ. したがって部分和は

$$s_n = \sum_{k=1}^n f(k) \le f(1) + \sum_{k=2}^n \int_{k-1}^k f(x)dx < f(1) + \int_1^\infty f(x)dx < +\infty$$

をみたす. よって $\{s_n\}$ は有界な非減少数列であるから収束する.

一方, 広義積分が存在しなければ,

$$f(n) \ge \int_n^{n+1} f(x)dx \qquad (n = 1, 2, 3, \ldots)$$

であることから

$$\sum_{k=1}^n f(k) \ge \sum_{k=1}^n \int_k^{k+1} f(x)dx = \int_1^{n+1} f(x)dx \to +\infty \qquad (n \to \infty)$$

が成り立ち, したがって $\sum f(n)$ は発散する. ■

例題 2.27 $a \in \mathbb{R}$ に対し, 級数 $\zeta(a) = \displaystyle\sum_{n=1}^\infty \dfrac{1}{n^a}$ は $a > 1$ のとき収束し, $a \le 1$ のとき $+\infty$ に発散することを示せ[8].

[**解**]　$a > 0$ のとき, $f(x) = x^{-a}$ は $(0, \infty)$ で連続かつ正で非増加である. また $\displaystyle\int_1^\infty f(x)dx$ は $a > 1$ ならば存在し, $0 < a \le 1$ ならば存在しない. したがって積分判定法により, この級数は $a > 1$ ならば収束し, $0 < a \le 1$ ならば発散することがわかる. 一方, $a \le 0$ ならば $1/n^a$ は 0 に収束しないので, この級数は発散する. □

すべての $n \in \mathbb{N}$ について $a_n > 0$ のとき,

$$\sum_{n=1}^\infty (-1)^{n+1} a_n = a_1 - a_2 + a_3 - \cdots$$

の形の級数を**交代級数**[9]という. 交代級数が収束するための条件として次の判

---

[8] この級数によって定まる関数 ζ をゼータ関数という.

[9] 交項級数ともいう.

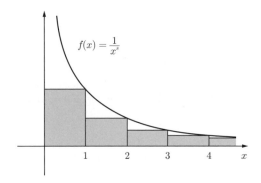

$f(x) = \dfrac{1}{x^s}$

図 2.1　ゼータ関数の定義.

定法がある.

定理 2.28（ライプニッツの判定法）　非増加な正の数列 $\{a_n\}$ が 0 に収束すれば，交代級数 $\sum (-1)^{n+1} a_n$ は収束する.

【証明】　仮定から，$\sum (-1)^{n+1} a_n$ の部分和はすべての $k \in \mathbb{N}$ に対して

$$s_{2k+1} = s_{2k-1} - (a_{2k} - a_{2k+1}) \leq s_{2k-1}$$

$$s_{2k+2} = s_{2k} + (a_{2k+1} - a_{2k+2}) \geq s_{2k}$$

をみたしている．したがって $\{s_{2k-1}\}$ は非増加，$\{s_{2k}\}$ は非減少であり，また

$$s_{2k-1} = (a_1 - a_2) + (a_3 - a_4) + \cdots + (a_{2k-3} - a_{2k-2}) + a_{2k-1} \geq 0$$

$$s_{2k} = a_1 - (a_2 - a_3) - (a_4 - a_5) - \cdots - (a_{2k-2} - a_{2k-1}) - a_{2k} \leq a_1$$

であるから，$\{s_{2k-1}\}$ は下に有界，$\{s_{2k}\}$ は上に有界である．したがって単調収束定理 2.7 より，$\{s_{2k}\}$ と $\{s_{2k+1}\}$ は収束する.

一方，$s_{2k-1} - s_{2k} = a_{2k} \to 0 \ (k \to \infty)$ であるから，$\{s_{2k}\}$ と $\{s_{2k+1}\}$ は同じ値に収束する．よって $\sum (-1)^{n+1} a_n$ は収束する. ■

交代級数は，収束するからといって絶対収束するとは限らない.

例題 **2.29**　交代級数 $\sum (-1)^{n+1} \dfrac{1}{n}$ の収束性について調べよ.

［解］　ライプニッツの判定法（定理 2.28）から，級数 $\sum (-1)^{n+1} \dfrac{1}{n}$ は収束することがわかる. 一方，調和級数 $\sum \dfrac{1}{n}$ は発散する（例題 2.20）ので，この級数は条件収束する. $\qquad\qquad\square$

最後に，条件収束する級数の性質について述べる.

定理 **2.30**　級数 $\sum a_n$ が条件収束すれば，数列 $\{a_n\}$ は無限個の正の項と無限個の負の項を含む. また，$\{a_n\}$ のすべての正の項からなる部分列を $\{a_k^+\}$，すべての負の項からなる部分列を $\{a_k^-\}$ とすれば，$\sum a_k^+$ は $+\infty$ に発散し $\sum a_k^-$ は $-\infty$ に発散する.

【証明】　s_n を $\sum a_n$ の第 n 部分和，$s_n^+ \geq 0$ をそのうちの正の項の和，$s_n^- \leq 0$ を負の項の和とする. $\sum a_n$ が収束すれば $\{s_n\} = \{s_n^+ + s_n^-\}$ は有界である. したがって，$\{s_n^+\}$ と $\{-s_n^-\}$ がともに $+\infty$ に発散するか，ともに有界であるかのいずれかである. 一方，$\sum a_n$ が条件収束すれば $s_n^+ - s_n^- \to +\infty$ $(n \to \infty)$ であるから，$\{s_n^+\}$ と $\{-s_n^-\}$ のいずれかは発散する. したがって，$\{s_n^+\}$ と $\{-s_n^-\}$ の両方が $+\infty$ に発散する. $\qquad\blacksquare$

■ 2.3.4 — 級数の再配列

有限個の数の和は，どの順に加えても結果は同じである（交換法則）. では級数の項を並べ替えると和はどうなるだろうか. この問題について考える前に，まずは項の並べ替えを厳密に定義しよう. F を $\mathbb{N}$ から $\mathbb{N}$ への一対一対応 [10] とする. すなわち，各 $n \in \mathbb{N}$ について $F(n) \in \mathbb{N}$ であり，逆に各 $m \in \mathbb{N}$ について $F(n) = m$ をみたす n がただ一つ存在すると仮定する. このような F に対して $b_n = a_{F(n)}$ とするとき，$\sum b_n$ を $\sum a_n$ の**再配列**という. なお $\sum b_n$ が $\sum a_n$ の再配列ならば，$\sum a_n$ は $\sum b_n$ の再配列である.

---

[10] 詳しくは 3.1.2 項で解説する.

絶対収束級数の和は，再配列によって変わらない．

> **定理 2.31** 級数 $\sum a_n$ が絶対収束すれば，その任意の再配列 $\sum b_n$ も絶対収束して $\sum a_n = \sum b_n$ をみたす．

【証明】 まず $\sum a_n$ が正項級数の場合を考え，$\sum a_n < \infty$ と仮定する．$\sum a_n$ の第 n 部分和を s_n，その再配列 $\sum b_n$ の第 n 部分和を t_n で表す．各 $n \in \mathbb{N}$ に対して $m \in \mathbb{N}$ を十分大きくとれば

$$\{b_1, b_2, \ldots, b_n\} \subset \{a_1, a_2, \ldots, a_m\}$$

となる．このとき $t_n \leq s_m \leq \sum a_n < \infty$ が成り立つから，$\{t_n\}$ は上に有界である．したがって $\{t_n\}$ は収束して $\sum b_n \leq \sum a_n$ が成り立つ．また $\sum a_n$ は $\sum b_n$ の再配列であるから，$\sum a_n$ と $\sum b_n$ の役割を入れ替えれば $\sum a_n \leq \sum b_n$ が得られる．よって $\sum b_n$ は収束して $\sum a_n = \sum b_n$ をみたす．

次に $\sum a_n$ を一般の絶対収束級数とし，$\{a_n\}$ から正の項のみを取り出した部分列を $\{a_k^+\}$，負の項のみを取り出した部分列を $\{a_k^-\}$ と表す．同様に，$\sum b_n$ から正の項のみを取り出した部分列を $\{b_k^+\}$，負の項のみを取り出した部分列を $\{b_k^-\}$ と表す．このとき，$\sum |b_n|, \sum b_k^+, \sum b_k^-$ はそれぞれ $\sum |a_n|, \sum a_k^+, \sum a_k^-$ の再配列であるから，上の議論よりこれらは絶対収束して和は同じである．ここで，各 $n \in \mathbb{N}$ に対して $i, j \in \mathbb{N}$ を

$$\{b_1, b_2, \ldots, b_n\} = \{b_1^+, b_2^+, \ldots, b_i^+\} \cup \{b_1^-, b_2^-, \ldots, b_j^-\}, \qquad n = i + j$$

となるようにとると

$$\sum_{k=1}^{n} b_k = \sum_{k=1}^{i} b_k^+ + \sum_{k=1}^{j} b_k^-$$

が成り立ち，$n \to \infty$ とすると右辺は

$$\sum_{k=1}^{i} b_k^+ \to \sum_{k=1}^{\infty} b_k^+ = \sum_{k=1}^{\infty} a_k^+, \qquad \sum_{k=1}^{j} b_k^- \to \sum_{k=1}^{\infty} b_k^- = \sum_{k=1}^{\infty} a_k^-$$

をみたす. 以上の議論をまとめると

$$\sum b_n = \sum b_k^+ + \sum b_k^- = \sum a_k^+ + \sum a_k^- = \sum a_n$$

が得られる. ■

条件収束級数の和は, 再配列の仕方によってどのような値でもとり得る.

定理 2.32 級数 $\sum a_n$ が条件収束すれば, 任意の $c \in \mathbb{R}$ に対して $\sum a_n$ の再配列 $\sum b_n$ で $\sum b_n = c$ をみたすものが存在する.

【証明】 $\{a_n\}$ から正の項のみを取り出した部分列を $\{a_k^+\}$, 負の項のみを取り出した部分列を $\{a_k^-\}$ とする. $\sum a_n$ の再配列を $\sum b_n$ とし, $\sum b_n$ の部分和を s_n で表す.

$c \in \mathbb{R}$ を任意に与え, $\sum a_n$ を次の規則に従って再配列する.

(i) $\{a_k^+\}$ と $\{a_k^-\}$ のいずれかから前から順に選ぶ.

(ii) $s_n \leq c$ ならば b_{n+1} を $\{a_k^+\}$ の中から選ぶ.

(iii) $s_n > c$ ならば b_{n+1} を $\{a_k^-\}$ の中から選ぶ.

定理 2.30 より, $\sum a_n$ が条件収束すれば $\sum a_k^+$ と $\sum a_k^-$ は両方とも発散する. したがって (ii) あるいは (iii) が無限に繰り返されることはないから, $\{a_k^+\}$ と $\{a_k^-\}$ からすべての項が取り尽くされる. このとき $\sum b_n$ は $\sum a_n$ の再配列となり, また (ii) と (iii) からある番号から先では $-|b_n| < s_n - c \leq |b_n|$ をみたしている. ここで $\sum a_n$ が条件収束することから $a_n \to 0 \ (n \to \infty)$ であり, したがって $|b_n| \to 0 \ (n \to \infty)$ である. よって $s_n \to c \ (n \to \infty)$ が成り立ち, $\sum b_n = c$ が示された. ■

同様の方法を用いて, 条件収束する級数を再配列することにより, $\pm\infty$ に発散する級数や部分和が振動するような級数を構成することができる.

演習問題 2.3

1. 次の正項級数の収束性について調べよ.

(1) $\displaystyle\sum_{n=1}^{\infty} \frac{1+n^b}{1+n^a}$ $(a, b \in \mathbb{R})$

(2) $\displaystyle\sum_{n=1}^{\infty} \frac{1}{n^a}(\sqrt{n+1} - \sqrt{n-1})$ $(a \in \mathbb{R})$

(3) $\displaystyle\sum_{n=1}^{\infty} \frac{\log(n+1)}{n^a}$ $(a \in \mathbb{R})$

(4) $\displaystyle\sum_{n=1}^{\infty} \frac{1}{n(\log(n+1))^a}$ $(a \in \mathbb{R})$

2. 次の交代級数の収束性について調べよ.

(1) $\displaystyle\sum_{n=1}^{\infty} (-1)^{n+1} \sin\frac{1}{n^a}$ $(a > 0)$ (2) $\displaystyle\sum_{n=1}^{\infty} (-1)^{n+1} \frac{1}{n\log(n+1)}$

3. 級数 $\sum a_n$ が条件収束すれば, $\sum a_n$ の再配列 $\sum b_n$ で $\sum b_n = +\infty$ をみたすものが存在することを示せ.

4. 正項級数 $\sum a_n$ と $\sum b_n$ がともに収束すれば, $\sum \sqrt{a_n b_n}$ も収束することを示せ.

5. 級数 $\sum a_n$ と $\sum b_n$ に対して $\sum c_n$ を $c_n = a_1 b_n + a_2 b_{n-1} + \cdots + a_n b_1$ で定める. $\sum a_n$ と $\sum b_n$ がともに絶対収束すれば, $\sum c_n$ も絶対収束して $\sum c_n = \left(\sum a_n\right)\left(\sum b_n\right)$ をみたすことを示せ.

3 関数の極限と連続性

【この章の目標】

　この章では，まず多変数関数およびその一般化である写像に関する基本的な用語を定義し，合成や逆などの概念を導入する．次に $\mathbb{R}^d$ 内の点列の極限に関する定義にもとづき，関数の極限と連続性について厳密な定義を与える．連続性は関数に関するもっとも基本的な性質の一つであり，これから中間値の定理や極値定理など，いくつかの重要な結果を導くことができる．最後に，連続性の定義を発展させた一様連続性の概念を導入する．

3.1 写像と関数

3.1.1 — 定義域と値域

　A と B を二つの空でない集合とする．集合 A の要素 x に集合 B の要素 y をただ一つ対応させる規則 F を A から B への**写像**あるいは**関数**[1]といい，これを $F: A \to B$ と表す．F によって $x \in A$ に $y \in B$ が対応するとき，これを $y = F(x)$ あるいは $F: x \mapsto y$ と表す[2]．A を F の**始域**，B を**終域**という．A から B への対応が A の部分集合に限られているとき，この部分集合を F の**定義域**といい，F の定義域であることを明確にするときには D_F とも表す．なお，特に断りがなければ $D_F = A$ と考える．終域の部分集合

$$R_F = \{ y \in B \mid \text{ある } x \in A \text{ に対して } y = F(x) \text{ をみたす} \} \subset B$$

を F の**値域**という．すべての $x \in A$ について $F: x \mapsto x$ をみたす F を**恒等写**

---

[1] $\mathbb{R}^d$ から $\mathbb{R}$ への写像は関数と呼ばれることが多い．

[2] ここでは一般的な写像は F などの大文字で表し，$\mathbb{R}^d$ 上の関数は f などの小文字で表す．

像といい，I_A あるいは単に I で表す．$S \subset D_F$ に対し，集合

$$F(S) = \{F(x) \mid x \in S\} \subset B$$

を F による S の**像**という．写像 $F : A \to B$ に対し，集合

$$\{(x, F(x)) \mid x \in D_F\} \subset A \times B$$

を F の**グラフ**という．ただし $A \times B$ は A と B から一つずつ要素を取り出して対にしたものの集合

$$\{(x, y) \mid x \in A, \ y \in B\}$$

を表し，これを A と B の**直積**[3]という（図 3.1）．すなわちグラフとは直積集合 $A \times B$ の特別な形の部分集合である．

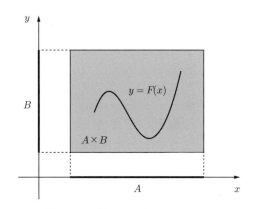

図 3.1　直積 $A \times B$ と F のグラフ.

　二つの写像が同じかどうかを考えるときには，その定義域にも注意しなければならない．写像 F と G が $D_F \supset D_G$，$D_F \neq D_G$ および条件 $x \in D_G \implies F(x) = G(x)$ をみたすとき，G を F の**制限**といい，F を G の**拡大**という．部分集合 $S \subset D_F$ への F の制限を $F|_S$ と表す．$D_F = D_G$ であり，すべての $x \in D_F = D_G$ に対して $F(x) = G(x)$ が成り立つとき，F と G は**等しい**とい

---

[3] デカルト積ともいう．直積の要素 $(a, b) \in A \times B$ と区間 $(a, b) \subset \mathbb{R}$ を混同しないように注意する必要がある．

う. F と G が等しいとき, これらのグラフは一致する.

　以上のように, 写像 F を定義するためには, 始域 A, 終域 B, 定義域 D_F, 値域 R_F および $x \in D_F$ と $y \in R_F$ の間の関係を示す必要があるが, 文脈から明白である場合にはいちいち言及しない. また特に断らない限りは, 数式を用いて定義される関数は定義域をできる限り広くとるものとする. なお, 関数は数式を用いて表現されている必要はなく, $x \in D_F$ と $y \in R_F$ の関係を定めるものであればどのような形式でもよく, 例えばグラフを用いても関数が定義できる.

　$\mathbb{R}$ 内の集合から $\mathbb{R}$ への写像を特に**一変数関数**という. 同様に, $\mathbb{R}^d$ $(d \geq 2)$ 内の集合で定義された写像を**多変数関数**, $\mathbb{R}^m$ $(m \geq 2)$ に値をとる写像を (m 次元) **ベクトル値関数**というが, 文脈から明らかならば特に断らずに "関数" という表現を用いる. 関数によって x の変化に伴って y の変化が生じると考えるとき, x を**独立変数**, y を**従属変数**という. 多変数関数あるいはベクトル値関数の場合も同じである.

> **例題 3.1**　関数 $f : \mathbb{R} \to \mathbb{R}$ を $y = \sqrt{1 - x^2}$ で定めるとき, 定義域 D_f と値域 R_f を求めよ.

[**解**]　f は $x^2 \leq 1$ であれば一つの $y \in \mathbb{R}$ が対応するので, 定義域は $D_f = \{x \in \mathbb{R} \mid -1 \leq x \leq 1\}$ である. このとき, y は 0 と 1 の間の値をとり得るので値域は $R_f = \{y \in \mathbb{R} \mid 0 \leq y \leq 1\}$ である. □

■3.1.2 — 合成と逆

　和や積などの代数的操作によって, すでに定義された関数から他の関数を定義することができるが, ここでは合成および逆によって新たな関数を生成する.

　写像 F と G が $D_F \cap R_G \neq \emptyset$ をみたすとし, $S = \{x \in D_G \mid G(x) \in D_F\}$ とおく. このとき F と G の**合成写像** $F \circ G$ を

$$D_{F \circ G} = S, \qquad x \in S \text{ に対して } F \circ G(x) = F(G(x))$$

で定義する (図 3.2). なお, たとえ $F \circ G$ と $G \circ F$ が同じ集合 S 上で定義され

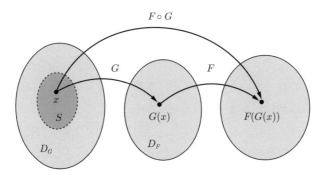

図 3.2 写像 F と G から定まる合成写像 $F \circ G$.

た写像であったとしても，$F \circ G = G \circ F$ をみたすとは限らない.

> **例題 3.2** 次の関数に対し，$f \circ g = g \circ f$ が成り立つかどうか調べよ.
>
> (1) $f(y) = y^2$, $g(x) = \sin x$ (2) $f(y) = y^2$, $g(x) = \sqrt{x}$

［**解**］ (1) に対して具体的に計算すると

$$f \circ g(x) = (\sin x)^2 = \sin^2 x \qquad (x \in \mathbb{R})$$

$$g \circ f(y) = \sin(y^2) \qquad\qquad (y \in \mathbb{R})$$

となり，したがって $f \circ g \neq g \circ f$ である．一方，(2) の場合には

$$f \circ g(x) = (\sqrt{x})^2 = x \qquad (x \geq 0)$$

$$g \circ f(y) = \sqrt{y^2} = |y| \qquad (y \in \mathbb{R})$$

となる．したがって $f \circ g$ と $g \circ f$ は異なる関数であるが，定義域を $[0, \infty)$ に制限すると $f \circ g|_{[0,\infty)} = g \circ f|_{[0,\infty)}$ が成り立つ. □

$F : A \to B$ とする．$R_F = B$ のとき，F は**上への写像（全射）**であるという．$x_1, x_2 \in D_F$ に対し，$x_1 \neq x_2 \Longrightarrow F(x_1) \neq F(x_2)$ が成り立つとき，F は**一対一（単射）**であるという．$D_F = A$ で F が一対一かつ上への写像のとき，F を A から B への**一対一対応（全単射）**という．F が単射のとき，F の逆 F^{-1} を

$$D_{F^{-1}} = R_F, \qquad F(x) = y \in D_{F^{-1}} \Longleftrightarrow F^{-1}(y) = x \in D_F$$

で定義する．この定義において，F が単射であることから各 $y \in R_F$ に対して
ただ一つの $x \in D_F$ が対応する．したがって F^{-1} もまた写像となるから，F^{-1}
を F の**逆写像**（F が関数のときは**逆関数**）ともいう [4]（図 3.3）．なお，定義か
ら $F^{-1} \circ F = I_{D_F}$ および $F \circ F^{-1} = I_{R_F}$ である．

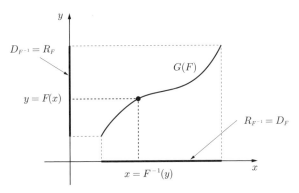

図 3.3　写像 F と逆写像 F^{-1} の関係．

例えば，関数 $f(x) = x^3$ は $D_f = R_f = \mathbb{R}$ であり全単射である．したがっ
て，すべての $y \in \mathbb{R}$ について逆 $f^{-1}(y) = y^{1/3}$ が存在する．関数 $f(x) = x^2$
は $\mathbb{R}$ 上では単射ではないので逆関数は定義できない．しかしながら，その制限

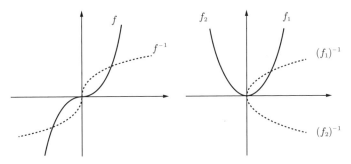

図 3.4　$f(x) = x^3$ の逆関数（左）と $f(x) = x^2$ の定義域を制限したときの逆関数（右）．

---

[4] 関数 f の逆関数を f^{-1} と表すのが普通であるが，この記法は逆数 $1/f$ と混同しやすいの
で注意が必要である．本書では関数 f に対して f^{-1} は常に逆関数を表す．

$f_1 = f|_{[0,\infty)}$ および $f_2 = f|_{(-\infty,0]}$ は単射であり，逆関数 $(f_1)^{-1}(y) = \sqrt{y}$ および $(f_2)^{-1}(y) = -\sqrt{y}$ が $y \in [0,\infty)$ に対して定義できる（図 3.4）．

演習問題 3.1

1. $g(x) = \mathrm{e}^x$ とする．

   (1) $f \circ g(x) = \sinh x$ となる f を求めよ．

   (2) $f \circ g(x) = \cosh x$ となる f を求めよ．

2. $\cos \circ \arccos(x)$ と $\arccos \circ \cos(x)$ が等しいかどうか調べよ．

3. 次の関数の逆とその定義域を求めよ．

   (1) $f(x) = \sqrt[3]{1 - x^3}$　　　(2) $f(x) = \begin{cases} x^2 - 1 & (x \geq 0) \\ x - 1 & (x < 0) \end{cases}$

   (3) $f(x) = \sinh x$　　　(4) $f(x) = \cosh x \quad (x \geq 0)$

3.2　関数の極限

3.2.1 —— 点列の極限

　集合 $A_1, A_2, \ldots, A_d$ の直積 $A_1 \times A_2 \times \cdots \times A_d$ を，各集合から一つずつ要素を取り出して組にしたものの集合として定義する．すべての $k = 1, 2, \ldots, d$ について $A_k = A$ のときは，これらの直積を簡単に A^d と表す．例えば，d 次元 [5] ユークリッド空間は d 個の実数の集合 $\mathbb{R}$ の直積 $\mathbb{R}^d = \mathbb{R} \times \mathbb{R} \times \cdots \times \mathbb{R}$ である．$\mathbb{R}^d$ の各要素 $\boldsymbol{x} = (x_1, x_2, \ldots, x_d)$ を点といい，x_k を**第 k 成分**という．$\boldsymbol{x} \in \mathbb{R}^d$ のノルムを $|\boldsymbol{x}| = \sqrt{x_1^2 + x_2^2 + \cdots + x_d^2}$ で定義する．すると $|\boldsymbol{x} - \boldsymbol{y}|$ は点 $\boldsymbol{x}$ と $\boldsymbol{y}$ の距離 [6] を表す．

　点 $\boldsymbol{a} \in \mathbb{R}^d$ と $\delta > 0$ に対し，$\mathbb{R}^d$ の部分集合

$$U^\delta(\boldsymbol{a}) = \{\boldsymbol{x} \in \mathbb{R}^d \mid |\boldsymbol{x} - \boldsymbol{a}| < \delta\}$$

---

[5] ここでは空間次元を表すのに記号 d を用い，添え字の n と区別する．

[6] より正確にはユークリッド距離と呼ばれる．これとは異なる距離を定義することもできる．

を a の δ 近傍という. $\mathbb{R}^d$ 内の集合 A 内の点 a に対し,$U^\delta(a) \subset A$ をみたす δ 近傍が存在するとき a を A の**内点**といい,a の任意の δ 近傍に A に属する点と属さない点が存在するとき a を A の**境界点**という.境界点の集合を**境界**といい ∂A で表す.境界上のすべての点が A に属するとき A を**閉集合**という.境界点が一つも属さない集合(すなわち内点のみからなる集合)を**開集合**といい,a が属する開集合を a の**近傍**といって $U(a)$ で表す.例えば,$\mathbb{R}^2$ 内の閉円板 $D = \{x^2 + y^2 \le 1\}$ は閉集合,開円板 $D = \{x^2 + y^2 < 1\}$ は開集合であって,これらの境界 ∂D は円周である.ある実数 $M > 0$ が存在して,すべての $x \in A$ について $|x| \le M$ が成り立つとき,A は**有界**であるという.

　各 $n \in \mathbb{N}$ に $\mathbb{R}^d$ 内の点 x_n を対応させたものを**点列**といい $\{x_n\}$ で表す.点列の収束を次のように定義する(図 3.5).

定義 3.3　任意の実数 $\varepsilon > 0$ に対してある $N \in \mathbb{N}$ が存在し,条件

$$n \ge N \implies |x_n - a| < \varepsilon$$

をみたすとき,点列 $\{x_n\}$ は a に**収束**するといい,この a を**極限**あるいは**極限点**という.$\{x_n\}$ がいかなる値にも収束しないとき,この点列は**発散**するという.$\{x_n\}$ が極限 a に収束するとき $\lim_{n \to \infty} x_n = a$ あるいは $x_n \to a \ (n \to \infty)$ と表す.

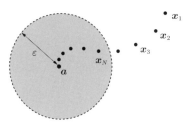

図 3.5　点列 $\{x_n\}$ の a への収束.

　点列の収束とそのすべての成分の収束は同値である.

定理 3.4 点列 $\{\boldsymbol{x}_n\}$ に対し，以下の二つは同値である.

(i) $\boldsymbol{x}_n \to \boldsymbol{a} = (a_1, a_2, \ldots, a_d)$ $(n \to \infty)$.

(ii) $\boldsymbol{x}_n = (x_{1,n}, x_{2,n}, \ldots, x_{d,n})$ と表すと，各 $k = 1, 2, \ldots, d$ に対して $x_{k,n} \to a_k$ $(n \to \infty)$.

【証明】 (i) を仮定すると

$$0 \le |x_{k,n} - a_k| \le |\boldsymbol{x}_n - \boldsymbol{a}| \to 0 \qquad (n \to \infty)$$

より (ii) が成り立つ．逆に (ii) を仮定すると

$$0 \le |\boldsymbol{x}_n - \boldsymbol{a}| \le |x_{1,n} - a_1| + |x_{2,n} - a_2| + \cdots + |x_{d,n} - a_d| \to 0$$
$$(n \to \infty)$$

より (i) が成り立つ．よって (i) と (ii) は同値である． ■

この定理により，点列の極限に関する性質を数列の極限に関する性質を用いて示すことができる．例えば，コーシーの定理 2.17 から，$\mathbb{R}^d$ 内の点列が収束するための必要十分条件として

◉ **点列に対するコーシー条件**

任意の $\varepsilon > 0$ に対してある $N \in \mathbb{N}$ が存在し

$$i, j \ge N \implies |\boldsymbol{x}_i - \boldsymbol{x}_j| < \varepsilon$$

が成り立つ.

が導かれる．また，極限の一意性（定理 2.4），収束列の有界性（定理 2.5），極限の線形性（定理 2.6 (i)）などが $\mathbb{R}^d$ 内の点列に対しても成り立つことがわかる．

最後に，定理 2.13 を $\mathbb{R}^d$ へと拡張しておこう．

定理 3.5（ボルツァノ・ワイエルストラスの定理） $\mathbb{R}^d$ 内の有界な点列は収束する部分列をもつ.

【証明】 点列を $\{\boldsymbol{x}_n\}$ と表そう. 仮定より $\boldsymbol{x}_n$ の第1成分からなる数列は有界であるから, $\{\boldsymbol{x}_n\}$ には第1成分が収束するような部分列が存在する (定理2.13). この部分列を記号 $\{\boldsymbol{x}_k^{(1)}\}$ で表そう. 同様に $\{\boldsymbol{x}_k^{(1)}\}$ にはその第2成分が収束するような部分列 $\{\boldsymbol{x}_k^{(2)}\}$ が存在する. これを d 回繰り返して得られる部分列 $\{\boldsymbol{x}_k^{(d)}\}$ はそのすべての成分が収束する. よって定理3.4より, $\{\boldsymbol{x}_k^{(d)}\}$ は $\mathbb{R}^d$ 内で収束する. ∎

■ 3.2.2 ── 関数の極限

D を $\mathbb{R}^d$ 内の集合とする. 関数 $\boldsymbol{f}: \mathbb{R}^d \to \mathbb{R}^m$ による D の像 $\boldsymbol{f}(D)$ が有界な集合のとき, $\boldsymbol{f}$ は D で**有界**であるという. 言い換えれば, ある $M \in \mathbb{R}$ が存在して, すべての $\boldsymbol{x} \in D$ に対して $|\boldsymbol{f}(\boldsymbol{x})| \leq M$ が成り立つとき, $\boldsymbol{f}$ は D で有界である. $\boldsymbol{f}$ が有界でないとき**非有界**であるという. 特に $m = 1$ のときは, 上に (下に) 有界あるいは非有界な関数 $f: \mathbb{R}^d \to \mathbb{R}$ も同様に定義できる. 上に (下に) 有界な関数に対し, その上限 (下限) を

$$\sup_{\boldsymbol{x} \in D} f(\boldsymbol{x}) = \sup\{f(\boldsymbol{x}) \mid \boldsymbol{x} \in D\}, \qquad \inf_{\boldsymbol{x} \in D} f(\boldsymbol{x}) = \inf\{f(\boldsymbol{x}) \mid \boldsymbol{x} \in D\}$$

と表す.

多変数関数の極限を次のように定義する.

定義3.6 $U(\boldsymbol{a})$ を点 $\boldsymbol{a} \in \mathbb{R}^d$ の近傍とし, $\boldsymbol{f}: \mathbb{R}^d \to \mathbb{R}^m$ を $U(\boldsymbol{a}) \setminus \{\boldsymbol{a}\}$ で定義された関数とする. 任意の $\varepsilon > 0$ に対してある $\delta > 0$ が存在し, 条件

$$0 < |\boldsymbol{x} - \boldsymbol{a}| < \delta \implies |\boldsymbol{f}(\boldsymbol{x}) - \boldsymbol{L}| < \varepsilon$$

をみたすとき, $\boldsymbol{f}$ は $\boldsymbol{x} \to \boldsymbol{a}$ で**極限 $\boldsymbol{L} \in \mathbb{R}^m$** をもつという.

多変数関数の極限の定義を図3.6に示す. $\boldsymbol{L}$ の任意の ε 近傍 $U^\varepsilon(\boldsymbol{L})$ に対し, $\boldsymbol{a}$ の δ 近傍 $U^\delta(\boldsymbol{a}) = \{\boldsymbol{x} \mid |\boldsymbol{x} - \boldsymbol{a}| < \delta\}$ が存在して, $\boldsymbol{f}$ によって $U^\delta(\boldsymbol{a}) \setminus \{\boldsymbol{a}\}$ は $U^\varepsilon(\boldsymbol{L})$ 内に写される. つまり, $\boldsymbol{L}$ のどんなに小さな近傍に対しても, $\boldsymbol{a}$ の近傍を十分小さくとれば, その $\boldsymbol{f}$ による像は $\boldsymbol{L}$ の近傍に含まれるということであ

る．なお，$x \to a$ での極限を考える際には，f の a での値は極限の存在とは関係がない．したがって関数 f は $U(a) \setminus \{a\}$ で定義されていれば十分であるが，以下ではこれについていちいち断らない．

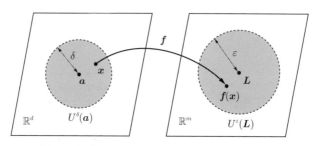

図 3.6 関数 f の $x \to a$ としたときの L への収束．

関数の極限はただ一つに限ることを，定義にもとづいて証明しよう．

定理 3.7 関数の極限は存在すればただ一つである．

【証明】 背理法で証明する．関数 f が $L \neq L'$ に対して $\lim\limits_{x \to a} f(x) = L$ および $\lim\limits_{x \to a} f(x) = L'$ をみたしていると仮定しよう．$\varepsilon = |L - L'|/2 > 0$ とおくと，極限の定義より

$$0 < |x - a| < \delta \implies |f(x) - L| < \varepsilon,$$

$$0 < |x - a| < \delta' \implies |f(x) - L'| < \varepsilon$$

をみたす $\delta, \delta' > 0$ が存在する．そこで $\delta'' = \min\{\delta, \delta'\}$ とおくと，$0 < |x - a| < \delta''$ をみたす x に対して

$$0 < 2\varepsilon = |L - L'| \leq |f(x) - L| + |f(x) - L'| < 2\varepsilon$$

となり矛盾が生じる． ■

定義からわかるように，関数の極限の概念は点列の極限と類似している．ただし，点列 $\{x_n\}$ の極限を考えるときには n を単純に大きくするのに対し，関数の極限では x の a への近づき方に制限がないことに注意する必要がある．

次の定理は，$x \to a$ での関数 $f(x)$ の極限と，$x_n \to a \ (n \to \infty)$ をみたす点列に沿っての $\{f(x_n)\}$ の極限の関係を示したものである．

定理 3.8 関数 $f : \mathbb{R}^d \to \mathbb{R}^m$ に対し，以下の二つは同値である．

(i) $\displaystyle \lim_{x \to a} f(x) = L$.

(ii) $x_n \in U(a) \setminus \{a\}$ および $x_n \to a \ (n \to \infty)$ をみたすすべての点列 $\{x_n\}$ に対して $\displaystyle \lim_{n \to \infty} f(x_n) = L$.

【証明】 まず (i) $\Rightarrow$ (ii) を示す．(i) を仮定すると，任意の $\varepsilon > 0$ に対して $|x - a| < \delta \Longrightarrow |f(x) - L| < \varepsilon$ をみたす $\delta > 0$ が存在する．$x_n \to a \ (n \to \infty)$ とすると，この $\delta > 0$ に対して $n \geq N \Longrightarrow |x_n - a| < \delta$ をみたす $N \in \mathbb{N}$ が存在する．したがって任意の $\varepsilon > 0$ に対して $n \geq N \Longrightarrow |f(x_n) - L| < \varepsilon$ が成り立つから，(ii) が成り立つ．

次に (ii) $\Rightarrow$ (i) の対偶を示す．(i) が正しくないと仮定する．このとき $\varepsilon > 0$ を十分小さくとると，任意の $\delta > 0$ に対して $|x - a| < \delta$ かつ $|f(x) - L| > \varepsilon$ をみたす点 x が存在する．そこで $\delta = 1/n$ に対するこのような点を x_n とすると，点列 $\{x_n\}$ は a に収束するが $\{f(x_n)\}$ は L に収束しないので (ii) が成り立たない．よって対偶が示された． ■

関数が極限をもつためのコーシー条件を与えよう．

◉ 関数に対するコーシー条件

任意の $\varepsilon > 0$ に対してある $\delta > 0$ が存在し

$$x, y \in U^{\delta}(a) \setminus \{a\} \implies |f(x) - f(y)| < \varepsilon$$

が成り立つ．

定理 3.9 関数 $f : \mathbb{R}^d \to \mathbb{R}^m$ が $x \to a$ で極限をもつためには，コーシー条件をみたすことが必要十分である．

【証明】　関数 $\boldsymbol{f}$ が収束すれば，任意の $\varepsilon > 0$ に対して

$$0 < |\boldsymbol{x} - \boldsymbol{a}| < \delta \implies |\boldsymbol{f}(\boldsymbol{x}) - \boldsymbol{L}| < \varepsilon/2,$$

$$0 < |\boldsymbol{y} - \boldsymbol{a}| < \delta \implies |\boldsymbol{f}(\boldsymbol{y}) - \boldsymbol{L}| < \varepsilon/2$$

をみたす $\delta > 0$ と $\boldsymbol{L} \in \mathbb{R}^m$ が存在する．したがって $\boldsymbol{x}, \boldsymbol{y} \in U^\delta(\boldsymbol{a}) \setminus \{\boldsymbol{a}\}$ ならば

$$|\boldsymbol{f}(\boldsymbol{x}) - \boldsymbol{f}(\boldsymbol{y})| \leq |\boldsymbol{f}(\boldsymbol{x}) - \boldsymbol{L}| + |\boldsymbol{f}(\boldsymbol{y}) - \boldsymbol{L}| < \varepsilon/2 + \varepsilon/2 = \varepsilon$$

が成り立つので，コーシー条件をみたしている．

　逆にコーシー条件がみたされていれば，$\boldsymbol{a}$ に収束する任意の点列 $\{\boldsymbol{x}_n\}$ に対して数列 $\{\boldsymbol{f}(\boldsymbol{x}_n)\}$ はコーシー列である．したがって定理 3.8 より，関数 $\boldsymbol{f}$ は $\boldsymbol{x} \to \boldsymbol{a}$ で極限をもつ． ■

　次の定理は，合成関数の極限に関するものである．

定理 3.10　関数 $\boldsymbol{g} : \mathbb{R}^d \to \mathbb{R}^k$ は $\lim_{\boldsymbol{x} \to \boldsymbol{a}} \boldsymbol{g}(\boldsymbol{x}) = \boldsymbol{b} \in \mathbb{R}^k$ をみたし，関数 $\boldsymbol{f} : \mathbb{R}^k \to \mathbb{R}^m$ は $\lim_{\boldsymbol{x} \to \boldsymbol{b}} \boldsymbol{f}(\boldsymbol{x}) = \boldsymbol{L} \in \mathbb{R}^m$ をみたすと仮定する．このとき合成関数 $\boldsymbol{f} \circ \boldsymbol{g} : \mathbb{R}^d \to \mathbb{R}^m$ は $\lim_{\boldsymbol{x} \to \boldsymbol{a}} \boldsymbol{f} \circ \boldsymbol{g}(\boldsymbol{x}) = \boldsymbol{L}$ をみたす．

【証明】　$\boldsymbol{f}$ に対する仮定から，任意の $\varepsilon > 0$ に対して $|\boldsymbol{g}(\boldsymbol{x}) - \boldsymbol{b}| < \delta_1 \implies |\boldsymbol{f}(\boldsymbol{g}(\boldsymbol{x})) - \boldsymbol{L}| < \varepsilon$ をみたす $\delta_1 > 0$ が存在する．一方，$\boldsymbol{g}$ に対する仮定から，$\delta_1 > 0$ に対して $|\boldsymbol{x} - \boldsymbol{a}| < \delta_2 \implies |\boldsymbol{g}(\boldsymbol{x}) - \boldsymbol{b}| < \delta_1$ をみたす $\delta_2 > 0$ が存在する．したがって $|\boldsymbol{x} - \boldsymbol{a}| < \delta_2 \implies |\boldsymbol{f}(\boldsymbol{g}(\boldsymbol{x})) - \boldsymbol{L}| < \varepsilon$ が成り立つ（図 3.7）．よって $\boldsymbol{f} \circ \boldsymbol{g}(\boldsymbol{x}) \to \boldsymbol{L} \ (\boldsymbol{x} \to \boldsymbol{a})$ である． ■

　点列の極限に関する定理 3.4 と同様に，ベクトル値関数 $\boldsymbol{f} = (f_1, f_2, \ldots, f_m)$ の極限については各成分ごとの極限を考えればよい．そこで，以下では主に $\mathbb{R}$ に値をとる関数について考える．

例題 3.11　$\lim_{(x,y) \to (2,3)} xy = 6$ を定義にもとづいて示せ．

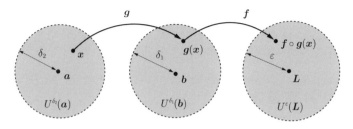

図 3.7 合成関数の極限.

[解] まず $xy - 6 = (x - 2)y + 2(y - 3)$ と変形しておく. $\varepsilon > 0$ を任意に与え, $\delta = \min\{1, \varepsilon\}$ とおく. すると $0 < \sqrt{(x-2)^2 + (y-3)^2} < \delta$ ならば $|x - 2| < \varepsilon$, $|y - 3| < \varepsilon$, $|y| < 4$ である. したがって $|xy - 6| \leq |x - 2||y| + 2|y - 3| < 6\varepsilon$ をみたすから $xy \to 6 \ ((x, y) \to (2, 3))$ である. □

この例が示すように, 定義にもとづいて極限値を求めることはいささか面倒である. そこで, 定義から極限に関する一般的な性質を導き, それを効率的に用いることを考える.

定理 3.12 $a \in \mathbb{R}^d$ に対して $\lim\limits_{x \to a} f(x)$ および $\lim\limits_{x \to a} g(x)$ が存在すれば以下が成り立つ.

(i) 任意の定数 α, β に対して $\lim\limits_{x \to a} \{\alpha f(x) + \beta g(x)\} = \alpha \lim\limits_{x \to a} f(x) + \beta \lim\limits_{x \to a} g(x)$. (極限の線形性[7])

(ii) $\lim\limits_{x \to a} f(x)g(x) = \left\{ \lim\limits_{x \to a} f(x) \right\} \left\{ \lim\limits_{x \to a} g(x) \right\}$.

(iii) $\lim\limits_{x \to a} f(x)$, $\lim\limits_{x \to a} g(x) \neq 0$ が存在すれば $\lim\limits_{x \to a} \dfrac{f(x)}{g(x)} = \dfrac{\lim\limits_{x \to a} f(x)}{\lim\limits_{x \to a} g(x)}$.

【証明】 仮定より, $x_n \to a \ (n \to \infty)$ をみたす任意の点列 $\{x_n\}$ に対し, $\lim\limits_{n \to \infty} f(x_n) = \lim\limits_{x \to a} f(x)$ および $\lim\limits_{n \to \infty} g(x_n) = \lim\limits_{x \to a} g(x)$ が成り立つ. そこで定理 2.6 と定理 3.8 を組み合わせると結論が得られる. ∎

この定理を用いると, 例題 3.11 は簡単に

---

[7] ベクトル値関数に対しても成り立つ.

$$\lim_{(x,y)\to(2,3)} xy = \left(\lim_{x\to2} x \right) \left(\lim_{y\to3} y \right) = 2 \cdot 3 = 6$$

と計算できる.

■3.2.3 ── 片側極限

前項で定義した関数の極限は, $x \to a$ としたときの近づき方に制限はなかっ
た. しかし一変数関数の場合には, x の a への近づき方として, 特に右側 $(x > a)$
からと左側 $(x < a)$ からの 2 通りが考えられる. この場合の極限について厳密
な定義を与えよう.

定義 3.13　任意の $\varepsilon > 0$ に対してある $\delta > 0$ が存在し, 条件

$$x \in (a, a+\delta) \implies |f(x) - L| < \varepsilon$$

$$(x \in (a-\delta, a) \implies |f(x) - L| < \varepsilon)$$

をみたすとき, 関数 f は a で**右極限**(**左極限**) L をもつといい

$$\lim_{x\to a+0} f(x) = L \qquad \left(\lim_{x\to a-0} f(x) = L \right)$$

あるいは

$$f(x) \to L \quad (x \to a+0) \qquad (f(x) \to L \quad (x \to a-0))$$

と表す[8]. これらの極限を**片側極限**という.

次の定理は, 極限と片側極限の関係を示したものである.

定理 3.14　$U(a)$ で定義された関数 f に対し, $\lim_{x\to a} f(x)$ が存在するために
は, $\lim_{x\to a-0} f(x)$ と $\lim_{x\to a+0} f(x)$ の両方が存在して等しいことが必要十分で
ある. またこのとき

---

[8] $a = 0$ のときは単に $x \to +0$ $(x \to -0)$ と表す. $x \to a+0$ を $x \to a^{+}$, $x \uparrow a$, $x \nearrow a$
$(x \to a-0$ を $x \to a^{-}$, $x \downarrow a$, $x \searrow a)$ と表すこともある.

$$\lim_{x \to a} f(x) = \lim_{x \to a+0} f(x) = \lim_{x \to a-0} f(x)$$

が成り立つ.

【証明】 極限が存在すれば, 定義から片側極限も存在し, またこれらの値が等しいことがわかる.

逆を示そう. $\lim\limits_{x \to a-0} f(x) = \lim\limits_{x \to a+0} f(x) = L$ とすると, 定義より任意の $\varepsilon > 0$ に対して $\delta_-, \delta_+ > 0$ が存在して

$$0 < a - x < \delta_- \implies |f(x) - L| < \varepsilon$$

および

$$0 < x - a < \delta_+ \implies |f(x) - L| < \varepsilon$$

が成り立つ. そこで $\delta = \min\{\delta_-, \delta_+\}$ ととると

$$x \in (a - \delta, a) \cup (a, a + \delta) \implies |f(x) - L| < \varepsilon$$

が成り立つ. これは $\lim\limits_{x \to a} f(x) = L$ が成り立つことを示している. ∎

片側極限とは単に a の近傍の片側を考えるだけのことであるから, 極限に関する性質, 例えば極限の一意性（定理 3.7）や, 極限についての代数演算に関する性質（定理 3.12）などは, そのまま片側極限についても成り立つ.

区間 I の端点で極限を定義しようとすると, 必然的に片側極限を考えることになる. より一般に, $\mathbb{R}^d$ 内の集合 D で定義された関数に対して, 境界上の点 $\boldsymbol{a} \in \partial D$ における極限を考えることもできる. この場合, $\boldsymbol{x}$ は D 内に制限されるので, 定義 3.6 を次のように修正する.

定義 3.15 f を $\mathbb{R}^d$ 内の集合 D で定義された関数とし, $\boldsymbol{a}$ を D の境界点とする. 任意の $\varepsilon > 0$ に対してある $\delta > 0$ が存在し, 条件

$$\boldsymbol{x} \in U^\delta(\boldsymbol{a}) \cap D \implies |f(\boldsymbol{x}) - L| < \varepsilon$$

をみたすとき，f は $x \to a$ で**極限 L をもつ**という.

なお，境界における関数の極限が意味をもつためには，境界点の近傍に D に属する十分多くの点が存在することが必要である.

■3.2.4 ── 極限と無限大

ここでは，無限大と関連した極限について厳密な定義を与える．まず $x \to \pm\infty$ での極限を次のように定義する.

定義 3.16 任意の $\varepsilon > 0$ に対してある $K > 0$ が存在し，条件

$$x > K \implies |f(x) - L| < \varepsilon \qquad (x < -K \implies |f(x) - L| < \varepsilon)$$

をみたすとき，関数 f は $x \to +\infty$ $(x \to -\infty)$ で**極限 L をもつ**という.

$x \to \pm\infty$ での極限の一意性は定理 3.7 と同様にして証明される．また，極限の代数的操作に関する定理 3.12 は $x \to \pm\infty$ での極限についても成り立つ.

例題 3.17 $\displaystyle \lim_{x \to +\infty} \frac{x}{x+1} = 1$ を定義にもとづいて示せ.

［**解**］ 任意の $\varepsilon > 0$ に対し，$(K+1)\varepsilon > 1$ をみたす $K > 0$ を一つ選ぶ．すると

$$x > K \implies \left| \frac{x}{x+1} - 1 \right| = \frac{1}{x+1} < \frac{1}{K+1} < \varepsilon$$

が成り立つ．よって極限は 1 である． □

次に，f の $\pm\infty$ への発散の定義を述べる.

定義 3.18 任意の $K > 0$ に対してある $\delta > 0$ が存在し，条件

$$0 < |x - a| < \delta \implies f(x) > K \qquad (0 < |x - a| < \delta \implies f(x) < -K)$$

をみたすとき，関数 $f(x)$ は $x \to a$ で $+\infty$ $(-\infty)$ に発散するといい，$\displaystyle \lim_{x \to a} f(x) = +\infty$ $(\displaystyle \lim_{x \to a} f(x) = -\infty)$ あるいは $f(x) \to +\infty$ $(x \to a)$ $(f(x) \to -\infty$ $(x \to a))$

と表す.

　一変数関数に対しては, $x \to a \pm 0$ あるいは $x \to \pm\infty$ としたときの $\pm\infty$ への発散なども同様にして定義できる.

演習問題 3.2

1. 点列 $\{x_n\}$ が収束するためには, そのすべての部分列 $\{x_{n_k}\}$ が収束することが必要十分であることを示せ. ただし, 点列の部分列は (数列の部分列と同様に) 添え字の部分集合 $\{n_k\} \subset \mathbb{N}$ を用いて定義する.

2. D を $\mathbb{R}^d$ 内の閉集合, $\{x_n\}$ を D 内の点列とする. $\{x_n\}$ が $a \in \mathbb{R}^d$ に収束すれば $a \in D$ であることを示せ.

3. 定義にもとづいて, 次の同値関係を示せ.
    (1) $\displaystyle\lim_{n\to\infty} x_n = x \iff \lim_{n\to\infty} |x_n - x| = 0$
    (2) $\displaystyle\lim_{x\to a} f(x) = L \iff \lim_{x\to a} |f(x) - L| = 0$

4. $\displaystyle\lim_{x\to\infty} f(x) = a$ ならば $\displaystyle\lim_{x\to +0} f(1/x) = a$ であることを示せ.

5. $\displaystyle\lim_{x\to a} f(x) = L \in \mathbb{R}$ ならば, f が有界となるような a の近傍が存在することを示せ.

6. ディリクレ関数

$$f(x) = \begin{cases} 1 & (x \in \mathbb{Q}) \\ 0 & (x \in \mathbb{R} \setminus \mathbb{Q}) \end{cases}$$

はどの点においても極限をもたないことを示せ.

3.3　連続関数

▌3.3.1 — 連　続　性

　連続性は, 関数がもち得るもっとも基本的で重要な性質の一つである. 連続性の厳密な定義は次のように書き下せる.

定義 3.19 f を点 $a \in \mathbb{R}^d$ の近傍で定義された $\mathbb{R}^m$ への関数とする. f が条件

$$\lim_{x \to a} f(x) = f(a)$$

をみたすとき, f は a で**連続**であるという. 関数 f が集合 $S \subset \mathbb{R}^d$ 内のすべての点で連続のとき, f は S で連続であるという.

$a \in \mathbb{R}^d$ が関数の定義域の境界点のときには, a での連続性を境界点での極限（定義 3.15）を用いて定義する. 一変数関数の場合には, 片側極限（定義 3.13）に置き換えることで**片側連続性**が定義される. 一変数関数 f が閉区間 I のすべての内点で連続であり, I の端点で片側連続のとき, f は I で**連続**であるという.

定義 3.19 によれば, f が a で連続であるとは $x \to a$ での f の極限と関数値 $f(a)$ が等しいことであるが, これでは連続性の意味が直感的にわかりにくい. そこで, 連続性の条件を

$$\forall \varepsilon > 0, \, \exists \delta > 0 \ \left(x \in U^\delta(a) \implies f(x) \in U^\varepsilon(f(a)) \right)$$

と書き換えてみると, x の a からの変化量が小さければ（δ 未満）f の値の変化量も小さい（ε 未満）ということを表していることに気づく（図 3.8）. 不連続性とは突然の変化のことであると考えると, この表現のほうが連続性の本質をより的確に捉えているといえよう.

ベクトル値関数 f の連続性は各成分ごとに考えればよいので, 以下では主に $\mathbb{R}$ に値をとる関数について考える.

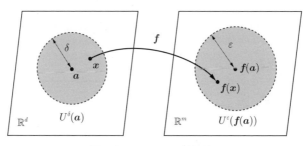

図 3.8 f の a での連続性.

例題 3.20 関数

$$f(x,y) = \begin{cases} \dfrac{x^3 + y^4}{x^2 + y^2} & ((x,y) \neq (0,0)) \\ 0 & ((x,y) = (0,0)) \end{cases}$$

は原点 $(0,0)$ で連続であることを示せ.

[**解**]　$r = \sqrt{x^2 + y^2} > 0$ と $\varphi \in [0, 2\pi)$ を用いて $x = r\cos\varphi,\ y = r\sin\varphi$ と表すと, $0 < r \leq 1$ ならば

$$|f(x,y) - f(0,0)| = \frac{|r^3\cos^3\varphi + r^4\sin^4\varphi|}{r^2} \leq r + r^2 \leq 2r$$

が成り立つ. $r < \delta$ ならば $(x,y) \in U^\delta((0,0))$ であるから, $\delta = \min\{1, \varepsilon\}$ とおくと

$$(x,y) \in U^\delta((0,0)) \implies |f(x,y) - f(0,0)| \leq 2\varepsilon$$

である. よって f は原点で連続である.　　□

例題 3.21　定義にもとづいて, 関数 $f(\boldsymbol{x}) = |\boldsymbol{x}|^2$ は $\mathbb{R}^d$ 上で連続であることを示せ.

[**解**]　$\boldsymbol{a} \in \mathbb{R}^d$ とする. 任意の $\varepsilon > 0$ に対して $\delta = \min\{1, \varepsilon\}$ とおくと

$$|f(\boldsymbol{x}) - f(\boldsymbol{a})| = \left||\boldsymbol{x}|^2 - |\boldsymbol{a}|^2\right| = |\boldsymbol{x} + \boldsymbol{a}||\boldsymbol{x} - \boldsymbol{a}|$$

$$= |\boldsymbol{x} - \boldsymbol{a} + 2\boldsymbol{a}||\boldsymbol{x} - \boldsymbol{a}| \leq (|\boldsymbol{x} - \boldsymbol{a}| + 2|\boldsymbol{a}|)|\boldsymbol{x} - \boldsymbol{a}|$$

である. したがって $|\boldsymbol{x} - \boldsymbol{a}| < \delta \implies |f(\boldsymbol{x}) - f(\boldsymbol{a})| < (1 + 2|\boldsymbol{a}|)\varepsilon$ が成り立つから f は $\boldsymbol{a}$ で連続である. よって f は $\mathbb{R}^d$ 上のすべての点で連続である.　　□

　連続性は局所的な性質である. 実際, f の $\boldsymbol{a}$ における連続性はその近傍のみによって決まるのであり, $\boldsymbol{a}$ の近傍の外での関数の振る舞いは $\boldsymbol{a}$ における連続

性とは関係がない．極端な例としては，ある点では連続であるが，それ以外の
すべての点で不連続となるような関数を構成できる．

> **例題 3.22**　関数
>
> $$f(x) = \begin{cases} x^2 & (x \in \mathbb{Q}) \\ 0 & (x \in \mathbb{R} \setminus \mathbb{Q}) \end{cases}$$
>
> の連続性について調べよ．

[解]　任意の $\varepsilon > 0$ に対して $\delta = \sqrt{\varepsilon} > 0$ とおくと，$|x| < \delta \Longrightarrow |f(x) - f(0)| < \delta^2 = \varepsilon$ が成り立つから f は 0 で連続である．一方，$a \neq 0$ のとき $0 < \varepsilon \leq a^2$ とすると，a の任意の δ 近傍内に $|f(x) - f(a)| \geq \varepsilon$ をみたす x が存在するから，f はすべての $a \neq 0$ で不連続である．　　　　　　　　　□

　連続性は極限を用いて定義されているため，関数の極限についての定理から
以下の性質がすぐに示される．（同様の結果が片側連続性についても成り立つ．）

> $1°$　f が a で連続であるためには，$x_n \to a$ $(n \to \infty)$ をみたすすべての点
> 列 $\{x_n\}$ に対して $f(x_n) \to f(a)$ $(n \to \infty)$ が成り立つことが必要十分
> である（定理 3.8 より）．
> $2°$　$g : \mathbb{R}^d \to \mathbb{R}$ が $a \in \mathbb{R}^d$ で連続，$f : \mathbb{R} \to \mathbb{R}$ が $g(a) \in \mathbb{R}$ で連続ならば，
> 合成関数 $f \circ g$ は a で連続である（定理 3.10 より）．
> $3°$　f と g が $a \in \mathbb{R}^d$ で連続ならば，$cf \pm dg$ (c, d は定数)，$f \cdot g$，f/g（た
> だし $g(a) \neq 0$）は a で連続である（定理 3.12 より）．

　性質 $1°$ は，連続な関数 f に対して極限操作と関数の作用の順序交換が可能
であること，すなわち

$$\lim_{n \to \infty} f(x_n) = f(\lim_{n \to \infty} x_n)$$

が成り立つことを表している．ただし，$\{x_n\}$ が収束しなくても $\{f(x_n)\}$ が収

束することがあるので，記号の交換にはある程度の注意が必要である．例えば，$a_n = (-1)^n$ とおくと $\{a_n\}$ は収束しないので $f(\lim_{n\to\infty} a_n)$ は意味をもたないが，関数 $f(x) = x^2$ は極限 $\lim_{n\to\infty} f(a_n) = \lim_{n\to\infty} a_n^2 = 1$ をもつ．

例題 3.23 関数

$$f(x) = \begin{cases} \cos(1/x) & (x \neq 0) \\ 0 & (x = 0) \end{cases}$$

の連続性について調べよ．

[**解**]　関数 $1/x$ は $x \neq 0$ で連続であり，$\cos x$ はすべての $x \in \mathbb{R}$ について連続であるから，$f(x)$ は $x \neq 0$ で連続である．一方，点列 $\{1/(2n\pi)\}$ は $n \to \infty$ とすると 0 に収束するが，$\{\cos(2n\pi)\}$ は $n \to \infty$ とすると $1 \neq f(0)$ に収束する．したがって $f(x)$ は $x = 0$ で不連続である [9]．　□

■ 3.3.2 ── 中間値の定理

連続関数はいくつかの良い性質を備えている．例えば，以下で述べる中間値の定理は直感的には明らかであるが，実は実数の連続性とかかわっており，証明には実数の定義にもとづいた議論が必要となる．

定理 3.24（中間値の定理）　関数 f は $[a,b]$ で連続で，$f(a) \neq f(b)$ をみたすと仮定する．このとき f は区間 (a,b) において $f(a)$ と $f(b)$ の間にあるすべての値をとる．

【**証明**】　$f(a) < f(b)$ の場合を考える．（$f(a) > f(b)$ の場合も証明は同様である．）$f(a) < m < f(b)$ をみたす m に対して

$$A = \{x \in [a,b] \mid f(x) < m\}$$

とおくと，A は空でないから A の上限 c が存在して $a \leq c \leq b$ をみたす（図3.9）．

---

[9] 実際，$f(0)$ の値をどのように定義しても $f(x)$ は $x = 0$ で不連続である．

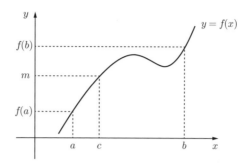

図3.9 中間値の定理.

また，f の a および b における片側連続性から，ある $\delta > 0$ が存在して $a \leq x < a + \delta \Longrightarrow f(x) < m$ および $b - \delta < x \leq b \Longrightarrow f(x) > m$ をみたす．したがって $a < c < b$ である．

$f(c) = m$ であることを背理法で示す．まず $f(c) > m$ と仮定すると，f の連続性から $|x - c| < \delta \Longrightarrow f(x) > m$ をみたす $\delta > 0$ が存在する．一方，c は上限であるから，$|x - c| < \delta$ をみたす $x \in A$ が存在するので矛盾である．次に $f(c) < m$ と仮定すると，再び f の連続性から $|x - c| < \delta \Longrightarrow f(x) < m$ をみたす $\delta > 0$ が存在する．したがってある $x \in (c, b)$ に対して $x \in A$ が成り立ち，c が A の上限であることに反する．よって $f(c) = m$ であることが示された．■

$d \geq 2$ とし，$\varphi_1(s), \varphi_2(s), \ldots, \varphi_d(s)$ を閉区間 $I = [a, b]$ 上の連続関数とするとき，ベクトル値関数

$$\boldsymbol{\varphi}(s) = \begin{bmatrix} \varphi_1(s) \\ \varphi_2(s) \\ \vdots \\ \varphi_d(s) \end{bmatrix}, \qquad s \in [a, b]$$

の像 $\boldsymbol{C} = \{\boldsymbol{\varphi}(s) \in \mathbb{R}^d \mid s \in [a, b]\}$ を，s をパラメータとする**連続曲線**という．$\mathbb{R}^d$ 内の集合 D に対し，D に属する任意の2点を結ぶ連続曲線が D 内に存在するとき，集合 D は**連結** [10]であるという（図3.10）．

[10) より精密には弧状連結という．

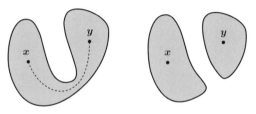

図 3.10 連結集合（左）と非連結集合（右）.

連続曲線に中間値の定理 3.24 を適用すると次の定理が得られる.

定理 3.25（曲線に対する中間値の定理）　関数 f は $\mathbb{R}^d$ 内の連結開集合 D で連続で，D 内の 2 点 $\boldsymbol{a}, \boldsymbol{b}$ で $f(\boldsymbol{a}) \neq f(\boldsymbol{b})$ をみたすと仮定する．このとき，$\boldsymbol{a}$ と $\boldsymbol{b}$ を結ぶ D 内の任意の連続曲線上で f は $f(\boldsymbol{a})$ と $f(\boldsymbol{b})$ の間にあるすべての値をとる.

【証明】　$\boldsymbol{a}$ と $\boldsymbol{b}$ を結ぶ D 内の曲線を $\boldsymbol{C} = \{\boldsymbol{x} = \boldsymbol{\varphi}(s) \in D \mid s \in [a, b]\}$ とすると，合成関数 $F(s) = f(\boldsymbol{\varphi}(s))$ は $s \in [a, b]$ について連続であり，$F(a) = f(\boldsymbol{a})$，$F(b) = f(\boldsymbol{b})$ をみたしている．したがって，$f(\boldsymbol{a})$ と $f(\boldsymbol{b})$ の間の任意の値 m に対し，$F(c) = m$ となるような $c \in (a, b)$ が存在し，このとき点 $\boldsymbol{c} = \boldsymbol{\varphi}(c)$ で $f(\boldsymbol{c}) = m$ が成り立つ（図 3.11）．　∎

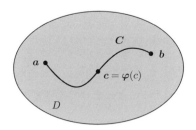

図 3.11 曲線に対する中間値の定理 $(f(\boldsymbol{c}) = m)$.

f を区間 I で定義された関数とする．任意の $x_1, x_2 \in I$ に対して $x_1 < x_2 \Longrightarrow f(x_1) < f(x_2)$ $(x_1 < x_2 \Longrightarrow f(x_1) > f(x_2))$ が成り立つとき，f は I で**狭義増加（狭義減少）**であるという．I 上の狭義増加あるいは狭義減少な関数は**狭義単調**であるという．例えば関数 $f(x) = x^n$ は，$n \in \mathbb{N}$ が奇数ならば $x \in \mathbb{R}$ に

ついて狭義単調増加である. $n \in \mathbb{N}$ が偶数ならば, $f(x) = x^n$ は $x \in (-\infty, 0]$ について狭義減少, $x \in [0, +\infty)$ について狭義増加であるが, 0 の近傍では単調でない.

最後に, 逆関数の連続性に関する定理を与える.

定理 3.26 関数 f が区間 I で連続で狭義増加（狭義減少）ならば, f の値域 R_f で定義された f の逆関数が存在し, f^{-1} もまた R_f で連続で狭義増加（狭義減少）である.

【証明】 $f(x)$ が区間 $I = [a, b]$ で連続かつ狭義増加である場合について証明する. （狭義減少の場合も証明は同様である.）$x_1, x_2 \in I$ に対し $x_1 < x_2 \Longrightarrow f(x_1) < f(x_2)$ であるから, 中間値の定理 3.24 より各 $y \in R_f$ に対してただ一つの $x \in I$ が定まり, $f(x) = y$ が成り立つ. したがって R_f 上で逆関数 $x = f^{-1}(y)$ が定義され, また y について狭義増加である.

f^{-1} の連続性を示そう. 各 $c \in (a, b)$ に対して $d = f(c)$ とおく. $\varepsilon > 0$ を $[c - \varepsilon, c + \varepsilon] \subset I$ となるように小さくとると, 仮定から $f(c - \varepsilon) < d = f(c) < f(c + \varepsilon)$ である. そこで $\delta > 0$ を $f(c - \varepsilon) < d - \delta < d < d + \delta < f(c + \varepsilon)$ をみたすようにとると

$$|y - d| < \delta \implies f(c - \varepsilon) < y < f(c + \varepsilon)$$
$$\implies f^{-1}(d) - \varepsilon = c - \varepsilon < f^{-1}(y) < c + \varepsilon = f^{-1}(d) + \varepsilon$$

が成り立つ. これは $f^{-1}(y)$ が d で連続であることを示している. c が I の端点の場合には, 片側極限を考えることによって片側連続性が示される. ■

▌3.3.3 — 極値定理

閉集合上の連続関数が最大値と最小値をとることは, 直感的には明らかなように見えるが, 証明には実数の連続性が本質的な役割を果たす.

> **定理 3.27 (極値定理)**　D を $\mathbb{R}^d$ 内の有界閉集合とする. 関数 f が D で連続ならば, f は D で最大値と最小値をとる [11].

【証明】　f が D で最大値をとることを示そう. (最小値についても証明は同様である.) まずは f が D で有界であることを背理法で示す. もし f が有界でないとすると, 各 $n \in \mathbb{N}$ に対して $f(\boldsymbol{x}_n) > n$ をみたすような点 $\boldsymbol{x}_n \in D$ が存在する. 点列 $\{\boldsymbol{x}_n\}$ は有界であるから, ボルツァノ・ワイエルストラスの定理 3.5 より, $\{\boldsymbol{x}_n\}$ はある点 $\boldsymbol{a} \in D$ に収束するような部分列 $\{\boldsymbol{x}_{n_k}\}$ をもつ. すると f の連続性から $f(\boldsymbol{x}_{n_k}) \to f(\boldsymbol{a})\ (k \to \infty)$ が成り立ち, すべての $n \in \mathbb{N}$ について $f(\boldsymbol{x}_n) > n$ が成り立つことと矛盾する.

以上により f が D で有界であることが示されたので,

$$s = \sup_{\boldsymbol{x} \in D} f(\boldsymbol{x}) < \infty$$

に対して $f(\boldsymbol{\xi}) = s$ をみたす点 $\boldsymbol{\xi} \in D$ が存在することを背理法で示す. もしすべての $\boldsymbol{x} \in D$ に対して $f(\boldsymbol{x}) < s$ であると仮定すると, D 上の関数 $g(\boldsymbol{x}) = 1/\{s - f(\boldsymbol{x})\}$ が定義できる. g は D で連続なので, 前半の議論から g は D で有界である. 一方, s は上限であるから, D 内の点列 $\{\boldsymbol{x}_n\}$ で $f(\boldsymbol{x}_n) \to s\ (n \to \infty)$ をみたすものが存在する. しかしながら, これは $g(\boldsymbol{x}_n) \to +\infty\ (n \to \infty)$ を意味しているから g の有界性と矛盾する. よってある $\boldsymbol{x} \in D$ に対して $f(\boldsymbol{x}) = s$ が成り立つので, s は f の D での最大値である. ∎

極値定理から明らかなように, f が閉集合 D で連続ならば有界であるが, このためには定義域が有界閉集合であることが本質的である. 例えば, 関数 $f(x) = \tan x$ は開区間 $(-\frac{\pi}{2}, \frac{\pi}{2})$ で連続であるが非有界である. また, 対数関数 $\log x$ は区間 $[1, +\infty)$ で連続であるが上に非有界である. これらの例が示すように, 連続関数の性質は定義域に依存する.

---

11) 本来は最大値・最小値定理というべきものであるが, 簡単に極値定理と呼ばれることが多い.

■ 3.3.4 — 一様連続性

ここでは，点における連続性よりも強い概念である一様連続性[12]について解説する．まずはその定義を与える．

定義 3.28　f を $\mathbb{R}^d$ 内の集合 D で定義された関数とする．任意の $\varepsilon > 0$ に対して $\delta > 0$ が存在し，すべての $\boldsymbol{x}, \boldsymbol{y} \in D$ に対して条件

$$|\boldsymbol{x} - \boldsymbol{y}| < \delta \implies |f(\boldsymbol{x}) - f(\boldsymbol{y})| < \varepsilon$$

をみたすとき，f は D で**一様連続**であるという．

一様連続性と区別するために，定義 3.19 の意味で D で連続な関数は**各点連続**であるという．論理記号を用いると，各点連続性が

$$\forall \boldsymbol{a} \in D, \ \forall \varepsilon > 0, \ \exists \delta > 0 \ (|\boldsymbol{x} - \boldsymbol{a}| < \delta \implies |f(\boldsymbol{x}) - f(\boldsymbol{a})| < \varepsilon)$$

と表されるのに対し，一様連続性は

$$\forall \varepsilon > 0, \ \exists \delta > 0, \ \forall \boldsymbol{x} \in D, \ \forall \boldsymbol{y} \in D \ (|\boldsymbol{x} - \boldsymbol{y}| < \delta \implies |f(\boldsymbol{x}) - f(\boldsymbol{y})| < \varepsilon)$$

と表される．各点連続性と一様連続性の違いは δ の選び方である．$\varepsilon > 0$ が与えられると，各点連続性では δ を $\boldsymbol{a}$ ごとに選んでもよいのに対し，一様連続性では δ は $\boldsymbol{a}$ と無関係に定めなければならない．言い換えれば，各点連続性が局所的な性質であるのに対し，一様連続性は D 内のすべての点が関係する大局的な性質である．

例題 3.29　関数 $f(x) = 1/x$ は区間 $(0, 1]$ で各点連続であるが，一様連続ではないことを示せ．

[解]　区間 $(0, 1]$ で各点連続であることは明らかなので，一様連続ではないことを背理法で示そう．そのために $\varepsilon = 1$ とし，ある $\delta > 0$ が存在して，すべての $x, y \in (0, 1]$ について

---

[12] 一様連続性は後に，積分の存在を証明する際などに必要となる．

$$|x - y| < \delta \implies |f(x) - f(y)| < \varepsilon = 1$$

が成り立つと仮定する. この δ に対して $x = \min\{\delta, 1\}$, $y = x/2$ とすると, $|x - y| < \delta$ および

$$|f(x) - f(y)| = \frac{1}{x} \geq 1$$

が成り立ち, 仮定と矛盾する. よって f は $(0, 1]$ で一様連続ではない. □

定義から明らかなように, 一様連続ならば各点連続であるが, この例題が示すように各点連続だからといって一様連続とは限らない. しかしながら, 有界閉集合に対しては各点連続性と一様連続性は等価である.

> **定理 3.30 (ハイネ・カントールの定理)**　D を $\mathbb{R}^d$ 内の有界閉集合とする. 関数 f が D で各点連続ならば, f は D で一様連続である.

【証明】　背理法で証明する. f が D で各点連続であるが一様連続でないと仮定すると, ある $\varepsilon > 0$ が存在し, 各 $n \in \mathbb{N}$ に対して

$$|\boldsymbol{x}_n - \boldsymbol{y}_n| < \frac{1}{n} \quad \text{かつ} \quad |f(\boldsymbol{x}_n) - f(\boldsymbol{y}_n)| \geq \varepsilon$$

をみたす D 内の点 $\boldsymbol{x}_n$ と $\boldsymbol{y}_n$ が存在する. 点列 $\{\boldsymbol{x}_n\}$ は有界であるから, ボルツァノ・ワイエルストラスの定理 3.5 より, ある点 $\boldsymbol{a} \in D$ に収束する部分列 $\{\boldsymbol{x}_{n_k}\}$ が存在する. このとき

$$|\boldsymbol{y}_{n_k} - \boldsymbol{a}| = |\boldsymbol{y}_{n_k} - \boldsymbol{x}_{n_k} + \boldsymbol{x}_{n_k} - \boldsymbol{a}| \leq |\boldsymbol{y}_{n_k} - \boldsymbol{x}_{n_k}| + |\boldsymbol{x}_{n_k} - \boldsymbol{a}|$$

であり, 右辺は $k \to \infty$ のとき 0 に収束するから $\boldsymbol{y}_{n_k} \to \boldsymbol{a}$ $(k \to \infty)$ である. すると f の $\boldsymbol{a}$ における連続性から

$$\lim_{k \to \infty} f(\boldsymbol{x}_{n_k}) = \lim_{k \to \infty} f(\boldsymbol{y}_{n_k}) = f(\boldsymbol{a})$$

が成り立ち, したがって $|f(\boldsymbol{x}_{n_k}) - f(\boldsymbol{y}_{n_k})| \to 0$ $(k \to \infty)$ である. これは, すべての $n \in \mathbb{N}$ について $|f(\boldsymbol{x}_n) - f(\boldsymbol{y}_n)| \geq \varepsilon$ であることと矛盾する. ∎

演習問題 3.3

1. 関数 f は $a \in \mathbb{R}^d$ で連続であるとする．もし $f(a) > 0$ ならば，a のある近傍 $U(a)$ で $f(x) > 0$ が成り立つことを示せ．

2. 関数 $f(x)$ が D で連続ならば，$|f(x)|$ も D で連続であることを示せ．

3. 関数 f は閉区間 $[a,b]$ で連続で $a \leq f(x) \leq b$ をみたすとする．このとき $f(c) = c$ となる点 $c \in [a,b]$ が存在することを示せ．

4. 関数 $\sin(1/x)$ は区間 $(0,1)$ で各点連続であるが，一様連続ではないことを示せ．

4 CHAPTER
一変数関数の微分と積分

【この章の目標】

　この章では，微積分の計算に関する初歩の知識はすでにあるものと想定し，一変数関数の微分と積分について数学的に厳密に見直すことを目標とする．微分の定義についてはすでに学習済みであろうが，ここでは線形近似の考えにもとづいて，後に多変数関数の微分に自然につながる形で定義し直す．この定義を用いて，微分という演算の有用性と微分可能な関数がもつ良い性質について統一的に明らかにする．さらに一変数関数に対するリーマン積分の概念を導入し，微分との関係など，その基本的な性質について解説する．

4.1　微　分

■ 4.1.1 — 微分係数と導関数

　$a \in \mathbb{R}$ の近傍で定義された関数 f に対し，極限

$$\lim_{h \to 0} \frac{f(a+h) - f(a)}{h}$$

が存在して有限の値となるとき，f は a で**微分可能**であるという．またこの極限値を f の a における**微分係数**といい $f'(a)$ で表す．これは微分に関する通常の定義であるが，後に多変数関数やベクトル値関数の微分を定義する際には，この定義を言い換えておいたほうが都合がよい．

　そのためにまず，**ランダウの記号** O と o を導入しておこう [1]．f と g を $a \in \mathbb{R} \cup \{\pm\infty\}$ の近傍 $U(a)$ で定義された二つの関数とする．近傍 $U(a)$ と定数

---

[1] O はビッグオー，ラージオーダーなどと読む．o はリトルオー，スモールオーダーなどと読む．

$C > 0$ が存在して

$$x \in U(a) \setminus \{a\} \implies |f(x)| \le C|g(x)|$$

が成り立つとき,$f(x) = O(g(x))$ $(x \to a)$ と表す.また f と g が $f(x)/g(x) \to 0$ $(x \to a)$ をみたすとき,$f(x) = o(g(x))$ $(x \to a)$ と表す.$\boldsymbol{a} \in \mathbb{R}^d$ の近傍 $U(\boldsymbol{a})$ で定義された多変数関数 f と g に対しても,$f(\boldsymbol{x}) = O(g(\boldsymbol{x}))$ $(\boldsymbol{x} \to \boldsymbol{a})$ および $f(\boldsymbol{x}) = o(g(\boldsymbol{x}))$ $(\boldsymbol{x} \to \boldsymbol{a})$ が同様に定義される.

$g(x) \to 0$ $(x \to a)$ のとき,$f(x) = o(g(x))$ $(x \to a)$ は f が g よりも速く 0 に収束することを表し,一方,$f(x) = O(g(x))$ $(x \to a)$ は 0 への近づき方が g と同程度(定数倍程度かより速い)であることを示している.無限大への発散も同様で,$g(x) \to +\infty$ $(x \to a)$ のとき,$f(x) = o(g(x))$ $(x \to a)$ は g が f よりも速く $+\infty$ に発散することを表し,$f(x) = O(g(x))$ $(x \to a)$ は f の $+\infty$ への発散が g と同程度(定数倍程度かより遅い)であることを示している.

ランダウの記号を用いると,無限大や無限小の度合いを簡単に表現できる.例えば f が a で連続であることを $f(x) = f(a) + o(1)$ $(x \to a)$ と表せる.ここで 1 は定数関数 $g(x) \equiv 1$ を表しており,$o(1)$ $(x \to a)$ は $x \to a$ のとき 0 に収束する項[2]である.ランダウの記号を用いると,関数の具体形を書き下すことなく,その性質のみを取り出すことができるので便利であるが,気をつけなくてはいけないのは o や O には不等式の関係が含まれており,ランダウの記号を含む等号の意味は単純でないことである.実際,定義によればランダウの記号は左辺を右辺と比べて用いるのであり,例えば,$x \to a$ のとき $f(x) = O(x^2)$ ならば $f(x) = o(x)$ であるから $O(x^2) = o(x)$ $(x \to 0)$ は正しい式であるが,一方 $f(x) = o(x)$ だからといって $f(x) = O(x^2)$ とは限らず,したがって $o(x) = O(x^2)$ $(x \to 0)$ は正しくない式である.

> **例題 4.1** ランダウの記号に対して以下が成り立つことを示せ.ただし,いずれも $x \to a$ としたときの関数の挙動に関するものとする.

---

[2] このような項を無限小という.

(i) $f(x) = O(h(x))$, $g(x) = O(h(x))$ ならば $f(x) + g(x) = O(h(x))$.

(ii) $f(x) = O(1)$, $g(x) = o(h(x))$ ならば $f(x)g(x) = o(h(x))$.

(iii) $f(x) = o(g(x))$, $g(x) = O(h(x))$ ならば $f(x) = o(h(x))$.

［**解**］ $f(x) = O(h(x))$ $(x \to a)$ ならば $|f(x)| \leq C_1|h(x)|$, $g(x) = O(h(x))$ $(x \to a)$ ならば $|g(x)| \leq C_2|h(x)|$ となる正定数 C_1, C_2 が存在する．これより (i)〜(iii) の証明が以下のようにして得られる．

(i) $|f(x) + g(x)| \leq |f(x)| + |g(x)| \leq (C_1 + C_2)|h(x)|$.

(ii) $\left| \dfrac{f(x)g(x)}{h(x)} \right| = |f(x)| \cdot \left| \dfrac{g(x)}{h(x)} \right| \leq C_1 \left| \dfrac{g(x)}{h(x)} \right| \to 0 \ (x \to a)$.

(iii) $\left| \dfrac{f(x)}{h(x)} \right| = \left| \dfrac{f(x)}{g(x)} \right| \cdot \left| \dfrac{g(x)}{h(x)} \right| \leq C_2 \left| \dfrac{f(x)}{g(x)} \right| \to 0 \ (x \to a)$. □

さて，f が a で微分可能なとき

$$r(h) = f(a + h) - f(a) - f'(a)h$$

とおくと，f の微分可能性より

$$\lim_{h \to 0} \frac{r(h)}{h} = \lim_{h \to 0} \left\{ \frac{f(a + h) - f(a)}{h} - f'(a) \right\} = 0$$

であるから $r(h) = o(h)$ $(h \to 0)$ である．逆に，ある定数 A に対して

$$f(a + h) - f(a) - Ah = o(h) \qquad (h \to 0)$$

が成り立てば，f は a で微分可能で $f'(a) = A$ である．そこで微分を次のように定義してもよいことになる．

定義 4.2 $a \in \mathbb{R}$ の近傍で定義された関数 f がある定数 A を用いて

$$f(a + h) = f(a) + Ah + o(h) \qquad (h \to 0)$$

と表せるとき，f は a で**微分可能**であるといい，この定数 A を f の a における**微分係数**といい $f'(a)$ で表す．

$x = a + h$ とおくと，f の a での微分可能性は

$$f(x) = f(a) + f'(a)(x - a) + o(x - a) \qquad (x \to a)$$

とも表せる．幾何学的には $y = f(a) + f'(a)(x - a)$ は $y = f(x)$ のグラフの a における接線を表す式である．x が a に近ければ $o(x - a)$ は $|x - a|$ に比べて十分小さいので，a の近くでは関数 $y = f(x)$ は一次関数 $y = f(a) + f'(a)(x - a)$ で十分よく近似できていることになる．

微分に関する次の性質は基本的である．

定理 4.3 関数 f と g が a で微分可能ならば，以下が成り立つ．

(i) 任意の定数 $\alpha, \beta \in \mathbb{R}$ に対し，$F = \alpha f + \beta g$ とおくと $F'(a) = \alpha f'(a) + \beta g'(a)$．（微分の線形性）

(ii) $F = fg$ とおくと $F'(a) = f'(a)g(a) + f(a)g'(a)$．

(iii) $g(a) \neq 0$ のとき，$F = f/g$ とおくと

$$F'(a) = \frac{f'(a)g(a) - f(a)g'(a)}{g(a)^2}.$$

【証明】 f と g の微分可能性より，$F = \alpha f + \beta g$ は

$$F(a + h) = \alpha f(a + h) + \beta g(a + h)$$
$$= \alpha\{f(a) + f'(a)h + o(h)\} + \beta\{g(a) + g'(a)h + o(h)\}$$
$$= F(a) + \{\alpha f'(a) + \beta g'(a)\}h + o(h) \qquad (h \to 0)$$

をみたす．したがって定義 4.2 より (i) が成り立つ．ランダウの記号を用いた同様の計算によって，(ii) と (iii) も簡単に示される． ∎

次に **片側微分** について説明しよう．右極限

$$f'_+(a) = \lim_{h \to +0} \frac{f(a + h) - f(a)}{h}$$

が存在して有限の値となるとき，f は a で **右微分可能** であるといい，$f'_+(a)$ を

右微分係数という. これは $f(a+h) = f(a) + f'_+(a)h + o(h)$ $(h \to +0)$ が成り立つことに対応する. 同様に, ある $f'_-(a) \in \mathbb{R}$ に対して $f(a+h) = f(a) + f'_-(a)h + o(h)$ $(h \to -0)$ が成り立つとき, f は a で**左微分可能**であるといい, $f'_-(a)$ を**左微分係数**という. f が (a,b) で微分可能で端点で片側微分可能であるとき, f は $[a,b]$ で微分可能であるという. 極限と片側極限の関係（定理 3.14）より, f が a で微分可能であるためには, f が a で右微分可能かつ左微分可能で $f'_+(a) = f'_-(a)$ をみたすことが必要十分である. またこのとき $f'(a) = f'_-(a) = f'_+(a)$ が成り立つ.

次の定理が示すように, 微分可能性は連続性よりも強い条件である.

定理 4.4 関数 f が a で微分可能ならば, f は a で連続である. また片側微分可能ならば片側連続である.

【証明】 $f(x)$ が微分可能であることから

$$f(x) = f(a) + f'(a)(x-a) + o(x-a) \qquad (x \to a)$$

である. ここで右辺は $x \to a$ で $f(a)$ に収束する, したがって $f(x) \to f(a)$ $(x \to a)$ が成り立つから連続である. $f(x)$ が片側微分可能なときも同様である. ∎

実際, $x \to a$ とすると, 連続ならば $|f(x) - f(a)|$ が単に小さくなるのに対し, 微分可能性は $f(x) - f(a)$ が $x-a$ にほぼ比例して小さくなることを表している.

f が区間 I 上の各点で微分可能なとき, 微分係数は $x \in I$ の関数とみなせる. これを $f'(x)$ あるいは $\dfrac{d}{dx}f(x)$ で表して f の**導関数**という. f の導関数 $f'(x)$ がまた I で微分可能ならば, $f'(x)$ を微分することにより 2 階導関数 $f''(x) = \dfrac{d}{dx}f'(x)$ が定義され, 微分可能である限りはさらに高階の導関数が定義される. 関数 f を n 回微分して得られる関数を **n 階導関数**といい

$$\frac{d^n f}{dx^n}(x), \quad \frac{d^n}{dx^n}f(x), \quad f^{(n)}(x)$$

などで表す.

関数 f が I で連続のとき, f は I で C^0 級であるといい $f \in C^0(I)$ と表す. 関数 f が区間 I で n 回微分可能で n 階導関数 $f^{(n)}$ が連続のとき (すなわち $f^{(n)} \in C^0(I)$ のとき), f は I で **C^n 級**であるといい $f \in C^n(I)$ と表す. 特に C^1 級の関数は**連続微分可能**であるともいう. また, f が I で何回でも微分可能なとき (すなわち $f \in \bigcap C^n(I)$ のとき), f は I で **C^∞ 級**であるといい $f \in C^\infty(I)$ と表す. 定理 4.4 より

$$C^0(I) \supset C^1(I) \supset C^2(I) \supset \cdots \supset C^\infty(I)$$

が成り立つことに注意しよう.

■ 4.1.2 ── 合成関数と逆関数の微分

ここでは, 微分の定義 4.2 にもとづいて合成関数と逆関数に対する微分公式を導く.

> **定理 4.5 (連鎖律)** 関数 g は $a \in \mathbb{R}$ で微分可能で, 関数 f は $g(a) \in \mathbb{R}$ で微分可能であると仮定する. このとき合成関数 $f \circ g$ は a で微分可能で
>
> $$(f \circ g)'(a) = f'(g(a))g'(a)$$
>
> をみたす.

【証明】 $k = g(a+h) - g(a)$ とおくと, g が微分可能であることから $k = g'(a)h + o(h)$ $(h \to 0)$ である. また f が微分可能であることから $f(g(a) + k) = f(g(a)) + f'(g(a))k + o(k)$ $(k \to 0)$ である. すると, 例題 4.1 より

$$
\begin{aligned}
f \circ g(a+h) &= f(g(a+h)) = f(g(a) + k) \\
&= f(g(a)) + f'(g(a))k + o(k) \qquad (k \to 0) \\
&= f(g(a)) + f'(g(a))\{g'(a)h + o(h)\} + o(h) \qquad (h \to 0) \\
&= f \circ g(a) + f'(g(a))g'(a)h + o(h) \qquad (h \to 0)
\end{aligned}
$$

が成り立つ. よって $f \circ g$ は a で微分可能で $(f \circ g)'(a) = f'(g(a))g'(a)$ をみたす. ■

> **定理 4.6** 関数 f は a の近傍で連続かつ狭義単調であるとし, また $a \in \mathbb{R}$ で微分可能で $f'(a) \neq 0$ をみたすと仮定する. このとき逆関数 f^{-1} は $b = f(a)$ で微分可能で
>
> $$(f^{-1})'(b) = \frac{1}{f'(a)}$$
>
> をみたす.

【証明】 $f^{-1}(b + h) = f^{-1}(b) + k$ と表すと, 逆関数 f^{-1} の狭義単調性と連続性 (定理 3.26) より, $h \neq 0$ ならば $k \neq 0$ で $k \to 0$ $(h \to 0)$ である. また $a = f^{-1}(b)$ より $f^{-1}(b + h) = a + k$, すなわち $f(a + k) = f(a) + h$ である. 一方, $f(a + k) = f(a) + f'(a)k + r$ と表すと, f が a で微分可能であることから $r = o(k)$ $(k \to 0)$ である. したがって

$$\frac{k}{h} = \frac{k}{f(a + k) - f(a)} = \frac{1}{f'(a) + \dfrac{r}{k}} \to \frac{1}{f'(a)} \qquad (h \to 0)$$

が成り立つから

$$k = \frac{1}{f'(a)}h + o(h) \qquad (h \to 0)$$

である. よって

$$f^{-1}(b + h) = f^{-1}(b) + k = f^{-1}(b) + \frac{1}{f'(a)}h + o(h) \qquad (h \to 0)$$

であるから, f^{-1} は $b = f(a)$ で微分可能で $(f^{-1})'(b) = 1/f'(a)$ をみたす. ■

■ 4.1.3 — 平均値の定理

ここでは微分可能な関数の性質について解説する. そのために, まず極値に関する定義を与えよう. $a \in \mathbb{R}$ のある近傍 $U(a)$ が存在し, f がすべての

$x \in U(a) \setminus \{a\}$ に対して $f(x) < f(a)$ $(f(x) > f(a))$ をみたすとき，f は $a \in \mathbb{R}$ で**極大**（**極小**）であるという．また $f(a)$ を**極大値**（**極小値**）といい，極大値と極小値を合わせて**極値**という [3]．

> **定理 4.7**　関数 f は $a \in \mathbb{R}$ で極値をとると仮定する．f が a で微分可能ならば $f'(a) = 0$ である．

【証明】　f の微分可能性から

$$f(a+h) - f(a) = f'(a)h + o(h) = h\{f'(a) + o(1)\} \qquad (h \to 0)$$

が成り立つ．ここでもし $f'(a) \neq 0$ ならば，$|h|$ が小さいとき $f'(a) + o(1)$ は $f'(a)$ と同じ符号をもつ．したがって $h > 0$ と $h < 0$ で右辺の符号が変わることになり，a で極値をとることに反する．よって $f'(a) = 0$ である．∎

　なお，$f'(a) = 0$ は $a \in \mathbb{R}$ で極値をとるための必要条件であり，$f'(a) = 0$ をみたすからといって極値をとるとは限らないことに注意しよう．

　以下の三つの定理は微分可能な関数のもつ重要な性質であり，これから他のいろいろな結果が導かれる．

> **定理 4.8（ロルの定理）**　$a < b$ とし，関数 f は $[a, b]$ で連続，(a, b) で微分可能であると仮定する．もし $f(a) = f(b)$ ならば $f'(\xi) = 0$ をみたす $\xi \in (a, b)$ が存在する．

【証明】　f が $[a, b]$ で連続ならば，f は $[a, b]$ で最大値と最小値をとる（極値定理3.27）．また，最大値あるいは最小値を $\xi \in (a, b)$ でとれば $f'(\xi) = 0$ である（定理 4.7）．一方，$[a, b]$ の端点で最大値と最小値をとれば，$f(a) = f(b)$ より最大値と最小値は一致するから f は定数関数である．いずれの場合でも，ある $\xi \in (a, b)$ に対して $f'(\xi) = 0$ が成り立つ．∎

　次の定理は，ロルの定理を特別な場合（$f(a) = f(b)$ の場合）として含んで

---

[3] 極値については後に 4.2.2 項で詳しく述べる．

いる.

定理 4.9（平均値の定理） $a < b$ とし, f は $[a,b]$ で連続, (a,b) で微分可能であると仮定する. このとき

$$f'(\xi) = \frac{f(b) - f(a)}{b - a}$$

をみたす $\xi \in (a, b)$ が存在する（図 4.1）.

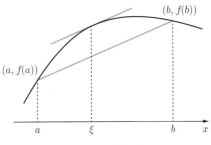

図 4.1 平均値の定理.

【証明】 関数 g を

$$g(x) = (b - a)f(x) - \{f(b) - f(a)\}x$$

で定めると, g は $[a, b]$ で連続, (a, b) で微分可能で $g(a) = bf(a) - af(b) = g(b)$ をみたす. したがってロルの定理 4.8 が適用できて, ある $\xi \in (a, b)$ に対して

$$g'(\xi) = (b - a)f'(\xi) - \{f(b) - f(a)\} = 0$$

が成り立つ. これを $f'(\xi)$ について解くと証明が得られる. ■

平均値の定理は, 各 h に対して

$$f(a + h) = f(a) + f'(\theta h)h$$

をみたす $\theta \in (0, 1)$ が存在することを示しており, これは h の正負にかかわらずに成り立つ等式である.

> **例題 4.10**　関数 f は区間 I で微分可能であるとする．もしすべての $x \in I$ に対して $f'(x) = 0 \, (f'(x) > 0, \, f'(x) < 0)$ ならば，f は I 上で定数（狭義増加，狭義減少）であることを示せ．

［**解**］　$a < b$ を I 上の点とすると，平均値の定理より，ある $\xi \in (a, b)$ に対して $f(b) - f(a) = (b - a)f'(\xi)$ が成り立つ．したがって

$$
f(b) - f(a) \begin{cases} > 0 & (f'(\xi) > 0) \\[1mm] = 0 & (f'(\xi) = 0) \\[1mm] < 0 & (f'(\xi) < 0) \end{cases}
$$

であり，これからただちに結論が得られる．　　　　　　　　　　　　□

> **定理 4.11**（**コーシーの平均値の定理**）　$a < b$ とし，関数 f と g は $[a, b]$ で連続，(a, b) で微分可能で $g'(x) \neq 0$ であると仮定する．このとき
>
> $$
> \frac{f(b) - f(a)}{g(b) - g(a)} = \frac{f'(\xi)}{g'(\xi)}
> $$
>
> をみたす点 $\xi \in (a, b)$ が存在する．

【**証明**】　関数 φ を

$$
\varphi(x) = \{g(b) - g(a)\}f(x) - \{f(b) - f(a)\}g(x)
$$

で定めると，φ は $[a, b]$ で連続，(a, b) で微分可能で $\varphi(a) = g(b)f(a) - f(b)g(a) = \varphi(b)$ をみたす．したがってロルの定理が適用できて，ある $\xi \in (a, b)$ に対して

$$
\varphi'(\xi) = (g(b) - g(a))f'(\xi) - (f(b) - f(a))g'(\xi) = 0
$$

が成り立つ [4]．これを書き換えると証明が得られる．　　　　　■

---

[4] この形の結論であれば $g'(x) \neq 0$ の仮定をはずせる．しかしながらロピタルの定理を証明する際には，定理 4.11 の形のほうが都合がよい．

コーシーの平均値の定理は，各 h に対して

$$\frac{f(a+h) - f(a)}{g(a+h) - g(a)} = \frac{f'(a+\theta h)}{g'(a+\theta h)}$$

をみたす $\theta \in (0, 1)$ が存在することを示しており，これは h の正負にかかわらずに成り立つ等式である．なお，平均値の定理 4.9 はコーシーの平均値の定理 4.11 で $g(x) = x$ とした場合である．

■ 4.1.4 — 不定形の極限

複雑な関数の極限を求めるには，すでに極限がわかっているような単純な形の関数から始めて，定理 3.12 で与えたような公式を用いるのが効率的である．例えば，$h(x) = \dfrac{f(x)}{g(x)}$ の形で表されている関数の場合，もし $\lim_{x \to a} f(x)$ と $\lim_{x \to a} g(x)$ が存在して $\lim_{x \to a} g(x) \neq 0$ の場合には

$$\lim_{x \to a} h(x) = \lim_{x \to a} \frac{f(x)}{g(x)} = \frac{\lim_{x \to a} f(x)}{\lim_{x \to a} g(x)}$$

と計算できる．しかしながら，$\lim_{x \to a} f(x) = \lim_{x \to a} g(x) = 0$ あるいは $\lim_{x \to a} f(x) = \lim_{x \to a} g(x) = \pm\infty$ のような場合は**不定形**と呼ばれ，$h(x) = \dfrac{f(x)}{g(x)}$ が極限をもつかどうかはすぐには判定できない．実際によく現れる不定形としては

$$\frac{0}{0}, \quad \frac{\infty}{\infty}, \quad \infty - \infty, \quad 0 \cdot \infty, \quad 0^0, \quad 1^\infty, \quad \infty^0$$

などがあるが，それぞれの不定形について収束することもあれば発散することもある．

不定形の極限を求めるには，不定形でなくなるようにうまく変形することが一つの方法である．しかしながら，それには個別の工夫が必要であったり式変形が面倒だったりすることから，極限を系統的に扱う方法があれば有用である．ここでは不定形の極限を求めるための手法として，導関数の極限との関係を用いたロピタルの定理を紹介しよう．

まずは $x \to a$ としたときに不定形 $\dfrac{0}{0}$ となる場合である．

定理 4.12（**ロピタルの定理** I）　関数 f と g は a の近傍 $U(a)$ で連続，$U(a) \setminus \{a\}$ で微分可能で，$\lim_{x \to a} f(x) = \lim_{x \to a} g(x) = 0$ をみたすと仮定する．もし

$$\lim_{x \to a} \frac{f'(x)}{g'(x)} = L \in \mathbb{R} \cup \{\pm\infty\}$$

ならば

$$\lim_{x \to a} \frac{f(x)}{g(x)} = L$$

が成り立つ．

【証明】　まず区間 $(a, x) \subset U(a)$ について考える．$\lim_{x \to a+0} \frac{f'(x)}{g'(x)}$ が存在することから g は (a, x) で $g'(x) \neq 0$ をみたし，したがって $g(x) \neq g(a)$ としてよい．するとコーシーの平均値の定理 4.11 より，ある $\xi \in (a, x)$ に対して

$$\frac{f(x) - f(a)}{g(x) - g(a)} = \frac{f'(\xi)}{g'(\xi)}$$

が成り立つ．ここで連続性より $f(a) = g(a) = 0$ であり，また $\xi \to a + 0$ $(x \to a + 0)$ であるから

$$\lim_{x \to a+0} \frac{f(x)}{g(x)} = \lim_{x \to a+0} \frac{f(x) - f(a)}{g(x) - g(a)} = \lim_{\xi \to a+0} \frac{f'(\xi)}{g'(\xi)} = L$$

が得られる．同様に，区間 $(x, a) \subset U(a)$ を考えることにより

$$\lim_{x \to a-0} \frac{f(x)}{g(x)} = L$$

が示される．　∎

　この証明からわかるように，ロピタルの定理は片側極限と片側微分についても成立する．次の定理は $x \to a + 0$ としたときに不定形 $\dfrac{\infty}{\infty}$ となる場合であるが，$x \to a - 0$ としたときにも同じ結論が得られる．

定理 4.13（ロピタルの定理 II）　関数 f と g は (a, b) で微分可能で，かつ $\displaystyle\lim_{x \to a+0} |g(x)| = +\infty$ をみたすと仮定する．もし

$$\lim_{x \to a+0} \frac{f'(x)}{g'(x)} = L \in \mathbb{R} \cup \{\pm\infty\}$$

ならば

$$\lim_{x \to a+0} \frac{f(x)}{g(x)} = L$$

が成り立つ．

【証明】　三つの場合に分けて証明する．

STEP 1　$L = 0$ の場合．

$\varepsilon > 0$ を任意にとる．このとき仮定より，（必要ならば b をとり直せば）$x \in (a, b)$ に対して $g(x) \neq 0$, $g'(x) \neq 0$ および $\left| \dfrac{f'(x)}{g'(x)} \right| < \varepsilon$ をみたすとしてよい．ここでコーシーの平均値の定理 4.11 を用いると，ある $\xi \in (x, b)$ に対して

$$\frac{f(x) - f(b)}{g(x) - g(b)} = \frac{f'(\xi)}{g'(\xi)}$$

が成り立つことがわかる．この等式は

$$\frac{f(x)}{g(x)} = \left\{ 1 - \frac{g(b)}{g(x)} \right\} \frac{f'(\xi)}{g'(\xi)} + \frac{f(b)}{g(x)}$$

と変形できる．また $|g(x)| \to +\infty$ $(x \to a + 0)$ より，$x \in (a, c)$ に対して $\left| \dfrac{f(b)}{g(x)} \right| < \varepsilon$, $\left| \dfrac{g(b)}{g(x)} \right| < 1$ が成り立つような $c \in (a, b)$ が存在する．したがって，$x \in (a, c)$ に対して

$$\left| \frac{f(x)}{g(x)} \right| \leq \left\{ 1 + \left| \frac{g(b)}{g(x)} \right| \right\} \left| \frac{f'(\xi)}{g'(\xi)} \right| + \left| \frac{f(b)}{g(x)} \right| < 2\varepsilon + \varepsilon = 3\varepsilon$$

が成り立つ．$\varepsilon > 0$ は任意なので $\displaystyle\lim_{x \to a+0} \frac{f(x)}{g(x)} = 0$ が得られる．

STEP 2 $L \in \mathbb{R}$ の場合.

$h(x) = f(x) - Lg(x)$ とおくと

$$\lim_{x \to a+0} \frac{h'(x)}{g'(x)} = \lim_{x \to a+0} \left(\frac{f'(x)}{g'(x)} - L \right) = 0$$

である. したがって STEP 1 の場合に帰着するので, その結果から

$$0 = \lim_{x \to a+0} \frac{h'(x)}{g'(x)} = \lim_{x \to a+0} \frac{h(x)}{g(x)} = \lim_{x \to a+0} \left(\frac{f(x)}{g(x)} - L \right)$$

である. これより $\lim_{x \to a+0} \dfrac{f(x)}{g(x)} = L$ が得られる.

STEP 3 $L = +\infty$ の場合. ($L = -\infty$ の証明も同様.)

$K > 0$ を任意にとる. このとき仮定より, $x \in (a, b)$ に対して $\dfrac{f'(x)}{g'(x)} > K$ とし

てよい. また $|g(x)| \to +\infty \ (x \to a+0)$ より, $x \in (a, c)$ に対して $\left| \dfrac{f(b)}{g(x)} \right| < 1$,

$\left| \dfrac{g(b)}{g(x)} \right| < \dfrac{1}{2}$ が成り立つような $c \in (a, b)$ が存在する. すると $L = 0$ の場合の証

明と同様に, $x \in (a, c)$ に対して

$$\left| \frac{f(x)}{g(x)} \right| \geq \left\{ 1 - \left| \frac{g(b)}{g(x)} \right| \right\} \left| \frac{f'(\xi)}{g'(\xi)} \right| - \left| \frac{f(b)}{g(x)} \right| > \frac{1}{2}K - 1$$

が成り立つ. $K > 0$ は任意なので $\lim_{x \to a+0} \dfrac{f(x)}{g(x)} = +\infty$ が得られる. ∎

以下の定理は $x \to +\infty$ としたときの極限に関するものであるが, $x \to -\infty$ としたときにも同じ結論が得られる.

定理 4.14 (ロピタルの定理 III) 関数 f と g は $U(+\infty)$ で微分可能で, $\lim_{x \to +\infty} f(x) = \lim_{x \to +\infty} g(x) = 0$ をみたすと仮定する. もし

$$\lim_{x \to +\infty} \frac{f'(x)}{g'(x)} = L \in \mathbb{R} \cup \{+\infty\}$$

ならば

$$\lim_{x \to +\infty} \frac{f(x)}{g(x)} = L$$

が成り立つ.

【証明】 仮定から

$$\lim_{x \to +\infty} f(x) = \lim_{y \to +0} f(1/y) = 0, \qquad \lim_{x \to +\infty} g(x) = \lim_{y \to +0} g(1/y) = 0$$

であり, したがって関数 $f(1/y)$ と $g(1/y)$ は, 定理 4.12 の $a = 0$ の場合の仮定を $y > 0$ に対してみたしている. そこで定理 4.12 の証明を $y > 0$ に対して適用すると

$$\lim_{x \to +\infty} \frac{f(x)}{g(x)} = \lim_{y \to +0} \frac{f(1/y)}{g(1/y)} = \lim_{y \to +0} \frac{f'(1/y)(-1/y^2)}{g'(1/y)(-1/y^2)} = \lim_{x \to +\infty} \frac{f'(x)}{g'(x)} = L$$

が得られる. ∎

定理 4.15（**ロピタルの定理 IV**） 関数 f と g は $U(+\infty)$ で微分可能で, $\displaystyle\lim_{x \to +\infty} |g(x)| = +\infty$ をみたすと仮定する. もし

$$\lim_{x \to +\infty} \frac{f'(x)}{g'(x)} = L \in \mathbb{R} \cup \{+\infty\}$$

ならば

$$\lim_{x \to +\infty} \frac{f(x)}{g(x)} = L$$

が成り立つ.

【証明】 $\displaystyle\lim_{x \to +\infty} g(x) = +\infty$ の場合を考える.（$\displaystyle\lim_{x \to +\infty} g(x) = -\infty$ の場合の証明も同様である.）仮定から

$$\lim_{x \to +\infty} g(x) = \lim_{y \to +0} g(1/y) = +\infty$$

であり, したがって関数 $f(1/y)$ と $g(1/y)$ は, 定理 4.13 の $a = 0$ の場合の仮定

を $y > 0$ に対してみたしている。そこで定理 4.13 の証明を $y > 0$ に対して適用すると

$$\lim_{x \to +\infty} \frac{f(x)}{g(x)} = \lim_{y \to +0} \frac{f(1/y)}{g(1/y)} = \lim_{y \to +0} \frac{f'(1/y)(-1/y^2)}{g'(1/y)(-1/y^2)} = \lim_{x \to +\infty} \frac{f'(x)}{g'(x)} = L$$

が得られる。　　　　　　　　　　　　　　　　　　　　　　　　　　　■

例題 4.16　ロピタルの定理を用いて $\displaystyle\lim_{x \to 0} \frac{x - x\cos x}{x - \sin x}$ の値を求めよ。

[解]　これは $\dfrac{0}{0}$ の形の不定形である。そこでロピタルの定理 I（定理 4.12）を適用して、導関数に対する極限を計算すると

$$\lim_{x \to 0} \frac{1 - \cos x + x\sin x}{1 - \cos x} = \lim_{x \to 0} \frac{2\sin x + x\cos x}{\sin x} = 2 + \lim_{x \to 0} \frac{x\cos x}{\sin x} = 3$$

となる。したがって

$$\lim_{x \to 0} \frac{x - x\cos x}{x - \sin x} = 3$$

である。　　　　　　　　　　　　　　　　　　　　　　　　　　　□

例題 4.16 のように、不定形の極限の計算には、ロピタルの定理を何度も使ったり、変形してから極限を考えるなどの工夫をする。例えば、$0 \cdot \infty$ の形の不定形は簡単な変形によって $\dfrac{0}{0}$ あるいは $\dfrac{\infty}{\infty}$ の形の不定形で表せる。また ∞^0, 0^0 や 1^∞ などの不定形は、$f(x)^{g(x)} = e^{g(x)\log(f(x))}$ と変形して定理 3.10 を適用すれば

$$\lim_{x \to a} f(x)^{g(x)} = \exp\left(\lim_{x \to a} g(x) \log(f(x)) \right)$$

が成り立つので、$\displaystyle\lim_{x \to a} g(x) \log(f(x))$ について調べればよい [5]。

---

[5] この方法は $f(x) > 0$ であることが前提である。

例題 4.17 極限値 $\displaystyle \lim_{x \to +\infty} x^{1/x}$ を求めよ.

[**解**] これは ∞^0 の形の不定形であり, 対数を用いて $0 \cdot \infty$ の形の不定形に帰着できる. ロピタルの定理 IV (定理 4.15) を適用すると

$$\lim_{x \to +\infty} \frac{\log x}{x} = \lim_{x \to +\infty} \frac{1/x}{1} = 0$$

となる. よって

$$\lim_{x \to +\infty} x^{1/x} = \exp\left(\lim_{x \to +\infty} \frac{\log x}{x} \right) = \mathrm{e}^0 = 1$$

を得る. □

演習問題 4.1

1. $x \to a$ とするとき, 以下が成り立つことを示せ.

(1) $f(x) = o(h(x))$, $g(x) = o(h(x))$ ならば $f(x) + g(x) = o(h(x))$.

(2) $f(x) = O(g(x))$, $g(x) = O(h(x))$ ならば $f(x) = O(h(x))$.

2. $x \to 0$ のとき, $m, n \in \mathbb{Z}$ に対して以下が成り立つことを示せ.

(1) $o(x^m)O(x^n) = o(x^{m+n})$, $O(x^m)O(x^n) = O(x^{m+n})$.

(2) $m \le n$ ならば $o(x^m) + o(x^n) = o(x^m)$, $O(x^m) + O(x^n) = O(x^m)$.

3. 関数

$$f(x) = \begin{cases} x^2 & (x \in \mathbb{Q}) \\ 0 & (x \in \mathbb{R} \backslash \mathbb{Q}) \end{cases}$$

は $x = 0$ で微分可能であることを示し, また微分係数を求めよ.

4. すべての $x, y \in \mathbb{R}$ に対して $|\sin x - \sin y| \le |x - y|$ および $|\sinh x - \sinh y| \ge |x - y|$ が成り立つことを示せ.

5. 次の極限を求めよ.

(1) $\displaystyle \lim_{x \to 0} \frac{\cosh x - 1}{x^2}$ (2) $\displaystyle \lim_{x \to 0} \frac{\tan x - \sin x}{x^3}$

(3) $\displaystyle\lim_{x\to+\infty}\frac{x^n}{a^x}$ $(a>1,\, n\in\mathbb{N})$

(4) $\displaystyle\lim_{x\to0}\frac{1}{x}\left(\frac{1}{\sin x}-\frac{1}{x}\right)$

(5) $\displaystyle\lim_{x\to+0}x^{\sin x}$

(6) $\displaystyle\lim_{x\to\pi/4-0}(\tan x)^{\tan 2x}$

4.2　高階微分とテイラーの定理

■4.2.1 — 多項式による近似

　多項式関数はすべての実数について定義され，次数にもよるがその挙動は比較的単純である．また零点の数は次数以下であり，導関数は次数が一つ低い多項式関数となるなど，他の関数にはない著しい性質がある．したがって，もし関数を多項式で近似することができれば，近似多項式を用いて関数の性質を詳しく調べることができる．ここでは，関数を多項式で近似する方法について解説し，それからどのような性質が得られるかについて述べる．

　まずは関数を一次多項式で近似することから始めよう．これを関数の**線形近似（線形化）**という．実は関数を一次関数で近似することは，微分の定義 4.2 を与える際にすでに導入した考え方である．すなわち，関数 f を一次関数 $f(a)+A(x-a)$ で近似して

$$f(x)=f(a)+A(x-a)+o(x-a)\qquad(x\to a)$$

のように表すことができれば f は a で微分可能であり，微分係数は $f'(a)=A$ で与えられる．

　次のステップは，高次の多項式を用いてより良い近似式を求めることである．関数 f が a で n 回微分可能なとき，n 次多項式 p_n を

$$p_n(x)=\sum_{k=0}^{n}\frac{f^{(k)}(a)}{k!}(x-a)^k$$

で定義しよう．これを a を中心とする f の n 次の**テイラー多項式**という．すると，f と p_n は a で n 階微分係数まで一致すること，すなわち

$$f^{(k)}(a) = p_n^{(k)}(a) \qquad (k = 0, 1, \ldots, n)$$

が成り立つことは簡単に確かめられる．$f(x) = p_n(x) + r_n(x)$ と表したとき，$r_n(x)$ を**剰余項**という．

次の定理は，a の近傍で $f(x)$ を $p_n(x)$ で近似すると，その誤差は $|x - a|^n$ よりも十分小さいことを表している．

定理 4.18（テイラーの定理） 関数 f は $a \in \mathbb{R}$ の近傍 $U(a)$ で n 回微分可能であると仮定する．このとき f をテイラー多項式と剰余項を用いて $f(x) = p_n(x) + r_n(x)$ と表すと

$$\lim_{x \to a} \frac{r_n(x)}{(x - a)^n} = 0$$

が成り立つ．また，もし f が $a \in \mathbb{R}$ の近傍 $U(a)$ で $n + 1$ 回微分可能ならば，各 $x \in U(a)$ に対してある $\theta \in (0, 1)$ が存在し，剰余項を

$$r_n(x) = \frac{1}{(n + 1)!} f^{(n+1)}(a + \theta(x - a))(x - a)^{n+1}$$

と表せる [6]．

【**証明**】 $r_n(x) = f(x) - p_n(x)$ に対する直接的な計算によって

$$r_n(a) = r_n'(a) = \cdots = r_n^{(n)}(a) = 0$$

が得られる．そこで不定形 $\displaystyle\lim_{x \to a} \frac{r_n(x)}{(x - a)^n}$ に対してロピタルの定理 4.12 を繰り返し適用すると

$$\lim_{x \to a} \frac{r_n(x)}{(x - a)^n} = \lim_{x \to a} \frac{r_n'(x)}{n(x - a)^{n-1}} = \cdots = \lim_{x \to a} \frac{r_n^{(n)}(x)}{n!} = 0$$

が得られる．よって前半が示された．

次に $r_n(x) = f(x) - p_n(x)$ に対してコーシーの平均値の定理を適用すると

---

[6] θ の値は x に依存する．

$$\frac{r_n(x)}{(x-a)^{n+1}} = \frac{r_n(x) - r_n(a)}{(x-a)^{n+1}} = \frac{r_n'(x_1)}{(n+1)(x_1-a)^n}$$

と表せる. ただし x_1 は a と x の間の数である. 同様に a と x_1 の間の数 x_2 を用いて

$$\frac{r_n'(x_1)}{(n+1)(x-a)^n} = \frac{r_n'(x_1) - r_n'(a)}{(n+1)(x_1-a)^n} = \frac{r_n''(x_2)}{(n+1)n(x_2-a)^{n-1}}$$

と表せる. f が $a \in \mathbb{R}$ の近傍で $n+1$ 回微分可能ならば, これを繰り返すことにより

$$\frac{r_n(x)}{(x-a)^{n+1}} = \frac{r_n'(x_1)}{(n+1)(x_1-a)^n} = \cdots = \frac{r_n^{(n+1)}(x_{n+1})}{(n+1)!}$$

が得られる. ここで $p_n(x)$ が n 次式であることから

$$r_n^{(n+1)}(x_{n+1}) = f^{(n+1)}(x_{n+1}) - p_n^{(n+1)}(x_{n+1}) = f^{(n+1)}(x_{n+1})$$

である. また x_{n+1} は a と x の間の点であるから, ある $\theta \in (0,1)$ を用いて $x_{n+1} = a + \theta(x-a)$ と表せる. よって後半の証明が得られた. ■

$x = a + h$ とおくと, テイラーの定理は各 h に対して

$$f(a+h) = \sum_{k=0}^{n} \frac{f^{(k)}(a)}{k!}h^k + \frac{1}{(n+1)!}f^{(n+1)}(a+\theta h)h^{n+1}$$

をみたす $\theta \in (0,1)$ が存在することを示している.

特に $a = 0$ としたときの $p_n(x)$ を**マクローリン多項式**, 定理 4.18 を**マクローリンの定理**ともいう.

例題 4.19　次の関数をマクローリン多項式と剰余項の和で表せ.

(1) e^x　　(2) $\sin x$　　(3) $\cos x$　　(4) $\log(1+x)$　$(x > -1)$

[**解**]　これらの関数は無限回微分可能であるから, 高階の微分係数を計算することによって $n = 1, 2, 3, \ldots$ に対してマクローリンの定理が適用できる. まず

$(e^x)^{(n)} = e^x$ より

$$e^x = 1 + x + \frac{1}{2!}x^2 + \cdots + \frac{1}{n!}x^n + \frac{e^{\theta x}}{(n+1)!}x^{n+1} \qquad (0 < \theta < 1)$$

と表せる. 同様に, ある $\theta \in (0,1)$ に対して

$$\sin x = x - \frac{1}{3!}x^3 + \frac{1}{5!}x^5 - \cdots + \frac{(-1)^{n-1}}{(2n-1)!}x^{2n-1} + \frac{(-1)^n \cos(\theta x)}{(2n+1)!}x^{2n+1}$$

$$\cos x = 1 - \frac{1}{2!}x^2 + \frac{1}{4!}x^4 - \cdots + \frac{(-1)^n}{(2n)!}x^{2n} + \frac{(-1)^{n+1}\cos(\theta x)}{(2n+2)!}x^{2n+2}$$

$$\log(1+x)$$

$$= x - \frac{1}{2}x^2 + \frac{1}{3}x^3 - \cdots + \frac{(-1)^{n-1}}{n}x^n + \frac{(-1)^n}{(n+1)(1+\theta x)^{n+1}}x^{n+1}$$

と表せる. □

　不定形の極限は式変形やロピタルの定理を用いて計算できるが, テイラーの定理によっても極限値を求めることができる. 例えば, 例題 4.16 で扱った極限を次のようにして計算できる.

例題 4.20　マクローリンの定理を用いて $\displaystyle\lim_{x \to 0} \frac{x - x\cos x}{x - \sin x}$ の値を求めよ.

［**解**］　マクローリンの定理により

$$\sin x = x - \frac{1}{6}x^3 + o(x^3), \qquad \cos x = 1 - \frac{1}{2}x^2 + o(x^2) \qquad (x \to 0)$$

と表せる. これを用いると

$$\frac{x - x\cos x}{x - \sin x} = \frac{\dfrac{1}{2}x^3 + o(x^3)}{\dfrac{1}{6}x^3 + o(x^3)} = \frac{\dfrac{1}{2} + o(1)}{\dfrac{1}{6} + o(1)} \to 3 \qquad (x \to 0)$$

が得られる. □

■4.2.2 — 一変数関数の極値

微分可能な関数が $f'(a) = 0$ をみたすとき，$a \in \mathbb{R}$ を f の**臨界点**という．定理 4.7 において，微分可能な関数が $a \in \mathbb{R}$ で極値をとれば a は臨界点であることを示したが，その逆は必ずしも正しくない．臨界点ではあるが極値をとらない点の典型的な例は，a が**変曲点**となっている場合である（図 4.2）．変曲点とは，関数のグラフが凸から凹，あるいは凹から凸に変化する点のことで，例えば $x = 0$ は $f(x) = x^3$ の臨界点であるが，その点で極値をとらない．したがって $f'(a) = 0$ は a で極値をとるための必要条件にすぎず，十分条件を得るには適当な条件を追加しなければならない．

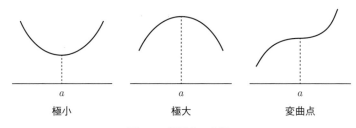

図 4.2 臨界点の分類．

臨界点で極値をとるかどうかをテイラーの定理を用いて調べよう．$a \in \mathbb{R}$ を関数 f の臨界点とするとき，f が a で 2 回微分可能であれば，定理 4.7 とテイラーの定理より

$$f(x) = f(a) + \frac{f''(a)}{2}(x - a)^2 + o((x - a)^2) \qquad (x \to a)$$

が成り立つ．もし $f''(a) < 0$ ならば，十分小さい $\delta > 0$ に対して

$$0 < |x - a| < \delta \implies f(x) - f(a) = \frac{1}{2}\{f''(a) + o(1)\}(x - a)^2 < 0$$

が成り立ち，したがって $f(a)$ は極大値である．逆にもし $f''(a) > 0$ ならば，$f(a)$ は極小値である．

以上を一般化すると次の定理が得られる．

定理 4.21 関数 f は $a \in \mathbb{R}$ で n 回微分可能で

$$f'(a) = f''(a) = \cdots = f^{(n-1)}(a) = 0, \qquad f^{(n)}(a) \neq 0$$

をみたすと仮定する. $n > 0$ が偶数のとき, $f^{(n)}(a) > 0$ ならば $f(a)$ は f の極小値, $f^{(n)}(a) < 0$ ならば $f(a)$ は f の極大値である. n が奇数のときは $f(a)$ は f の極値ではない.

【証明】 仮定からテイラーの定理が適用できて, f は

$$f(x) = f(a) + \frac{f^{(n)}(a)}{n!}(x-a)^n + o(|x-a|^n) \qquad (x \to a)$$

と表せる. したがって $f^{(n)}(a) \neq 0$ ならば, $|x-a|$ が十分小さいとき $f(x) - f(a)$ と $f^{(n)}(a)(x-a)^n$ の符号は一致する. したがって n が正の偶数のとき, $f''(a) > 0$ ならば $f(a)$ は極小値, $f''(a) < 0$ ならば $f(a)$ は極大値である. n が奇数のときは, $(x-a)^n$ の符号は a を境に変化するから $f(a)$ は極値ではない. ■

演習問題 4.2

1. 次の関数をマクローリン多項式と剰余項の和で表せ.

　(1) $f(x) = xe^{2x}$　　　　(2) $f(x) = \sin(x^2)$

　(3) $f(x) = (1+x)^\alpha$　$(\alpha \in \mathbb{R})$

2. $\log x$ を $a > 0$ を中心とするテイラー多項式と剰余項の和で表せ.

3. マクローリンの定理を用いて次の極限値を求めよ.

　(1) $\displaystyle \lim_{x \to 0} \frac{\sinh x - \sin x}{x^3}$　　　　(2) $\displaystyle \lim_{x \to 0} \frac{(1+x)\sin x - x\cos x}{x^2}$

4. 次の関数の極値を求めよ.

　(1) $f(x) = x^3 - 6x^2 + 9x - 1$　　(2) $f(x) = \dfrac{x}{1+x^2}$

　(3) $f(x) = e^x \sin x$

5. 関数

$$f(x) = \begin{cases} x^2 \sin(1/x) & (x \neq 0) \\ 0 & (x = 0) \end{cases}$$

に対し，$x = 0$ は臨界点であるが，極小，極大，変曲点のいずれでもないことを示せ．

4.3 定積分

■4.3.1 — リーマン積分

長方形についてはその面積を計算するための簡単な公式がある．ここでは，長方形の面積をもとにして，x-y 平面において関数 $y = f(x)$ のグラフと x 軸で囲まれた領域の面積を定義し，その計算法を与えるリーマン積分の理論について解説する．

リーマン積分の定義を3段階に分けて与えよう．まず区間 $[a, b]$ を小さな部分区間に分割する．$n + 1$ 個の分点の集合

$$a = x_0 < x_1 < x_2 < \cdots < x_{n-1} < x_n = b$$

を区間 $[a, b]$ の**分割**といい

$$P_n = \{x_0, x_1, \ldots, x_n\} \quad \text{あるいは} \quad P_n = \{x_i\}$$

と表す．分割 P_n に対して

$$\|P_n\| = \max_{1 \le i \le n} \{x_i - x_{i-1}\}$$

と定義し，これを分割 P_n の**ノルム**という．すなわち，分割 P_n は $[a, b]$ を n 個の部分区間 $[x_0, x_1], [x_1, x_2], \ldots, [x_{n-1}, x_n]$ に分け，$\|P_n\|$ はこれらの部分区間の長さの最大値である．

次にリーマン和を導入する．

定義 4.22（リーマン和）　f を区間 $[a, b]$ 上の有界な関数とし，$P_n = \{x_0, x_1, \ldots, x_n\}$ を $[a, b]$ の分割とする．このとき

$$\sum_{i=1}^{n} f(\xi_i)(x_i - x_{i-1})$$

を P_n と $\{\xi_i\}$ に対する f の $[a,b]$ 上の**リーマン和**という．ただし各 ξ_i は区間 $[x_{i-1}, x_i]$ 内の任意の点である．

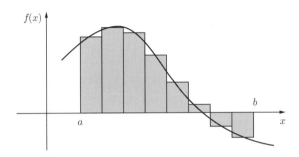

図 4.3 リーマン和による面積の近似．

リーマン和は，x-y 平面において $y = f(x)$ のグラフと x 軸で囲まれた領域の面積を長方形の面積の和で近似したものである（図 4.3）．ただし，ここでいう面積には符号が付いており，x 軸より上側には正，下側には負の符号を与えるものとする．分割を細かく（すなわち $\|P_n\|$ を小さく）すると，長方形が覆う領域は f のグラフと x 軸で囲まれた領域に近づく．そこで，領域の面積をリーマン和の極限で定義しようと考えるのは自然であるが，問題は極限をどのように定義し，またどのような条件のもとで極限が存在するかである．実際，分点 $\{x_i\}$ と $\{\xi_i\}$ の選び方には自由度があるので，リーマン和の極限についてはその意味を明確にしておく必要がある．

リーマン和の極限であるリーマン積分を次のように定義する．

定義 4.23 （**リーマン積分**） f を区間 $[a,b]$ 上の有界な関数とし，L を分割 P_n と点 $\{\xi_i\}$ の選び方によらない定数とする．任意の $\varepsilon > 0$ に対してある $\delta > 0$ が存在し，条件

$$\|P_n\| < \delta \implies \left| \sum_{i=1}^{n} f(\xi_i)(x_i - x_{i-1}) - L \right| < \varepsilon$$

をみたすとき，f は $[a,b]$ で**リーマン積分可能**（あるいは単に**積分可能**）であるといい

$$L = \int_a^b f(x)dx$$

と表す.

 積分の定義を次のように拡張しておくと議論が円滑に進む. まず $a = b$ のときには

$$\int_a^a f(x)dx = 0$$

と定義する. また f が $[a, b]$ で積分可能なとき

$$\int_b^a f(x)dx = -\int_a^b f(x)dx$$

と定義する.

例題 4.24 定数関数は任意の区間 $[a, b]$ で積分可能であることを示せ.

[**解**] $f(x) \equiv C$ とすると, 分割 P_n と点 $\{\xi_i\}$ をどのように選んでも, リーマン和は

$$\sum_{i=1}^n f(\xi_i)(x_i - x_{i-1}) = \sum_{i=1}^n C(x_i - x_{i-1}) = C(b - a)$$

である. したがって, $L = C(b - a)$ とすると定義 4.23 の条件をみたす. よって $f(x) \equiv C$ は積分可能であり $\int_a^b f(x)dx = C(b - a)$ である. □

例題 4.25 関数 $f(x) = x$ は任意の区間 $[a, b]$ で積分可能であることを示せ.

[**解**] リーマン和は

$$\sum_{i=1}^n f(\xi_i)(x_i - x_{i-1}) = \sum_{i=1}^n \xi_i(x_i - x_{i-1})$$

と表される. ここで $x_{i-1} \leq \xi_i \leq x_i$ であるから

$$\xi_i(x_i - x_{i-1}) \leq x_i(x_i - x_{i-1}) = \frac{1}{2}(x_i^2 - x_{i-1}^2) + \frac{1}{2}(x_i - x_{i-1})^2$$

が成り立ち，したがって

$$\sum_{i=1}^{n} \xi_i(x_i - x_{i-1}) \leq \frac{1}{2}\sum_{i=1}^{n}(x_i^2 - x_{i-1}^2) + \frac{1}{2}\sum_{i=1}^{n}(x_i - x_{i-1})^2$$
$$= \frac{1}{2}(b^2 - a^2) + \frac{1}{2}\sum_{i=1}^{n}(x_i - x_{i-1})^2$$

である．同様に

$$\xi_i(x_i - x_{i-1}) \geq x_{i-1}(x_i - x_{i-1}) = \frac{1}{2}(x_i^2 - x_{i-1}^2) - \frac{1}{2}(x_i - x_{i-1})^2$$

を用いると

$$\sum_{i=1}^{n} \xi_i(x_i - x_{i-1}) \geq \frac{1}{2}(b^2 - a^2) - \frac{1}{2}\sum_{i=1}^{n}(x_i - x_{i-1})^2$$

が得られる．

以上により，リーマン和は

$$-\frac{1}{2}\sum_{i=1}^{n}(x_i - x_{i-1})^2 \leq \sum_{i=1}^{n}f(\xi_i)(x_i - x_{i-1}) - \frac{1}{2}(b^2 - a^2) \leq \frac{1}{2}\sum_{i=1}^{n}(x_i - x_{i-1})^2$$

をみたすことがわかった．ここで $\|P_n\| < \delta$ とすると

$$\sum_{i=1}^{n}(x_i - x_{i-1})^2 \leq \sum_{i=1}^{n}\delta(x_i - x_{i-1}) = (b - a)\delta$$

である．そこで任意の $\varepsilon > 0$ に対して $\delta = 2\varepsilon/(b - a)$ とおくと

$$\|P_n\| < \delta \implies \left|\sum_{i=1}^{n}f(\xi_i)(x_i - x_{i-1}) - \frac{1}{2}(b^2 - a^2)\right| < \varepsilon$$

が成り立つ．よって $f(x) = x$ は $[a, b]$ で積分可能で，$\displaystyle\int_a^b x\,dx = \frac{1}{2}(b^2 - a^2)$ である． $\square$

　リーマン和の値は分割 P_n だけではなく，点 $\{\xi_i\}$ の選び方に依存するため，たとえ有界な関数であっても積分可能とは限らない．

例題 4.26　関数

$$f(x) = \begin{cases} +1 & (x \in \mathbb{Q}) \\ -1 & (x \in \mathbb{R} \setminus \mathbb{Q}) \end{cases}$$

は $[0,1]$ で積分可能でないことを示せ．

[**解**]　$[0,1]$ の任意の分割 P_n に対し，すべての i について $\xi_i \in \mathbb{Q}$ と選ぶとリーマン和は

$$\sum_{i=1}^{n} f(\xi_i)(x_i - x_{i-1}) = \sum_{i=1}^{n}(x_i - x_{i-1}) = 1$$

である．一方，すべての i について $\xi_i \notin \mathbb{Q}$ と選ぶとリーマン和は

$$\sum_{i=1}^{n} f(\xi_i)(x_i - x_{i-1}) = \sum_{i=1}^{n}(-1)(x_i - x_{i-1}) = -1$$

である．したがってリーマン和は極限をもたず，f は積分可能でない．　　□

　以下では，積分の基本的な性質に関する定理をまとめておく．

　上の例題のように，積分可能かどうかを定義にもとづいて判定するのはかなり面倒である．実は関数 f が積分可能であるための簡単な十分条件として，被積分関数の連続性がある．

定理 4.27　関数 f が $[a,b]$ で連続ならば，f は $[a,b]$ で積分可能である．

　連続な関数は積分可能であるが，関数のクラスとしてはこれだけでは不十分である．

定理 4.28　関数 f が $[a,c]$ および $[c,b]$ $(a < c < b)$ で積分可能ならば，f

は $[a, b]$ で積分可能で

$$\int_a^b f(x)dx = \int_a^c f(x)dx + \int_c^b f(x)dx$$

が成り立つ.（積分の加法性）

この定理を繰り返し用いることにより，区間 $[a, b]$ を有限個に分割して各部分区間ごとに積分可能ならば，f は $[a, b]$ で積分可能で，その値は区間ごとの積分値の和と等しいことがわかる．例えば区分的に連続（すなわち有限個の点を除いて $[a, b]$ で連続）な関数は積分可能となる．

次の定理を用いると，積分可能な関数のクラスをさらに拡げることができる．

定理 4.29　$[a, b]$ で積分可能な関数 f のリーマン積分は，有限個の点で f の値を変えても変わらない．

リーマン積分に関する次の性質は有用である．

定理 4.30　関数 f と g が $[a, b]$ で積分可能ならば以下が成り立つ.

(i) 任意の定数 α, β に対し，関数 $\alpha f + \beta g$ は $[a, b]$ で積分可能で
$$\int_a^b (\alpha f + \beta g)(x)dx = \alpha \int_a^b f(x)dx + \beta \int_a^b g(x)dx. \text{（積分の線形性）}$$

(ii) $[a, b]$ 上で $f \le g$ ならば $\int_a^b f(x)dx \le \int_a^b g(x)dx.$（積分の単調性）

(iii) 関数 $|f|$ は $[a, b]$ で積分可能で $\left| \int_a^b f(x)dx \right| \le \int_a^b |f(x)|dx.$

(iv) f は任意の部分区間 $[\alpha, \beta] \subset [a, b]$ で積分可能.

(v) ある $\xi \in [a, b]$ に対して $\dfrac{1}{b-a} \int_a^b f(x)dx = f(\xi).$
（積分の平均値の定理）

定理 4.27〜4.30 を証明するためにはリーマン和の定義に戻る必要がある．後に第7章で多変数関数を含む形で証明を与えることにし，以下では定理 4.27〜4.30 を証明なしに認めるとともに，一変数関数の積分に関する各種の公式を既

知として議論を進める.

■4.3.2 ── 微積分学の基本定理

関数 $f(x)$ に対し，$F'(x) = f(x)$ をみたす関数 F を f の**原始関数**という．原始関数は一つとは限らない．実際，$F(x)$ を一つの原始関数とすると，任意の定数 C に対して $F(x) + C$ もまた原始関数である．次の二つの定理は微分と積分の関係について述べたものである．

> **定理 4.31（微積分学の基本定理 I）**　関数 f は $[a,b]$ で積分可能であるとする．このとき関数
>
> $$F_0(x) = \int_a^x f(t)dt$$
>
> が $[a,b]$ で定義され，$F_0'(x) = f(x)$ をみたす．

【証明】 f が $[a,b]$ で積分可能ならば，定理 4.30 (iv) より各 $x \in [a,b]$ に対して f は $[a,x]$ で積分可能であり，積分値 $F_0(x)$ が定まる．そこで $x \in [a,b)$ を固定し $0 < h \leq b - x$ とすると，定理 4.28 より

$$F_0(x + h) = \int_a^{x+h} f(t)dt = \int_a^x f(t)dt + \int_x^{x+h} f(t)dt$$

である．$f(x)$ を定数とみなして例題 4.24 を用いると

$$F_0(x + h) = F_0(x) + hf(x) + \int_x^{x+h} \{f(t) - f(x)\}dt$$

と表せる．ここで積分の平均値の定理 4.30 (v) より，ある $\xi \in (x, x + h)$ に対して

$$\int_x^{x+h} \{f(t) - f(x)\}dt = h\{f(\xi) - f(x)\}$$

が成り立ち，また f の連続性から右辺は $f(\xi) - f(x) \to 0$ $(h \to +0)$ をみたす．よって

$$F_0(x+h) = F_0(x) + hf(x) + o(h) \qquad (h \to +0)$$

である．同様のことが $x \in (a,b]$ と $h < 0$ についても成り立つから，$F_0'(x) = f(x)$ を得る． ∎

定理 4.32（**微積分学の基本定理** II）　関数 f は $[a,b]$ で連続であるとし，F を $[a,b]$ 上の f の原始関数とする．このとき

$$\int_a^b f(x)dx = F(b) - F(a)$$

が成り立つ．

【証明】 定理 4.31 より，$F_0(x) = \displaystyle\int_a^x f(t)dt$ は f の一つの原始関数である．また $F(x)$ を他の任意の原始関数とすると

$$\frac{d}{dx}\{F(x) - F_0(x)\} = F'(x) - F_0'(x) = f(x) - f(x) = 0$$

が成り立つ．したがって，例題 4.10 より $F(x) - F_0(x) \equiv C$（定数）となるから，$F_0(a) = 0$ に注意すると

$$\int_a^b f(x)dx = F_0(b) - F_0(a) = \{F(b) - C\} - \{F(a) - C\} = F(b) - F(a)$$

が得られる． ∎

定理 4.31 と定理 4.32 は微分と積分が逆演算として関係づけられることを示したものであり，その重要性から**微積分学の基本定理**と呼ばれている．

ここで原始関数と**不定積分**の関係について説明しておく．上で述べたように，原始関数は微分を通して $F'(x) = f(x)$ をみたす関数として定義される[7]．一方，不定積分は

$$\int_a^x f(t)dt = F(x) - F(a)$$

---

[7] 英語では f が F の導関数（derivative）のとき，F を f の反導関数（anti-derivative）ということもある．

をみたす関数として，定積分を通して定義される．微積分学の基本定理は，本来は意味の異なる原始関数と不定積分が同一視できることを示したものであり，原始関数を

$$F(x) = \int f(x)dx + C$$

のように表すのはこの理由による．

■ 4.3.3 — 広義積分

リーマン積分は有界区間上の有界な関数に対し，リーマン和の極限として定義される．ここでは，非有界な関数あるいは非有界な区間で定義された関数に対する積分を導入する．

定義 4.33　$-\infty < a < b \le +\infty$ とする．各 $\beta \in (a, b)$ に対し，関数 f は $[a, \beta]$ で積分可能で，極限[8]

$$\lim_{\beta \to b-0} \int_a^\beta f(x)dx$$

が存在して有限のとき，f は $[a, b)$ で**広義積分可能**であるといい，f の $[a, b)$ 上の**広義積分**を

$$\int_a^b f(x)dx = \lim_{\beta \to b-0} \int_a^\beta f(x)dx$$

で定義する．区間 $(a, b]$ での広義積分も同様に定義される．

広義積分の定義は二つの状況を考慮に入れている．一つは半無限区間の場合であり，もう一つは f が区間の端点で発散している場合である（図 4.4）．なお，積分区間が $\mathbb{R}$ 全体の場合や有界区間の両端で被積分関数が発散している場合などは，区間を分割して二つの広義積分の和として定義する．

---

[8] $b = +\infty$ のときは $\beta \to b-0$ を $\beta \to +\infty$ と解釈する．

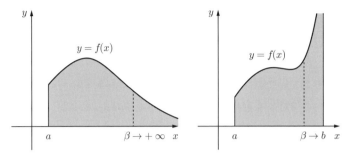

図 4.4 広義積分.

例題 4.34 広義積分

$$\Gamma(s) = \int_0^{+\infty} \mathrm{e}^{-x} x^{s-1} dx$$

で定義される関数を**ガンマ関数** [9] という．ガンマ関数はすべての $s > 0$ に対して定義できることを示せ．また $\Gamma(s+1) = s\Gamma(s)$ をみたし，特に $n \in \mathbb{N}$ に対して $\Gamma(n) = (n-1)!$ であることを示せ．

[**解**]　積分区間を二つに分け，$s > 0$ に対して

$$I_1 = \int_0^1 \mathrm{e}^{-x} x^{s-1} dx, \qquad I_2 = \int_1^\infty \mathrm{e}^{-x} x^{s-1} dx$$

がともに広義積分可能であることを示す．

まず $0 < \alpha < 1$ とすると

$$\int_\alpha^1 \mathrm{e}^{-x} x^{s-1} dx < \int_\alpha^1 x^{s-1} dx = \left[\frac{1}{s} x^s \right]_\alpha^1 < \frac{1}{s}$$

である．左辺の積分は α について単調であり，$\alpha \to +0$ で有界であるから収束する．したがって I_1 は広義積分可能である．

一方，$\beta > 1$ とし，被積分関数を $\mathrm{e}^{-x} x^{s-1} = x^{-2} \mathrm{e}^{-x} x^{s+1}$ と表すと，$\mathrm{e}^{-x} x^{s+1}$ は $x \geq 1$ に対して有界であるから，ある定数 $C > 0$ が存在して

---

[9] ガンマ関数は階乗を連続化したものであり，物理学や工学などの分野にも現れる重要な関数である．

$$\int_1^\beta \mathrm{e}^{-x} x^{s-1} dx < \int_1^\beta C x^{-2} dx = \left[-\frac{C}{x} \right]_1^\beta < C$$

が成り立つ．左辺の積分は β について単調増加であり，$\beta \to +\infty$ で有界であるから収束する．したがって I_2 は広義積分可能である．よって，ガンマ関数はすべての $s > 0$ に対して定義されることが示された．

また

$$\int_\alpha^\beta \mathrm{e}^{-x} x^s dx = \left[-\mathrm{e}^{-x} x^s \right]_\alpha^\beta + s \int_\alpha^\beta \mathrm{e}^{-x} x^{s-1} dx$$

と部分積分して $\alpha \to +0, \beta \to +\infty$ とすると $\Gamma(s+1) = s\Gamma(s)$ が得られる．特に $n \in \mathbb{N}$ に対し，

$$\Gamma(n) = (n-1)\Gamma(n-1) = (n-1)(n-2)\Gamma(n-2) = \cdots = (n-1)!\Gamma(1)$$

および

$$\Gamma(1) = \int_0^{+\infty} \mathrm{e}^{-x} dx = 1$$

から $\Gamma(n) = (n-1)!$ が得られる． □

例題 4.35 広義積分

$$B(p,q) = \int_0^1 x^{p-1} (1-x)^{q-1} dx$$

で定まる関数を**ベータ関数**という．ベータ関数はすべての $p > 0$, $q > 0$ に対して定義されることを示せ．

[**解**]　$c \in (0,1)$ で積分区間を二つに分け，

$$I_1 = \int_0^c x^{p-1}(1-x)^{q-1} dx, \qquad I_2 = \int_c^1 x^{p-1}(1-x)^{q-1} dx$$

がともに広義積分可能であることを示す．

まず $C_1 = \max\{(1-c)^{q-1}, 1\}$ とおくと，$x \in (0,c]$ に対して $x^{p-1}(1-x)^{q-1} \leq$

$C_1 x^{p-1}$ が成り立つ．したがって，$\alpha \in (0, c)$ に対して

$$\int_\alpha^c x^{p-1}(1-x)^{q-1}dx < \int_\alpha^c C_1 x^{p-1}dx = \left[\frac{C_1}{p}x^p\right]_\alpha^c < \frac{C_1}{p}c^p < \infty$$

であるから，$\alpha \to +0$ で左辺の積分は収束する．よって I_1 は広義積分可能である．同様に，$C_2 = \max\{c^{p-1}, 1\}$ とおくと

$$\int_c^\beta x^{p-1}(1-x)^{q-1}dx < \int_c^\beta C_2(1-x)^{q-1}dx$$
$$= \left[-\frac{C_2}{q}(1-x)^q\right]_c^\beta < \frac{C_2}{q}(1-c)^q < \infty$$

であるから，I_2 も広義積分可能である．よって，ベータ関数はすべての $p > 0$, $q > 0$ に対して定義される．　　　　□

演習問題 4.3

1. 積分 $I_n = \displaystyle\int_0^{\pi/2} \sin^n x\, dx \ (n \in \mathbb{N})$ の値を求めよ．

2. 関数 f は $\mathbb{R}$ 上で連続で周期 $T > 0$ をもつとする．このとき任意の $a \in \mathbb{R}$ に対して

$$\int_a^{a+T} f(x)dx = \int_0^T f(x)dx$$

が成り立つことを示せ．

3. 次の広義積分が存在するような p, q の範囲を求めよ．
   (1) $\displaystyle\int_0^\infty x^p(1+x)^q dx$　　　　(2) $\displaystyle\int_0^1 x^p|\log x|^q dx$
   (3) $\displaystyle\int_0^\infty x^p \sin qx\, dx$

4. ベータ関数は $B(p, q) = 2\displaystyle\int_0^{\pi/2} \sin^{2p-1}\theta \cos^{2q-1}\theta\, d\theta$ とも表せることを示せ．

5. $m, n \in \mathbb{N}$ に対して $B(m, n) = \dfrac{(m-1)!(n-1)!}{(m+n-1)!}$ が成り立つことを示せ．

5 関数列と関数項級数

【この章の目標】

この章では，各項が関数からなる関数列の極限とその和として定義される関数項級数について考え，各点収束と一様収束の概念を導入する．特に関数列に対して極限関数が連続となるための条件や，関数項級数に対して項別微分と項別積分ができるための条件として，一様収束性が主要な役割を果たすことを示す．また，べき級数と呼ばれる関数項級数を導入し，関数をべき級数に展開して得られるテイラー級数の性質について考察する．

5.1 関数列の極限

5.1.1 — 関数列の収束

各項が $D \subset \mathbb{R}^d$ を共通の定義域とする関数 $f_n : D \to \mathbb{R}$ からなる列 $\{f_n\}$ を**関数列**という．点 $\boldsymbol{x} \in D$ を固定すると，$\{f_n(\boldsymbol{x})\}$ は第 n 項が関数値 $f_n(\boldsymbol{x})$ からなる数列に他ならない．$\{f_n(\boldsymbol{x})\}$ が収束するような $\boldsymbol{x} \in D$ の集合を S とするとき，

$$f(\boldsymbol{x}) = \lim_{n \to \infty} f_n(\boldsymbol{x}), \qquad \boldsymbol{x} \in S$$

で定義される関数 f を関数列 $\{f_n\}$ の**極限関数**という．このとき $\{f_n\}$ は S で f に**各点収束**するといい，$f_n \to f \ (n \to \infty)$ と表す．通常，S は D の部分集合であるが，f_n と f の定義域を初めから S に制限することにして，以下ではしばしば $\{f_n\}$ は定義域 D で**各点収束**すると仮定して話を進める．

ここでは，関数列が収束するときに，極限関数がどのような性質をもつかに

ついて考察する. 例えば, 各 f_n がもつ良い性質（有界性, 連続性, 微分可能性, 積分可能性など）が, 極限関数にどのくらい引き継がれるのかを調べる. 実は, 以下のいくつかの例が示すように, 各点収束するからといって, このような性質が極限関数に引き継がれるとは限らない. この問いに正しく答えるためには, **一様収束**の概念を導入する必要がある.

定義 5.1 $\{f_n\}$ を D で定義された関数列とする. 任意の $\varepsilon > 0$ に対してある $N \in \mathbb{N}$ が存在し, 条件

$$n \geq N \implies \sup_{\boldsymbol{x} \in D} |f_n(\boldsymbol{x}) - f(\boldsymbol{x})| < \varepsilon$$

をみたすとき, 関数列 $\{f_n\}$ は D で f に**一様収束**する[1]という.

論理記号を用いると, 各点収束が

$$\forall \varepsilon > 0,\ \forall \boldsymbol{x} \in D,\ \exists N \in \mathbb{N}\ (n \geq N \implies |f_n(\boldsymbol{x}) - f(\boldsymbol{x})| < \varepsilon)$$

と表されるのに対し, 一様収束は

$$\forall \varepsilon > 0,\ \exists N \in \mathbb{N},\ \forall \boldsymbol{x} \in D\ (n \geq N \implies |f_n(\boldsymbol{x}) - f(\boldsymbol{x})| < \varepsilon)$$

と表される. 各点収束と一様収束のもっとも大きな違いは, $\varepsilon > 0$ に対する N の選び方である. 各点収束では N は ε と $\boldsymbol{x}$ に依存して選ぶのに対し, 一様収束では N は $\boldsymbol{x}$ と無関係に ε のみに依存して選ぶ必要がある[2]. おおざっぱに言えば, n を大きくしたとき, 各点収束では極限関数に近づくタイミングが $\boldsymbol{x}$ によって大きく変わってもよいが, 一様収束では D 上のすべての点で（特に出遅れるようなところがなく）一斉に極限関数に近づくといった感じである. 実際, 各点収束するからといって一様に収束するとは限らないが, 一様収束する関数列は各点で収束する.

一様収束の定義は論理的にはやや複雑であるが, 二つの関数の距離を考えると直感的に理解しやすい. 関数 f と g に対し, その**距離** $d(f, g)$ を

---

[1] $\{f_n\}$ が f に一様収束することを $f_n \rightrightarrows f\ (n \to \infty)$ と表すこともある.
[2] "一様" とは, "すべての $\boldsymbol{x} \in D$ について同じ" というような意味である.

$$d(f, g) = \sup_{\boldsymbol{x} \in D} |f(\boldsymbol{x}) - g(\boldsymbol{x})|$$

で定義する. 関数間の距離が以下の性質をもつことは簡単に示せる.

(i) $d(f, g) \geq 0$. ただし $d(f, g) = 0$ となるのは $f \equiv g$ の場合に限る.
(非負性)

(ii) $d(f, g) = d(g, f)$. (対称性)

(iii) $d(f, g) + d(g, h) \geq d(f, h)$. (三角不等式)

一般に, 二つの要素間に性質 (i)〜(iii) をみたす距離が定義されている集合を**距離空間**という. 例えば $\mathbb{R}^d$ 内の 2 点間のユークリッド距離 $d(\boldsymbol{x}, \boldsymbol{y}) = |\boldsymbol{x} - \boldsymbol{y}|$ は (i)〜(iii) をみたしており, したがって $\mathbb{R}^d$ は距離空間である.

定義 5.1 より, 関数列 $\{f_n\}$ が f に一様収束するとは, f_n と f との距離が $d(f_n, f) \to 0$ $(n \to \infty)$ をみたすということである. 実際, 各点収束するからといって極限関数との距離が 0 に近づくとは限らず, その意味では一様収束は関数列の収束として自然な定義であるといえる.

$d_n = d(f_n, f)$ とおくと, 数列 $\{d_n\}$ に対するコーシーの定理 2.17 から, 関数項列 $\{f_n\}$ が D で一様収束するためには, 次の条件が必要十分であることがわかる.

◉ **関数列に対するコーシー条件**

任意の $\varepsilon > 0$ に対してある $N \in \mathbb{N}$ が存在し

$$i, j \geq N \implies \sup_{\boldsymbol{x} \in D} |f_i(\boldsymbol{x}) - f_j(\boldsymbol{x})| < \varepsilon$$

が成り立つ.

例題 5.2 $[0, 1]$ 上の関数列を $f_n(x) = \dfrac{nx^2}{nx + 1}$ で定めるとき, $\{f_n\}$ の収束性について調べよ.

[**解**]   まず各 $x \in [0, 1]$ に対し, 簡単に $f_n(x) \to f(x) = x$ $(n \to \infty)$ であるこ

とがわかる. 次に f_n と f の距離は

$$d(f_n, f) = \sup_{x \in [0,1]} |f_n(x) - f(x)| = \sup_{x \in [0,1]} \frac{x}{nx+1} = \frac{1}{n+1}$$

と計算できる. したがって $d(f_n, f) \to 0 \ (n \to \infty)$ であるから, $\{f_n\}$ は $[0,1]$ で f に一様収束する. □

■5.1.2 — 各点収束と一様収束

D で定義された関数 f が $\sup_{x \in D} |f(x)| < \infty$ をみたすとき, f は D で**有界**であるという. 一様収束する関数列 $\{f_n\}$ の極限関数 f は, 各関数 f_n がもつ良い性質をかなりの程度引き継ぐが, まずは有界な関数の列が一様収束すれば, その極限は有界な関数となることを示そう.

定理 5.3 $\{f_n\}$ を D 上の有界な関数の列とする. もし $\{f_n\}$ が D で f に一様収束すれば, f は D で有界である.

【証明】 $\{f_n\}$ が一様収束することから, 任意の $\varepsilon > 0$ に対してある $N \in \mathbb{N}$ が存在し, すべての $\boldsymbol{x} \in D$ について $|f_N(\boldsymbol{x}) - f(\boldsymbol{x})| < \varepsilon$ が成り立つ. したがって

$$|f(\boldsymbol{x})| \leq |f_N(\boldsymbol{x}) - f(\boldsymbol{x})| + |f_N(\boldsymbol{x})| < \varepsilon + |f_N(\boldsymbol{x})|$$

であり, また f_N は D で有界であるから, f も D で有界である (図 5.1). ■

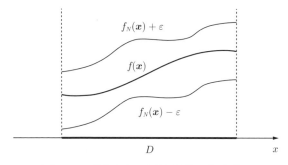

図 5.1 一様収束する有界な関数の列の極限.

有界な関数の列が各点収束しても，極限関数が有界とは限らない．

例題 5.4　$(0,1]$ 上の関数列を $f_n(x) = \min\{1/x,\ n\}$ で定めるとき，$\{f_n\}$ の収束と極限関数の有界性について調べよ．

[**解**]　各 f_n は $(0,1]$ で有界であり，また $\{f_n\}$ は各点収束して $f_n \to f(x) = 1/x$ $(n \to \infty)$ をみたすが，極限関数 $f(x)$ は $(0,1]$ で非有界である．　　　　□

次に連続関数の列の極限について考える．

定理 5.5　$\{f_n\}$ を D で連続な関数の列とする．もし $\{f_n\}$ が D で f に一様収束すれば，f は D で連続である．

【**証明**】　点 $a \in D$ を任意に固定する．$\{f_n\}$ が D で f に一様収束するとき，任意の $\varepsilon > 0$ に対してある $N \in \mathbb{N}$ が存在し，すべての $x \in D$ について $|f_N(x) - f(x)| < \varepsilon$ が成り立ち，特に $|f_N(a) - f(a)| < \varepsilon$ である．この N は x と a によらずに選べることに注意しよう．一方，f_N の連続性から，ある $\delta > 0$ が存在して，$x \in D,\ |x - a| < \delta \implies |f_N(x) - f_N(a)| < \varepsilon$ が成り立つ．したがって，三角不等式より

$$|f(x) - f(a)|$$
$$\leq |f(x) - f_N(x)| + |f_N(x) - f_N(a)| + |f_N(a) - f(a)| < 3\varepsilon$$

が得られる．これがすべての $a \in D$ について成り立つから，f は D で連続である．　　　　■

定理 5.5 の主張は以下のように言い換えることができる．もし $\{f_n\}$ が a で連続で，a の近傍で f に一様収束すれば

$$\lim_{x \to a} \left(\lim_{n \to \infty} f_n(x) \right) = \lim_{n \to \infty} \left(\lim_{x \to a} f_n(x) \right)$$

が成り立つ．すなわち，一様収束する関数列に対しては，x についての極限と n についての極限の順序交換が可能であるということである．

連続関数の列が各点収束するだけでは，連続な関数に収束するとは限らない.

例題 5.6　$\mathbb{R}$ 上の関数列 $\{f_n\}$ を $f_n(x) = \dfrac{x^{2n}}{x^{2n}+1}$ で定める．このとき $f_n(x)$ はすべての $n \in \mathbb{N}$ について $\mathbb{R}$ で連続であるが，$\{f_n\}$ は不連続な関数に収束することを示せ.

[**解**]　$n \to \infty$ とすると，関数列 $\{f_n\}$ は各 x に対して

$$f_n(x) \to f(x) = \begin{cases} 0 & (|x| < 1) \\ 1/2 & (|x| = 1) \\ 1 & (|x| > 1) \end{cases}$$

をみたす．したがって，極限関数は $|x| = 1$ で不連続である．ここですべての $n \in \mathbb{N}$ に対して $\sup\limits_{x \in \mathbb{R}} |f_n(x) - f(x)| = 1/2$ であるから，$\{f_n\}$ の f への収束は $\mathbb{R}$ 上で一様でない（図 5.2）.　　　　□

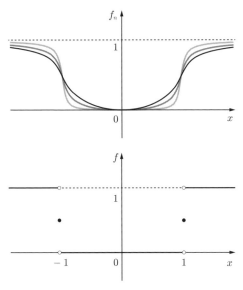

図 5.2　例題 5.6 の関数列 $\{f_n\}$ とその極限関数 f.

定理 5.5 の逆は正しくない．すなわち，連続関数に各点収束するからといって，収束は一様とは限らない．

> **例題 5.7**　$[0,1]$ 上の関数列 $\{f_n\}$ を
>
> $$f_n(x) = \frac{nx}{n^2 x^2 + 1} \qquad (n = 1, 2, 3, \ldots)$$
>
> で定める．このとき $\{f_n\}$ は $[0,1]$ で定数関数 $f(x) = 0$ に各点収束するが，一様収束しないことを示せ．

[**解**]　各 $x \in [0,1]$ に対し，$f_n(x) \to 0 \ (n \to \infty)$ であることは容易に示せる．一方，すべての $n \in \mathbb{N}$ に対して $f_n(1/n) = 1/2$ であるから，収束は一様ではない．　　　　　　　□

次の定理は，各点収束する関数列が一様収束するための十分条件を与える．

> **定理 5.8（ディニの定理）**　D を $\mathbb{R}^d$ 内の有界閉集合とし，D 上の連続関数列 $\{f_n\}$ が次の条件をみたすとする．
>   (i)　各 $\boldsymbol{x} \in D$ に対し，$\{f_n(\boldsymbol{x})\}$ は n について非減少あるいは非増加な単調列．
>   (ii)　$\{f_n\}$ は D 上の連続関数 f に各点で収束．
> このとき関数列 $\{f_n\}$ は D で f に一様収束する．

【**証明**】　D 上の関数列 $\{g_n(\boldsymbol{x})\}$ を $g_n(\boldsymbol{x}) = |f_n(\boldsymbol{x}) - f(\boldsymbol{x})|$ で定める．$g_n(\boldsymbol{x})$ は連続であるから D で最大値 $M_n \geq 0$ をとり，最大点を $\boldsymbol{x}_n \in D$ とすると $M_n = \max_{\boldsymbol{x} \in D} g_n(\boldsymbol{x}) = g_n(\boldsymbol{x}_n)$ である．条件 (i) より各 $\boldsymbol{x}$ に対して $\{g_n(\boldsymbol{x})\}$ は n について非増加であり

$$M_{n+1} = g_{n+1}(\boldsymbol{x}_{n+1}) \leq g_n(\boldsymbol{x}_{n+1}) \leq g_n(\boldsymbol{x}_n) = M_n$$

が成り立つ．したがって $\{M_n\}$ は単調減少する非負の数列であるから，ある値 $M \geq 0$ に収束する．

一方，ボルツァノ・ワイエルストラスの定理 3.5 より，$\{\boldsymbol{x}_n\}$ は収束部分列 $\{\boldsymbol{x}_{n_k}\}$ をもつ．この極限を $\boldsymbol{a} \in D$ とすると，各 $n \in \mathbb{N}$ と $n_k \geq n$ に対して

$$g_n(\boldsymbol{x}_{n_k}) \geq g_{n_k}(\boldsymbol{x}_{n_k}) = M_{n_k} \geq M$$

が成り立ち，ここで $\boldsymbol{x}_{n_k} \to \boldsymbol{a} \ (k \to \infty)$ および g_n の連続性から $g_n(\boldsymbol{x}_{n_k}) \to g_n(\boldsymbol{a})$ $(k \to \infty)$ である．したがって，すべての $n \in \mathbb{N}$ に対して $g_n(\boldsymbol{a}) \geq M$ が成り立ち，また条件 (ii) より $g_n(\boldsymbol{a}) \to 0 \ (n \to \infty)$ であるから $M = 0$ を得る．よって $M_n \to 0 \ (n \to \infty)$ が成り立つから，関数列 $\{f_n\}$ の f への収束は D で一様である． ∎

■ 5.1.3 — アスコリ・アルツェラの定理

ボルツァノ・ワイエルストラスの定理 3.5 は，$\mathbb{R}^d$ 内の有界な点列には収束する部分列が存在することを示したものである．これに対して次の**アスコリ・アルツェラの定理**は，関数列が一様収束する部分列をもつためには，**一様有界性**と**同程度連続性**をみたせば十分であることを示している．おおざっぱに言えば，関数列 $\{f_n\}$ に含まれる関数が "$n \in \mathbb{N}$ によらずに同じように有界かつ一様連続" ならば，$\{f_n\}$ には一様収束する部分列が存在するということである．

定理 5.9（アスコリ・アルツェラの定理）　D を $\mathbb{R}^d$ 内の有界閉集合とし，D 上の連続関数の列 $\{f_n\}$ は以下の条件をみたすと仮定する．

(i) ある定数 $M > 0$ が存在して，すべての $n \in \mathbb{N}$ と $\boldsymbol{x} \in D$ に対して $|f_n(\boldsymbol{x})| < M$ が成り立つ．（一様有界性）

(ii) 任意の $\varepsilon > 0$ に対してある $\delta > 0$ が存在し，すべての $\boldsymbol{x}, \boldsymbol{y} \in D$ と $n \in \mathbb{N}$ について $|\boldsymbol{x} - \boldsymbol{y}| < \delta$ ならば $|f_n(\boldsymbol{x}) - f_n(\boldsymbol{y})| < \varepsilon$ である．（同程度連続性）

このとき $\{f_n\}$ は D で一様収束する部分列をもつ．

【証明】　証明を四つのステップに分ける．

STEP 1　D で稠密な点列 $\{\boldsymbol{x}_i\}$ を一つ定める．

まず D を含む（超）立方体 R を考え，その辺の長さを r とする．次に R を辺の長さが $r/2$ の 2^d 個の立方体に分割し，各立方体に対して D に含まれる点があれば，そのような点を一つ任意に選ぶ．同様に，$n = 2, 3, \ldots$ について，R を辺の長さが $r/2^n$ の 2^{dn} 個の立方体に分割し，各立方体に対して D に含まれる点を一つ任意に選ぶ．このようにして定まる点を順に並べると，D で稠密な点列 $\{\boldsymbol{x}_i\}$ が得られる [3]．

STEP 2　$\{\boldsymbol{x}_i\}$ のすべての点で収束するような $\{f_n\}$ の部分列が存在することを示す．

$\{f_n\}$ の一様有界性より $\{f_n(\boldsymbol{x}_1)\}$ は有界な点列であるから，ボルツァノ・ワイエルストラスの定理より，$\boldsymbol{x}_1$ で収束するような $\{f_n\}$ の部分列 $\{f_{n_j^1}\}$ が取り出せる．同様にして $\{f_{n_j^1}\}$ の中から $\boldsymbol{x}_2$ で収束する部分列 $\{f_{n_j^2}\}$ を取り出すと，この $\{f_{n_j^2}\}$ は $\boldsymbol{x}_1, \boldsymbol{x}_2$ で収束する．同じ議論を繰り返すと，各 $k \in \mathbb{N}$ に対して $\boldsymbol{x}_1, \boldsymbol{x}_2, \ldots, \boldsymbol{x}_k$ の各点で収束するような $\{f_n\}$ の部分列 $\{f_{n_j^k}\}$ が見つかる．そこで $n_k = n_k^k$ とおくと，$\{f_{n_k}\}$ は $\{f_{n_j^k}\}$ の部分列でもあるから $\{f_{n_k}\}$ はすべての $\{\boldsymbol{x}_i\}$ で収束する．

STEP 3　D を有限個の小さい球で被覆する．

$\{f_{n_k}\}$ の同程度連続性より，任意の $\varepsilon > 0$ に対してある $\delta > 0$ が存在し，すべての $k \in \mathbb{N}$ に対して

$$|\boldsymbol{x} - \boldsymbol{y}| < \delta \implies |f_{n_k}(\boldsymbol{x}) - f_{n_k}(\boldsymbol{y})| < \varepsilon$$

が成り立つ．この $\delta > 0$ に対し，$\{\boldsymbol{x}_i\}$ の稠密性から

$$D \subset \bigcup_{i=1}^{m_0} \{\boldsymbol{x} \in \mathbb{R}^d \mid |\boldsymbol{x} - \boldsymbol{x}_i| < \delta\}$$

をみたす $m_0 \in \mathbb{N}$ が存在する．すると STEP 2 から，$m = 1, 2, \ldots, m_0$ に対して

$$i, j \geq N \implies |f_{n_i}(\boldsymbol{x}_m) - f_{n_j}(\boldsymbol{x}_m)| < \varepsilon$$

をみたす $N \in \mathbb{N}$ が存在する．m_0 は $\boldsymbol{x}$ と無関係なので，N は $\varepsilon > 0$ のみに依存して定まる．

---

[3] 他の方法で稠密な点列を定めてもよい．

STEP 4 $\{f_{n_k}\}$ が D で一様収束することを示す.

各 $\boldsymbol{x} \in D$ に対して $|\boldsymbol{x}_m - \boldsymbol{x}| < \delta$ となる $m \in \{1, 2, \ldots, m_0\}$ を選ぶ. すると $i, j \geq N$ に対して

$$|f_{n_i}(\boldsymbol{x}) - f_{n_j}(\boldsymbol{x})|$$
$$< |f_{n_i}(\boldsymbol{x}) - f_{n_i}(\boldsymbol{x}_m)| + |f_{n_i}(\boldsymbol{x}_m) - f_{n_j}(\boldsymbol{x}_m)| + |f_{n_j}(\boldsymbol{x}_m) - f_{n_j}(\boldsymbol{x})|$$
$$< \varepsilon + \varepsilon + \varepsilon = 3\varepsilon$$

が得られる. N は $\boldsymbol{x}$ と無関係にとれるから, $\{f_{n_k}\}$ は関数列に対するコーシー条件をみたすので一様収束する. ∎

> **例題 5.10** $[0, 2\pi]$ 上の関数列 $\{f_n\}$ を $f_n(x) = \sin(x + n)$ で定めるとき, $\{f_n\}$ は $[0, 2\pi]$ で一様収束する部分列をもつことを示せ.

[**解**]   すべての $n \in \mathbb{N}$ と $x \in [0, 2\pi]$ に対して $|f_n(x)| \leq 1$ であるから, $\{f_n\}$ は一様有界である. また任意の $\varepsilon > 0$ に対し, $|x - y| < \varepsilon$ をみたすすべての $x, y \in [0, 2\pi]$ と $n \in \mathbb{N}$ に対して $|f_n(x) - f_n(y)| < \varepsilon$ が成り立つから, $\{f_n\}$ は同程度連続である. したがってアスコリ・アルツェラの定理 5.9 より, $\{f_n\}$ は $[0, 2\pi]$ で一様収束する部分列をもつ. □

▌5.1.4 ── 関数列の極限と微積分との順序交換

一変数連続関数の列に対し, 各項を積分することによって得られる関数列の極限について考える.

> **定理 5.11** $\{f_n\}$ を閉区間 $[a, b]$ 上の連続関数の列とし, $[a, b]$ 上の関数列 $\{F_n\}$ を $F_n(x) = \displaystyle\int_a^x f_n(t)dt$ で定める. もし $\{f_n\}$ が $[a, b]$ で f に一様収束すれば, $\{F_n\}$ は $[a, b]$ で $F(x) = \displaystyle\int_a^x f(t)dt$ に一様収束する.

【**証明**】   まず $\{f_n\}$ が一様収束することから, 極限関数 f は $[a, b]$ で連続である (定理 5.5). したがって各 $x \in [a, b]$ に対して f は $[a, x]$ で積分可能であり, 関

数 F が $[a,b]$ 上で定義される．また任意の $\varepsilon > 0$ に対してある $N \in \mathbb{N}$ が存在し，すべての $t \in [a,b]$ に対して

$$n \geq N \implies |f_n(t) - f(t)| < \frac{\varepsilon}{b-a}$$

をみたすことから，$x \in [a,b]$ に対して

$$|F_n(x) - F(x)| = \left| \int_a^x \{f_n(t) - f(t)\}dt \right|$$
$$\leq \int_a^x |f_n(t) - f(t)|\, dt < \frac{\varepsilon(x-a)}{b-a} \leq \varepsilon$$

が成り立つ．したがって

$$n \geq N \implies \sup_{x \in [a,b]} |F_n(x) - F(x)| < \varepsilon$$

であるから，$\{F_n\}$ は $[a,b]$ で F に一様収束する．　∎

　定理 5.11 の主張は次のように言い換えることができる．もし $[a,b]$ 上の連続関数列 $\{f_n\}$ が f に一様収束すれば，各 $x \in [a,b]$ について

$$\lim_{n\to\infty} \int_a^x f_n(t)dt = \int_a^x \lim_{n\to\infty} f_n(t)dt$$

が成り立ち，したがって極限と積分の順序交換が可能である．

　連続関数の列が各点収束するだけでは，その極限と積分の順序交換が可能とは限らない．

例題 5.12　$[0,1]$ 上の関数列 $\{f_n\}$ を $f_n(x) = n^2 x(1-x)^n$ で定め，$\{f_n\}$ の極限関数を $f(x)$ とする．このとき $f(x)$ への収束は一様でないことを示し，また

$$\lim_{n\to\infty} \int_0^1 f_n(x)dx \neq \int_0^1 f(x)dx$$

となることを示せ．

[**解**]　すべての $x \in [0,1]$ に対して $f_n(x) \to 0$ $(n \to \infty)$ であるから，$\{f_n\}$ は $[0,1]$ で各点収束し，その極限関数は $f(x) \equiv 0$ である．一方

$$f_n(1/n) - f(1/n) = n\left(1 - \frac{1}{n}\right)^n \to +\infty \qquad (n \to \infty)$$

であるから，任意の $\{f_n\}$ の f への収束は $[0,1]$ で一様でない．また

$$\int_0^1 f_n(x)dx = n^2 \int_0^1 x(1-x)^n dx = \frac{n^2}{(n+1)(n+2)} \to 1 \qquad (n \to \infty)$$

であるのに対し，極限関数は $\int_0^1 f(x)dx = 0$ をみたす（図 5.3）．　　　□

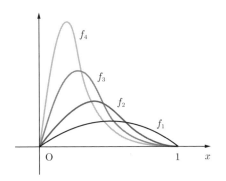

図 5.3　例題 5.12 の関数列 $\{f_n\}$.

次に，微分可能な一変数関数の列に対し，各項を微分して得られる関数列の極限について考える．

定理 5.13　$\{f_n\}$ を閉区間 $[a,b]$ 上で定義された C^1 級の関数の列とし，ある $c \in [a,b]$ に対して数列 $\{f_n(c)\}$ が収束すると仮定する．このとき，もし導関数の列 $\{f_n'\}$ が $[a,b]$ で一様収束すれば $\{f_n\}$ は $[a,b]$ で一様収束し，その極限関数は $f \in C^1([a,b])$ および

$$\lim_{n \to \infty} f_n'(x) = f'(x) \qquad (x \in [a,b])$$

をみたす．

【証明】　まず $\{f_n'\}$ の極限関数を $g(x)$ とすると，定理 5.5 より $g(x)$ は $[a,b]$ で連続である．微積分学の基本定理 4.32 より，すべての $x \in [a,b]$ に対して

$$f_n(x) = f_n(c) + \int_c^x f_n'(t)dt$$

が成り立つ．ここで $n \to \infty$ とすると，仮定より右辺第一項は収束し，また定理 5.11 より第二項は $[a,b]$ で一様収束する．したがって $\{f_n\}$ は $[a,b]$ で一様収束するから，ふたたび定理 5.11 よりその極限関数は

$$f(x) = \lim_{n\to\infty} f_n(x) = \lim_{n\to\infty} f_n(c) + \lim_{n\to\infty} \int_c^x f_n'(t)dt = f(c) + \int_c^x g(t)dt$$

をみたす．この両辺を微分すると，$f \in C^1([a,b])$ および

$$f'(x) = g(x) = \lim_{n\to\infty} f_n'(x)$$

が得られる．　　　　　　　　　　　　　　　　　　　　　　　　　　　■

定理 5.13 の結論は

$$\lim_{n\to\infty} \left\{ \frac{d}{dx} f_n(x) \right\} = \frac{d}{dx} \left\{ \lim_{n\to\infty} f_n(x) \right\}$$

と表すこともできる．すなわち，定理 5.13 の仮定のもとで極限と微分の順序交換が可能である．

滑らかな関数の列がたとえ一様収束したとしても，その導関数の列が収束するとは限らない．

> **例題 5.14**　$\mathbb{R}$ 上の関数列 $\{f_n\}$ を $f_n(x) = \dfrac{\sin nx}{\sqrt{n}}$ で定めるとき，その導関数の列 $\{f_n'\}$ の収束性について調べよ．

［解］　$|f_n(x)| \leq 1/\sqrt{n}$ より，$\{f_n\}$ は $\mathbb{R}$ で 0 に一様収束することがわかる．一方，$f_n'(x) = \sqrt{n}\cos nx$ であるから，数列 $\{f_n'(x)\}$ は $x/\pi \notin \mathbb{Z}$ のとき発散する（図 5.4）．　　　　　　　　　　　　　　　　　□

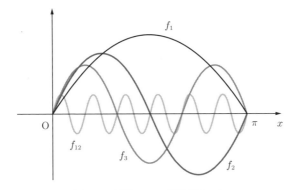

図 5.4　例題 5.14 の関数列 $\{f_n\}$.

演習問題 5.1

1. 次で定まる区間 I 上の関数列 $\{f_n\}$ の収束性について調べよ.

(1) $f_n(x) = x^n, \quad I = (0, 1)$

(2) $f_n(x) = \dfrac{1 - x^n}{1 - x}, \quad I = (-1, 1)$

(3) $f_n(x) = \dfrac{x^n}{(1 + x^2)^n}, \quad I = \mathbb{R}$

(4) $f_n(x) = n \sin(x/n), \quad I = (0, 1)$

2. f を $\mathbb{R}$ 上で一様連続な関数とし, 関数列 $\{f_n\}$ を $f_n = f(x + 1/n)$ で定める. このとき $\{f_n\}$ は $\mathbb{R}$ 上で f に一様収束することを示せ.

3. 例題 5.7 の関数列は一様有界であるが, 同程度連続ではないことを示せ.

5.2 関数項級数

■5.2.1 — 関数項級数の収束

数列の和として級数を定義したように, 関数列の和を考えると**関数項級数**が得られる. $\mathbb{R}^d$ 内の集合 D で定義された関数列 $\{f_n\}$ に対し, その第 n **部分和**を

$$s_n(\boldsymbol{x}) = \sum_{k=1}^{n} f_k(\boldsymbol{x}), \qquad \boldsymbol{x} \in D$$

で表す．関数列 $\{s_n\}$ が D で各点収束（一様収束）するとき，関数項級数 $\sum f_n(\boldsymbol{x})$ は D で**各点収束（一様収束）**するといい，$\{s_n\}$ の極限を**関数項級数の和**という．

　関数列の収束に対するコーシー条件を関数項級数の部分和の列に適用すると，関数項級数 $\sum f_n$ が D 上で一様収束するためには，次の条件が必要十分であることがわかる．

> ◉ **関数項級数に対するコーシー条件**
>
> 任意の $\varepsilon > 0$ に対してある $N \in \mathbb{N}$ が存在し
> $$N \le i < j \implies \sup_{\boldsymbol{x} \in D} |s_j(\boldsymbol{x}) - s_i(\boldsymbol{x})| = \sup_{\boldsymbol{x} \in D} \left| \sum_{n=i+1}^{j} f_n(\boldsymbol{x}) \right| < \varepsilon$$
> が成り立つ．

　次の定理は，$\sum f_n$ が一様収束するためには，$\{f_n\}$ が 0 に一様収束することが必要であることを表している．

> **定理 5.15**　関数項級数 $\sum f_n$ が D で一様収束すれば，関数列 $\{f_n\}$ は D で 0 に一様収束する．

【証明】 $\sum f_n$ が一様収束するとき，関数項級数に対するコーシー条件において $j = i+1$ とすると，任意の $\varepsilon > 0$ に対して $i \ge N \implies \sup_{\boldsymbol{x} \in D} |f_{i+1}(\boldsymbol{x})| < \varepsilon$ となる $N \in \mathbb{N}$ が存在する．したがって $\{f_n\}$ は 0 に一様収束する． ∎

　次の定理は関数項級数が収束するための十分条件を与える．

> **定理 5.16**（ワイエルストラスの **M 判定法**）　$\{f_n\}$ を $\mathbb{R}^d$ 内の集合 D 上の関数列とし，$\{M_n\}$ は非負の数列ですべての $n \in \mathbb{N}$ と $\boldsymbol{x} \in D$ に対して $|f_n(\boldsymbol{x})| \le M_n$ をみたすと仮定する．もし級数 $\sum M_n$ が収束すれば，関数項級数 $\sum f_n$ は D で一様収束する．

【証明】 $\sum M_n$ が収束すれば，級数に対するコーシー条件から，任意の $\varepsilon > 0$

に対して

$$N \le i < j \implies \sum_{n=i+1}^{j} M_n < \varepsilon$$

をみたす $N \in \mathbb{N}$ が存在する. 一方, すべての $\boldsymbol{x} \in D$ に対して

$$\left| \sum_{n=i+1}^{j} f_n(\boldsymbol{x}) \right| \le \sum_{n=i+1}^{j} |f_n(\boldsymbol{x})| \le \sum_{n=i+1}^{j} M_n$$

であるから, 任意の $\varepsilon > 0$ に対して

$$N \le i < j \implies \sup_{\boldsymbol{x} \in D} \left| \sum_{n=i+1}^{j} f_n(\boldsymbol{x}) \right| \le \sum_{n=i+1}^{j} \sup_{\boldsymbol{x} \in D} |f_n(\boldsymbol{x})| \le \sum_{n=i+1}^{j} M_n < \varepsilon$$

が成り立つ. よって関数項級数に対するコーシー条件をみたすので, $\sum f_n$ は D で一様収束する. ∎

ワイエルストラスの M 判定法で用いた級数 $\sum M_n$ を $\sum f_n$ の**優級数**という. D 上の関数項級数 $\sum f_n$ に対し, 最小の優級数は

$$\sum_{n=1}^{\infty} M_n^* = \sum_{n=1}^{\infty} \sup_{\boldsymbol{x} \in D} |f_n(\boldsymbol{x})|$$

であるが, $\sum M_n^*$ が収束しなくても $\sum f_n$ が収束することがある.

例題 5.17 関数項級数 $\displaystyle\sum_{n=1}^{\infty} \frac{x^n}{n!}$ の収束性について調べよ.

[**解**]　ダランベールの判定条件 (定理 2.25 (i)) を用いると, この級数は各 $x \in \mathbb{R}$ に対して収束することがわかる. また

$$\sup_{x \in \mathbb{R}} \left| \frac{x^n}{n!} - 0 \right| = \sup_{x \in \mathbb{R}} \left| \frac{x^n}{n!} \right| = +\infty$$

であるから, 関数列 $\{x^n/n!\}$ の 0 への収束は $\mathbb{R}$ 上では一様ではない. したがって定理 5.15 より $\sum x^n/n!$ は $\mathbb{R}$ 上で一様収束しない.

この級数の収束が一様でないのは，$|x|$ が大きいところでの挙動による．そこで有界区間 $I = [a, b]$ における一様性について考察する．$c = \max\{|a|, |b|\}$ とすると，$\sum \dfrac{c^n}{n!}$ は区間 I における優級数である．ダランベールの判定法 2.25 (i) よりこの優級数は収束するから，ワイエルストラスの M 判定法より，級数 $\sum \dfrac{x^n}{n!}$ は任意の有界区間で一様収束する． $\square$

ワイエルストラスの M 判定法について詳しく見てみると，$\sum f_n$ の優級数が収束すれば $\sum f_n$ は一様に絶対収束（すなわち $\sum |f_n|$ が一様収束）することがわかる．一方，$\sum |f_n|$ が発散しても $\sum f_n$ が収束するような関数項級数が存在する．例えば，数級数を定数関数の級数であるとみなすことにより，条件収束する関数項級数が簡単に見つかる．

次の定理は，ライプニッツの判定法（定理 2.28）の関数項級数への拡張である．

定理 5.18　$\{f_n\}$ を D 上の関数列とし，すべての $n \in \mathbb{N}$ に対して D で $f_n \geq f_{n+1} \geq 0$ をみたすと仮定する．もし $\{f_n\}$ が D で 0 に一様収束すれば，関数項級数 $\sum (-1)^{n+1} f_n$ は D で一様収束する．

【証明】　ライプニッツの判定法（定理 2.28）より，部分和の列 $\{s_n(\boldsymbol{x})\}$ は各 $\boldsymbol{x}$ に対して収束する．極限関数を $s(\boldsymbol{x})$ とおくと，仮定から $k \in \mathbb{N}$ について $\{s_{2k}\}$ は単調増加，$\{s_{2k+1}\}$ は単調減少であるから，$s_{2k}(\boldsymbol{x}) \leq s(\boldsymbol{x}) \leq s_{2k+1}(\boldsymbol{x})$ が成り立つ．したがって

$$|s_{2k+1}(\boldsymbol{x}) - s(\boldsymbol{x})| \leq |s_{2k+1}(\boldsymbol{x}) - s_{2k}(\boldsymbol{x})| = |f_{2k+1}(\boldsymbol{x})|$$

である．$k \to \infty$ とすると右辺は 0 に一様収束するから，$\{s_{2k+1}\}$ は一様収束する．同様に $|s_{2k}(\boldsymbol{x}) - s(\boldsymbol{x})| \leq |f_{2k+1}(\boldsymbol{x})|$ が成り立つから，$\{s_{2k}\}$ も一様収束する．よって $\sum f_n$ は D で一様収束する． ∎

例題 5.19　関数項級数 $\displaystyle\sum_{n=1}^{\infty} \dfrac{x^n}{n}$ の収束性について調べよ．

[解] 各 $x \in \mathbb{R}$ に対し, $|x| > 1$ ならば $\lim\limits_{n \to \infty} |x|^n / n = +\infty$ であるから発散する. 一方, $|x| < 1$ ならば, ダランベールの判定条件 (定理 2.25 (i)) より絶対収束する. また $x = 1$ のときは調和級数であるから収束せず, $x = -1$ ならばライプニッツの判定法 2.28 より収束することがわかる. 以上より, この級数は $[-1, 1)$ で各点収束する.

収束が一様かどうか調べよう. 任意の $c \in (0, 1)$ に対し, $[-c, c]$ 上の優級数 $\sum c^n / n$ は収束するので, $\sum x^n / n$ は $[-c, c]$ で一様に絶対収束する. 区間 $[-1, 0]$ で級数を

$$\sum_{n=1}^{\infty} \frac{x^n}{n} = -\sum_{n=1}^{\infty} (-1)^{n+1} \frac{|x|^n}{n}.$$

と書き直すと, 右辺は定理 5.18 の仮定をみたすから $[-1, 0]$ で一様収束する. したがって, 任意の $c \in (-1, 1)$ に対して $\sum x^n / n$ は $[-1, c]$ で一様収束することが示された. □

最後に, 関数列に対する結果の関数項級数への直接的な応用についてまとめておく. まずは, 一様収束する関数項級数の連続性についての結果である.

定理 5.20 $\{f_n\}$ を D 上の連続関数の列とする. もし関数項級数 $\sum f_n$ が一様収束すれば, その和は D 上の連続関数である.

【証明】 一様収束する連続関数列の極限は連続である (定理 5.5) から, これを部分和の列 $\{s_n(\boldsymbol{x})\}$ に適用すれば, $\sum f_n$ が $[a, b]$ で連続であることが示される. ∎

次の定理は, 級数の極限操作と積分の順序交換が可能であることを表しており, このとき関数項級数は**項別積分可能**であるという.

定理 5.21 $\{f_n\}$ を区間 $[a, b]$ 上の連続関数の列とする. もし関数項級数 $\sum f_n$ が $[a, b]$ で一様収束すれば

$$\int_a^b \Big(\sum_{n=1}^{\infty} f_n(x) \Big) dx = \sum_{n=1}^{\infty} \int_a^b f_n(x) dx$$

が成り立つ.

【証明】　一様収束する関数列の極限と積分は順序交換が可能である（定理 5.11）から，これを部分和の列 $\{s_n\}$ に適用すれば，$\sum f_n$ が $[a,b]$ で項別積分できることが示される. ∎

例題 5.22　項別積分を用いて級数 $\displaystyle\sum_{n=1}^{\infty}(n+1)x^n$ の和を求めよ.

[**解**]　関数 $(n+1)x^n$ はすべての $n \in \mathbb{N}$ について連続であり，また関数項級数 $\sum(n+1)x^n$ は任意の $c \in (0,1)$ に対して区間 $[-c,c]$ で一様に収束する. したがって定理 5.21 を適用すると，各 $z \in [-c,c]$ について

$$\int_0^z \Big(\sum_{n=1}^{\infty}(n+1)x^n \Big) dx = \sum_{n=1}^{\infty} \Big(\int_0^z (n+1)x^n dx \Big) = \sum_{n=1}^{\infty} z^{n+1} = \frac{z^2}{1-z}$$

が得られる. したがって $\displaystyle\sum_{n=1}^{\infty}(n+1)x^n$ の和を $f(x)$ とすると，各 $z \in [-c,c]$ について

$$\int_0^z f(x) dx = \frac{z^2}{1-z}$$

である. 両辺を z で微分すると $f(z) = \dfrac{z(2-z)}{(1-z)^2}$ となる. よって $x \in (-1,1)$ に対して

$$\sum_{n=1}^{\infty}(n+1)x^n = \frac{x(2-x)}{(1-x)^2}$$

が成り立つ. また明らかに $|x| \geq 1$ ならばこの級数は発散する. □

次の定理は，級数の極限操作と微分の順序交換が可能であることを表しており，このとき関数項級数は**項別微分可能**であるという．

定理 5.23 $\{f_n\}$ を閉区間 $[a,b]$ 上の C^1 級関数の列とする．もし関数項級数 $\sum f_n(x)$ が $[a,b]$ で各点収束し，また $\sum f'_n$ が $[a,b]$ で一様収束すれば，$\sum f_n(x) \in C^1([a,b])$ および

$$\left(\sum_{n=1}^{\infty} f_n(x) \right)' = \sum_{n=1}^{\infty} f'_n(x) \qquad (x \in [a,b])$$

が成り立つ．

【証明】 定理 5.13 より，一様収束する C^1 級関数の列の極限と微分は順序交換が可能である．これを部分和の列 $\{s_n(x)\}$ に適用すれば，$\sum f_n$ が $[a,b]$ で項別微分できることが示される． ∎

例題 5.24 項別微分を用いて級数 $\displaystyle\sum_{n=1}^{\infty} \frac{x^n}{n}$ の和を求めよ．

[**解**] 例題 5.19 よりこの級数は $[-1,1)$ で各点収束するので，この和を $s(x)$ で表そう．一方，この級数を項別に微分すると幾何級数 $\sum x^{n-1}$ が得られ，これはワイエルストラスの M 判定法により，任意の $c \in (0,1)$ に対して $\sum x^{n-1}$ は $[-c,c]$ で一様に収束することがわかる．したがって定理 5.23 の仮定がみたされるので，級数の和 $s(x)$ は $x \in (-1,1)$ について微分可能で

$$s'(x) = \sum_{n=1}^{\infty} x^{n-1} = \frac{1}{1-x}$$

をみたす．また $s(0) = 0$ であるから，$x \in (-1,1)$ に対して

$$s(x) = \int_0^x s'(t)dt = \int_0^x \frac{dt}{1-t} = -\log(1-x)$$

と計算できる．

例題 5.19 より $\sum \dfrac{x^n}{n}$ は $[-1,0]$ で一様に $s(x)$ に収束し，したがって定理 5.20 より $s(x)$ は $[-1,0]$ で連続である．よって $x = -1$ とすると

$$s(-1) = \lim_{x \to -1+0} s(x) = \lim_{x \to -1+0} (-\log(1-x)) = -\log 2$$

が得られる．

以上により，$x \in [-1,1)$ に対して，級数の和は

$$\sum_{n=1}^{\infty} \frac{x^n}{n} = -\log(1-x)$$

と表される．　　　　　　　　　　　　　　　　　　　　　　　　　　□

■ 5.2.2 —— べき級数

数列 $\{c_n\}$ と $a \in \mathbb{R}$ に対し，級数

$$\sum_{n=0}^{\infty} c_n(x-a)^n$$

を a を中心とする**べき級数**（あるいは**整級数**）という [4]．べき級数はテイラーの定理 4.18 とも関係し，もっとも重要な関数項級数の一つである．a を中心とするべき級数 $\sum c_n(x-a)^n$ に対し，$y = x-a$ を代入すると 0 を中心とするべき級数 $\sum c_n y^n$ が得られる．そこで一般性を失うことなく，以下では $a = 0$ の場合について議論する．

まず最初に，べき級数の収束性に関する基本的な性質について述べる．

定理 5.25　べき級数 $\sum c_n x^n$ は $x = x_0 \neq 0$ で収束すると仮定する．このとき各 $x \in (-|x_0|, |x_0|)$ に対してこの級数は絶対収束し，また $(-|x_0|, |x_0|)$ に含まれる任意の閉区間で $\sum |c_n x^n|$ は一様収束する．

【証明】　級数 $\sum c_n x_0^n$ が収束すれば $\lim_{n \to \infty} c_n x_0^n = 0$ が成り立つ．したがって数列 $\{|c_n x_0^n|\}$ は有界であるから，ある $K > 0$ が存在してすべての $n \in \mathbb{N}$ につい

---

[4] 特に断りがなければ，べき級数は $n = 0$ から順に加える．

て $|c_n x_0^n| \leq K$ が成り立つ. すると $n \in \mathbb{N}$ に対して

$$|c_n x^n| = |c_n x_0^n| \left| \frac{x}{x_0} \right|^n \leq K \left| \frac{x}{x_0} \right|^n$$

である. ここで $|x| < |x_0|$ のとき $\sum \left| \dfrac{x}{x_0} \right|^n$ は収束するから, 比較判定法 (定理 2.24) より級数 $\sum |c_n x^n|$ も収束することがわかる. また閉区間 I に対して $M_n = \max_{x \in I} c_n |x|^n$ $(n = 0, 1, 2, \ldots)$ とおくと, $I \subset (-|x_0|, |x_0|)$ ならば $\sum M_n < \infty$ をみたすので, ワイエルストラスの M 判定法 (定理 5.16) より, $\sum |c_n x^n|$ は I で一様収束する. ∎

定理 5.25 からさらに次の結果が導かれる.

定理 5.26 べき級数 $\sum c_n x^n$ に対し, 次をみたす $r \in [0, \infty]$ がただ一つに定まる.

(i) $|x| < r$ ならば $\sum c_n x^n$ は絶対収束し, また $(-r, r)$ に含まれる任意の閉区間で $\sum |c_n x^n|$ は一様収束する.

(ii) $|x| > r$ ならば $\sum c_n x^n$ は発散する.

【証明】 べき級数 $\sum c_n x^n$ に対して

$$r = \sup \left\{ |x| \in \mathbb{R} \mid \sum c_n x^n \text{ が収束} \right\} \in [0, \infty]$$

が一意的に定まり, (ii) が成り立つ. 一方, $(-r, r)$ に含まれる任意の閉区間 I に対し, $\sum c_n x_0^n$ が収束するような x_0 で $I \subset (-|x_0|, |x_0|)$ をみたすものが存在する. ここで $I \subset (-r, r)$ は任意であるから, $|x| < r$ ならば $\sum c_n x^n$ は絶対収束する. また定理 5.25 より $\sum |c_n x^n|$ は I で一様収束する. ∎

定理 5.26 の条件をみたす r をべき級数 $\sum c_n x^n$ の **収束半径**[5]という. 特に, $r = 0$ ならば $\sum c_n x^n$ はすべての $x \neq 0$ に対して発散し, $r = +\infty$ ならば任意の有界区間で一様に絶対収束する. また定理 5.26 より, べき級数が収束する x の

---

[5] 複素数 $z \in \mathbb{C}$ に対してべき級数 $\sum c_n z^n$ を考えると, 複素平面で原点を中心とする半径 r の円の内部で収束, 外部で発散することからこう呼ばれる.

範囲は $(-r, r), (-r, r], [-r, r), [-r, r]$ のいずれかである．これを**収束域**という．
収束半径を求めるには，次の定理が有用である．

定理 5.27 べき級数 $\sum c_n x^n$ の収束半径 r は以下をみたす．

(i) $\displaystyle \liminf_{n \to \infty} \left| \frac{c_n}{c_{n+1}} \right| \le r \le \limsup_{n \to \infty} \left| \frac{c_n}{c_{n+1}} \right|$.

(ii) $\displaystyle \liminf_{n \to \infty} \frac{1}{\sqrt[n]{|c_n|}} \le r \le \limsup_{n \to \infty} \frac{1}{\sqrt[n]{|c_n|}}$.

【証明】 級数 $\sum c_n x^n$ の収束半径を r とする．ダランベールの判定条件（定理 2.25 (i)）より，$\sum c_n x^n$ は $\displaystyle \limsup_{n \to \infty} \left| \frac{c_{n+1} x^{n+1}}{c_n x^n} \right| < 1$ ならば収束し，これは $|x| < \displaystyle \liminf_{n \to \infty} \left| \frac{c_n}{c_{n+1}} \right|$ と等価である．一方，$\displaystyle \liminf_{n \to \infty} \left| \frac{c_{n+1} x^{n+1}}{c_n x^n} \right| > 1$ ならば $\{c_n x^n\}$ は収束のための必要条件（定理 2.19）をみたさず，$\sum c_n x^n$ は発散する．したがって $|x| > \displaystyle \limsup_{n \to \infty} \left| \frac{c_n}{c_{n+1}} \right|$ ならば $\sum c_n x^n$ は発散する．これらを合わせて (i) を得る．

同様に，コーシーの判定条件（定理 2.25 (ii)）より，$\sum |c_n x^n|$ は $\displaystyle \limsup_{n \to \infty} \sqrt[n]{|c_n x^n|} < 1$ ならば収束し，$\displaystyle \liminf_{n \to \infty} \sqrt[n]{|c_n x^n|} > 1$ ならば発散する．したがって，$\sum |c_n x^n|$ は $|x| < \displaystyle \liminf_{n \to \infty} \frac{1}{\sqrt[n]{|c_n|}}$ ならば収束し，$|x| > \displaystyle \limsup_{n \to \infty} \frac{1}{\sqrt[n]{|c_n|}}$ ならば発散する．よって (ii) が成り立つ． ∎

例題 5.28 べき級数 $\displaystyle \sum_{n=1}^{\infty} \frac{n^3}{2^n} x^n$ の収束半径を求めよ．

［解］ $c_n = \dfrac{n^3}{2^n}$ とおくと

$$\lim_{n \to \infty} \left| \frac{c_n}{c_{n+1}} \right| = \lim_{n \to \infty} \frac{\dfrac{n^3}{2^n}}{\dfrac{(n+1)^3}{2^{n+1}}} = \lim_{n \to \infty} \frac{2}{\left(1 + \dfrac{1}{n} \right)^3} = 2$$

が成り立つ．したがって定理 5.27 (i) より収束半径は 2 である． □

例題 5.29　次のべき級数の収束域を求めよ.

$$(1)\ \sum_{n=0}^{\infty} x^n \quad (2)\ \sum_{n=1}^{\infty} \frac{x^n}{n^2} \quad (3)\ \sum_{n=1}^{\infty} \frac{x^n}{n} \quad (4)\ \sum_{n=1}^{\infty} \frac{(-x)^n}{n}$$

[**解**]　これらの級数の収束半径が $r = 1$ であることは, 定理 5.27 を用いて容易に確かめられる. $x = \pm 1$ に対し, 級数 (1) は収束しないが級数 (2) は収束する. 級数 (3) は $x = -1$ で収束して $x = 1$ で発散する. 級数 (4) は $x = 1$ で収束して $x = -1$ で発散する. したがって, 収束域はそれぞれ $(-1, 1)$, $[-1, 1]$, $[-1, 1)$, $(-1, 1]$ である. 　　　　□

次に, べき級数の和の連続性について考える.

定理 5.30　べき級数の和はその収束区間の内点で連続である.

【**証明**】　べき級数 $\sum c_n x^n$ の収束半径を r とすると, 定理 5.26 より, $t \in (0, r)$ に対して $\sum c_n x^n$ は $[-t, t]$ で一様収束する. すると各 $c_n x^n$ は連続なので, 定理 5.20 より極限関数は $[-t, t]$ で連続であり, また $t \in (0, r)$ は任意なので $(-r, r)$ の各点で連続である. 　　　　■

例題 5.29 が示すように, べき級数の収束半径上の点における扱いは微妙な問題であるが, 定理 5.30 と次の定理を組み合わせることにより, べき級数の和は収束域上の各点で連続であることがわかる.

定理 5.31（アーベルの連続性定理）　べき級数 $\sum c_n x^n$ の収束半径を $r \in (0, \infty)$ とすると以下が成り立つ.
 (i) $\sum c_n r^n$ が収束すれば $\displaystyle\lim_{x \to r-0} \sum c_n x^n = \sum c_n r^n$.
 (ii) $\sum c_n (-r)^n$ が収束すれば $\displaystyle\lim_{x \to -r+0} \sum c_n x^n = \sum c_n (-r)^n$.

【**証明**】　まず (i) を証明する. $y = x/r$ とおくと, 仮定から $\sum c_n y^n$ は $-1 < y \leq 1$ のとき収束する. そこで $g(y) = \sum c_n y^n$ とおき, $g(y)$ が $[0, 1]$ で連続であるこ

とを示す.

$\sum c_n y^n$ が $y = 1$ で収束することから, 任意の $\varepsilon > 0$ に対してある $N \in \mathbb{N}$ が存在し, すべての $m \in \mathbb{N}$ について

$$n \geq N \implies |c_{n+1} + c_{n+2} + \cdots + c_{n+m}| < \varepsilon$$

が成り立つ. そこで $b_i = c_{n+1} + c_{n+2} + \cdots + c_{n+i}$ とおくと $c_{n+i} = b_i - b_{i-1}$ であるから, $0 \leq y \leq 1$ に対して

$$\left| \sum_{i=n+1}^{n+m} c_i y^i \right| = \left| b_1 y^{n+1} + (b_2 - b_1) y^{n+2} + \cdots (b_m - b_{m-1}) y^{n+m} \right|$$

$$= y^n \left| b_1 (y - y^2) + b_2 (y^2 - y^3) + \cdots + b_{m-1} (y^{m-1} - y^m) + b_m y^m \right|$$

$$\leq y^n \left| |b_1|(y - y^2) + |b_2|(y^2 - y^3) + \cdots + |b_{m-1}|(y^{m-1} - y^m) + |b_m| y^m \right|$$

が成り立つ. ここで $i = 1, 2, \ldots, m$ に対して $|b_i| < \varepsilon,\ y^i - y^{i+1} \geq 0$ であることから

$$\sum_{i=n+1}^{n+m} |c_i y^i| < y^n \left| \varepsilon(y - y^2) + \varepsilon(y^2 - y^3) + \cdots + \varepsilon(y^{m-1} - y^m) + \varepsilon y^m \right|$$

$$= \varepsilon y^{n+1} \leq \varepsilon$$

を得る. これは $\sum c_n y^n$ が $[0, 1]$ で一様収束することを表している. よって $g(y)$ は $[0, 1]$ で連続である (定理 5.20) から, $\sum c_n x^n$ は $x \in [0, r)$ で連続で $\sum c_n x^n \to \sum c_n r^n \ (x \to r - 0)$ をみたす.

(ii) の証明は, 級数 $\sum c_n (-x)^n$ に (i) を適用すると得られる. ∎

最後に, べき級数が収束半径内で項別微分と項別積分が可能であることを示そう.

> **定理 5.32**　べき級数 $\sum c_n x^n$ の収束半径を $r > 0$ とすると, 各 $x \in (-r, r)$ に対して以下の等式が成り立つ.

(i) $\left(\sum_{n=0}^{\infty} c_n x^n \right)' = \sum_{n=1}^{\infty} n c_n x^{n-1}.$

(ii) $\int_0^x \left(\sum_{n=0}^{\infty} c_n t^n \right) dt = \sum_{n=0}^{\infty} \frac{c_n}{n+1} x^{n+1}.$

【証明】 べき級数と，これを項別微分した級数，および項別積分した級数

(1) $\sum_{n=0}^{\infty} c_n x^n$　　(2) $\sum_{n=1}^{\infty} n c_n x^{n-1}$　　(3) $\sum_{n=0}^{\infty} \frac{c_n}{n+1} x^{n+1}$

に対し，級数 (1) の収束半径を r，級数 (2) の収束半径を ρ とする．

まず各 $x \in \mathbb{R}$ に対し $|c_n x^n| \leq |x| |n c_n x^{n-1}|$ がすべての $n \in \mathbb{N}$ について成り立つから，比較判定法（定理 2.24 (i)）により，$\sum |n c_n x^{n-1}|$ が収束すれば $\sum |c_n x^n|$ も収束することがわかる．したがって $\rho \leq r$ である．

逆向きの不等式 $r \leq \rho$ を示すために，次のような工夫をする．$0 < |x| < r$ に対し，$|x| < |x_0| < r$ をみたす x_0 をとると $\sum |c_n x_0^n|$ は収束する．数列 $\left\{ \frac{n}{|x|} \left| \frac{x}{x_0} \right|^n \right\}$ は有界であるから，ある定数 $C > 0$ に対して

$$\sum_{n=1}^{\infty} |n c_n x^{n-1}| = \sum_{n=1}^{\infty} \frac{n}{|x|} \left| \frac{x}{x_0} \right|^n |c_n x_0^n| \leq C \sum_{n=1}^{\infty} |c_n x_0^n|$$

が成り立つ．ここで右辺は収束するから左辺も収束し，したがって $r \leq \rho$ である．以上により，級数 (1) と級数 (2) の収束半径が等しいことが示された．

次に級数 (2) の和は級数 (1) の和の導関数であることを示そう．級数 (1) は各 $t \in (0, r)$ に対して $[-t, t]$ で一様収束するから，定理 5.23 より $x \in [-t, t]$ に対して項別微分可能である．ここで $t \in (0, r)$ は任意にとれるから，$x \in (-r, r)$ に対して (i) が成り立つ．

級数 (1) は級数 (3) を項別微分したものと等しい．したがって上の議論から級数 (1) と級数 (3) の収束半径は等しく，また $x \in (-r, r)$ に対して

$$\sum_{n=0}^{\infty} c_n x^n = \left(\sum_{n=0}^{\infty} \frac{c_n}{n+1} x^{n+1} \right)'$$

が成り立つ．これを積分すると (ii) が得られる．　　■

定理 5.32 から，べき級数は区間 $(-r, r)$ 内で何回でも微分可能（積分可能）であることがわかる．また，その導関数（原始関数）はべき級数を項別微分（項別積分）することによって得られ，これによって収束半径は変わらない．

例題 5.33 級数 $\sum (-1)^n x^{2n}$ を項別積分することにより，等式

$$\frac{\pi}{4} = 1 - \frac{1}{3} + \frac{1}{5} - \frac{1}{7} + \cdots + \frac{(-1)^n}{2n+1} + \cdots$$

を示せ[6]．

[**解**] まず級数 $\sum (-1)^n x^{2n}$ の収束半径は $r = 1$ で，$x \in (-1, 1)$ に対して

$$\sum_{n=0}^{\infty} (-1)^n x^{2n} = 1 - x^2 + x^4 - x^6 + \cdots = \frac{1}{1+x^2}$$

と計算できる．定理 5.32 より，この級数は項別積分することができるから，両辺を $[0, 1]$ で積分すると，$x \in (-1, 1)$ に対して

$$\sum_{n=0}^{\infty} \frac{(-1)^n}{2n+1} x^{2n+1} = \int_0^x \frac{1}{1+t^2} \, dt = \arctan x$$

が成り立つことがわかる．一方，ライプニッツの判定法（定理 2.28）により，級数

$$1 - \frac{1}{3} + \frac{1}{5} - \frac{1}{7} + \cdots + \frac{(-1)^{n+1}}{2n+1} + \cdots$$

は収束することが示される．よってアーベルの連続性定理 5.31 より，この級数の和は

$$\lim_{x \to 1-0} \arctan x = \arctan 1 = \frac{\pi}{4}$$

である． □

---

[6] 右辺の級数をグレゴリー・ライプニッツ級数という．

■5.2.3 ── テイラー級数

前項で述べたように，べき級数の和は収束域 I 上で連続であり，I の内点では C^∞ 級である．逆に関数 f を $f(x) = \sum c_n (x-a)^n$ と表せるとき，この級数を f の a を中心とする**べき級数展開**という．以下では関数 f がべき級数展開できるかどうかについて述べるが，この問題が意味をもつためには，f が a の近傍で C^∞ 級であることが必要である．

次の定理は，関数 f がべき級数展開可能なとき，べき級数の各係数は f から一意的に定まることを示している．

定理 5.34　関数 f が $a \in \mathbb{R}$ の近傍 $U(a)$ で $f(x) = \sum c_n (x-a)^n$ と表されるならば

$$c_n = \frac{f^{(n)}(a)}{n!} \qquad (n = 0, 1, 2, \ldots)$$

が成り立つ．

【証明】　定理 5.32 より f は $U(a)$ で C^∞ 級であり，すべての $x \in U(a)$ と $k = 0, 1, 2, \ldots$ について

$$f^{(k)}(x) = \sum_{n=k}^{\infty} c_n n(n-1) \cdots (n-k+1)(x-a)^{n-k}$$

が成り立つ．ここで $x = a$ とおくと $f^{(k)}(a) = c_k k!$ が得られる．　∎

この定理から，f のべき級数展開の部分和は f のテイラー多項式と一致することがわかる．f を $a \in \mathbb{R}$ の近傍で定義された C^∞ 級の関数とするとき，べき級数

$$\sum_{n=0}^{\infty} \frac{f^{(n)}(a)}{n!}(x-a)^n$$

を f によって生成された a を中心とする**テイラー級数**といい，関数をテイラー級数で表すことを**テイラー展開**という．また，特に $a = 0$ のときは**マクローリン級数**および**マクローリン展開**という．

ここで "f のテイラー級数" ではなく "f によって生成されたテイラー級数" と表現したのは，テイラー級数が定める関数と f が必ずしも一致しないからである．例えば，関数

$$f(x) = \begin{cases} e^{-1/x^2} & (x \neq 0) \\ 0 & (x = 0) \end{cases}$$

は C^∞ の関数であり，すべての $n = 0, 1, 2, \ldots$ に対して $f^{(n)}(0) = 0$ をみたす．したがって，0 を中心とするテイラー級数が定める関数は恒等的に 0 となるが，明らかに $x \neq 0$ ならば $f(x) \neq 0$ であるから，0 以外の点では f とそのテイラー級数の値は一致しない．関数の値とそのテイラー級数（マクローリン級数）の和が等しいとき，この関数は**テイラー展開可能（マクローリン展開可能）**であるという．

関数がテイラー展開可能であるための条件を調べよう．4.2 節では，f が $a \in \mathbb{R}$ の近傍で C^∞ 級ならば，各 $n \in \mathbb{N}$ に対して f の a を中心とするテイラー多項式

$$p_n(x) = \sum_{k=0}^{n} \frac{f^{(k)}(a)}{k!}(x-a)^k$$

が存在し，剰余項は $r_n(x) = f(x) - p_n(x) = o((x-a)^n)\ (x \to a)$ をみたすことを示した．ここで $p_n(x)$ は f によって生成されるテイラー級数の第 n 部分和であるから，もし，ある $x_0 \in \mathbb{R}$ に対して $r_n(x_0) \to 0\ (n \to \infty)$ をみたせば，$f(x_0)$ は x_0 におけるテイラー級数の和と一致する．

例題 5.35 関数 e^x によって生成されるマクローリン級数を計算し，それが収束して e^x と等しくなるような x の区間を求めよ．

[**解**] すべての $n \in \mathbb{N}$ と $x \in \mathbb{R}$ に対して

$$e^x = \sum_{k=0}^{n} \frac{x^k}{k!} + \frac{e^\xi}{(n+1)!}x^{n+1}$$

と表せる（例題 4.19）．ただし ξ は 0 と x の間の数である．$x \in \mathbb{R}$ を任意に固

定すると，剰余項は

$$|r_n(x)| = \left| \frac{e^\xi}{(n+1)!} x^{n+1} \right| < \frac{e^{|x|}}{(n+1)!} |x|^{n+1}$$

をみたし，よって $\lim_{n\to\infty} r_n(x) = 0$ である．したがって，すべての $x \in \mathbb{R}$ につい

て $e^x = \displaystyle\sum_{n=0}^{\infty} \frac{x^n}{n!}$ が成り立つ． □

演習問題 5.2

1. 次の区間 I 上の関数項級数の収束性について調べよ．

(1) $\displaystyle\sum_{n=1}^{\infty} \frac{n^2}{\sqrt{n!}} (x^n + x^{-n}), \quad I = [1/2, 2]$

(2) $\displaystyle\sum_{n=1}^{\infty} \frac{nx}{1 + n^2 x^2}, \quad I = [0, 1]$

2. 級数 $\sum c_n$ が絶対収束すれば，関数項級数 $\sum c_n \sin nx$ および $\sum c_n \cos nx$ は $\mathbb{R}$ 上で一様収束することを示せ．

3. $[0, \infty)$ 上の関数列 $\{f_n\}$ を

$$f_n(x) = \begin{cases} 0 & (0 \le x \le n-1) \\ \dfrac{2(x-n+1)}{n} & (n-1 < x \le n-1/2) \\ \dfrac{2(n-x)}{n} & (n-1/2 < x \le n) \\ 0 & (x > n) \end{cases}$$

で定める．このとき関数項級数 $\sum f_n$ は $[0, \infty)$ で一様収束するが，優級数は発散することを示せ．

4. 次のべき級数の収束域を求めよ．

(1) $\displaystyle\sum_{n=0}^{\infty} \frac{x^n}{n!}$ (2) $\displaystyle\sum_{n=0}^{\infty} n! x^n$ (3) $\displaystyle\sum_{n=1}^{\infty} n^3 x^n$ (4) $\displaystyle\sum_{n=0}^{\infty} \frac{2^n}{(n+1)^2} x^n$

5. 次の関数をマクローリン級数に展開し，収束域を求めよ．

(1)　$f(x) = \sin 2x \cos x$　　　　　(2)　$f(x) = \dfrac{1}{2} \log \dfrac{1+x}{1-x}$

6 多変数関数の微分

【この章の目標】

この章では，多変数関数に対して偏微分と全微分の概念を導入し，これらの関係について解説する．全微分とは微分の概念を線形近似の考え方にもとづいて自然に拡張したもので，いくつかの良い性質を備えている．また，合成関数の微分に関する連鎖律やテイラーの定理を多変数関数へと拡張し，多変数関数の極値問題に応用する．さらには陰関数の概念を導入し，陰関数定理にもとづく条件付き極値問題の解法について解説する．

6.1 偏微分と全微分

6.1.1 — 偏微分と全微分の定義

まず，一変数関数 $f(x)$ の $x = a$ における微分係数は

$$f(x) = f(a) + A(x-a) + o(x-a) \qquad (x \to a)$$

をみたす定数 A として定義されたことを思い出そう（定義 4.2）．これを二変数関数 $f(x,y)$ について次のように拡張する．ある定数 A を用いて

$$f(x,b) = f(a,b) + A(x-a) + o(x-a) \qquad (x \to a)$$

と表せるとき，f は (a,b) で x について偏微分可能であるという．同様に，ある定数 B を用いて

$$f(a,y) = f(a,b) + B(y-b) + o(y-b) \qquad (y \to b)$$

と表せるとき，f は (a,b) で y について偏微分可能であるという．

　一般に，多変数関数の**偏微分**を次のように定義する.

定義 6.1　d 変数関数 $f(\boldsymbol{x}) = f(x_1, x_2, \ldots, x_d)$ がある定数 A_i を用いて

$$f(a_1, \ldots, a_{i-1}, x_i, a_{i+1}, \ldots, a_d) = f(\boldsymbol{a}) + A_i(x_i - a_i) + o(x_i - a_i)$$
$$(x_i \to a_i)$$

と表せるとき，f は $\boldsymbol{a} = (a_1, a_2, \ldots, a_d)$ で x_i について**偏微分可能**であるという. このとき定数 A_i を

$$\frac{\partial f}{\partial x_i}(\boldsymbol{a}) \quad \text{あるいは} \quad f_{x_i}(\boldsymbol{a})$$

で表し，これを f の $\boldsymbol{a}$ における x_i についての**偏微分係数**という.

　偏微分係数は

$$\frac{\partial f}{\partial x_i}(\boldsymbol{a}) = \lim_{x_i \to a_i} \frac{f(a_1, \ldots, a_{i-1}, x_i, a_{i+1}, \ldots, a_d) - f(\boldsymbol{a})}{x_i - a_i}$$

で定義することもできる. f がすべての変数について偏微分可能なとき

$$\nabla f = (f_{x_1}, f_{x_2}, \ldots, f_{x_d})$$

を f の**勾配**という [1].

　多変数関数が定義域内の各点で偏微分可能ならば**偏導関数**が定義され，さらに偏導関数 f_{x_i} が x_j について偏微分可能ならば，2 階偏微分

$$\frac{\partial^2 f}{\partial x_j \partial x_i}(\boldsymbol{a}) = \frac{\partial f_{x_i}}{\partial x_j}(\boldsymbol{a}) = f_{x_i x_j}(\boldsymbol{a})$$

が定義される. 関数 $f(x_1, x_2, \ldots, x_d)$ に対して変数 $x_1, x_2, \ldots, x_d$ から重複を許して n 個を選び，この順列に従って繰り返し偏微分して得られる関数を **n 階偏導関数**という. 関数 f が D ですべての n 階偏導関数が存在して連続のとき，f は D で **C^n 級**であるといい $f \in C^n(D)$ と表す. また，f がすべての $n \in \mathbb{N}$ に対して $f \in C^n(D)$ をみたすとき，f は D で **C^∞ 級**であるといい $f \in C^\infty(D)$

---

[1] ∇ はナブラ（nabla）あるいは勾配と呼ばれる微分作用素を表す.

と表す.

次の定理は，偏導関数が連続である限りは，偏微分の結果は変数の順列によらないことを表している.

定理 6.2　関数 f が $\boldsymbol{a} \in \mathbb{R}^d$ の近傍 $U(\boldsymbol{a})$ で C^2 級ならば，すべての $i \neq j$ について

$$\frac{\partial^2 f}{\partial x_i \partial x_j}(\boldsymbol{a}) = \frac{\partial^2 f}{\partial x_j \partial x_i}(\boldsymbol{a})$$

が成り立つ.

【証明】　$x_i,\, x_j$ 以外の変数の値を固定すれば二変数関数とみなせる. したがって，二変数関数 $f(x,y)$ について偏微分の順の交換が可能であることを示せば十分である.

$F(h,k)$ を

$$F(h,k) = f(a+h, b+k) - f(a+h, b) - f(a, b+k) + f(a,b)$$

とおく. k を固定して $g(s) = f(s, b+k) - f(s,b)$ とおくと $F(h,k) = g(a+h) - g(a)$ と表せる. すると，一変数関数についての平均値の定理 4.9 より，ある $\theta_1 \in (0,1)$ に対して

$$F(h,k) = g'(a+\theta_1 h)h = \{f_x(a+\theta_1 h, b+k) - f_x(a+\theta_1 h, b)\}h$$

が成り立つ. さらに右辺に平均値の定理を適用すると，ある $\theta_2 \in (0,1)$ に対して

$$F(h,k) = f_{xy}(a+\theta_1 h, b+\theta_2 k)hk$$

が成り立つ.

一方，x と y の役割を入れ替えると，ある $\rho_1, \rho_2 \in (0,1)$ を用いて

$$F(h,k) = f_{yx}(a+\rho_1 h, b+\rho_2 k)hk$$

と表せる. よって，ある $\theta_1, \theta_2, \rho_1, \rho_2 \in (0,1)$ に対して

$$f_{xy}(a + \theta_1 h, b + \theta_2 k) = f_{yx}(a + \rho_1 h, b + \rho_2 k)$$

が成り立つ．ここで $(h, k) \to (0, 0)$ とすると，f_{xy} と f_{yx} の連続性から $f_{xy}(a, b) = f_{yx}(a, b)$ が得られる．∎

　偏微分の定義では，二変数関数 $f(x, y)$ の (a, b) での偏微分係数は x-y 平面上の直線 $x = a$ と $y = b$ における f の値だけから定まり，それ以外の方向を無視している．したがって，(a, b) の近傍での f の挙動を調べるには偏微分だけでは不十分なことは明らかである．

　そこで，あらためて一変数関数に対する微分の定義を思い出すと，関数 $y = f(x)$ の $x = a$ における微分可能性とは，幾何学的には x-y 平面において $x = a$ の近傍で関数 $y = f(x)$ のグラフを接線 $y = f(a) + f'(a)(x - a)$ で近似できるということであった．二変数関数についても同様に考えて，関数のグラフを接平面で近似することを試みる．3次元空間において，点 $(a, b, f(a, b))$ を通る平面の方程式を

$$z = g(x, y) = f(a, b) + A(x - a) + B(y - b)$$

と表そう．f を

$$f(x, y) = f(a, b) + A(x - a) + B(y - b) + r(x, y)$$

と表したとき，$r(x, y)$ が

$$r(x, y) = o\left(\sqrt{(x - a)^2 + (y - b)^2}\,\right) \qquad ((x, y) \to (a, b))$$

をみたせば，f と g の値の差は (x, y) と (a, b) の距離に比べて十分に小さく，したがって g のグラフ（平面）は f のグラフと (a, b) で接している（図6.1）．

　以上の考察にもとづき，次のような定義を導入する．ある定数 A, B を用いて

$$f(x, y) = f(a, b) + A(x - a) + B(y - b) + o\left(\sqrt{(x - a)^2 + (y - b)^2}\,\right)$$
$$((x, y) \to (a, b))$$

と表せるとき，f は点 (a, b) で**全微分可能**（あるいは単に**微分可能**）であるとい

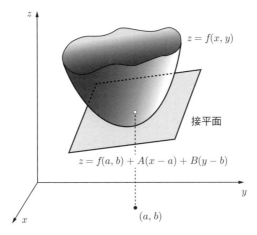

図 6.1 二変数関数のグラフと接平面.

う．ここで特に $y = b$ とおくと

$$f(x, b) = f(a, b) + A(x - a) + o(x - a) \qquad (x \to a)$$

が得られ，これは x についての偏微分の定義そのものである．同様に，$x = a$ とおくと

$$f(a, y) = f(a, b) + B(y - b) + o(y - b) \qquad (y \to b)$$

となる．したがって，f が全微分可能ならば各変数について偏微分可能で

$$A = \frac{\partial f}{\partial x}(a, b), \qquad B = \frac{\partial f}{\partial y}(a, b)$$

が成り立つ．したがって，f が (a, b) で全微分可能ならば，

$$\boldsymbol{a} = (a, b), \qquad \boldsymbol{h} = (h, k), \qquad \nabla f(\boldsymbol{a}) = \big(f_x(\boldsymbol{a}), f_y(\boldsymbol{a})\big)$$

とおいて

$$f(\boldsymbol{a} + \boldsymbol{h}) = f(\boldsymbol{a}) + \nabla f(\boldsymbol{a}) \cdot \boldsymbol{h} + o(|\boldsymbol{h}|) \qquad (\boldsymbol{h} \to \boldsymbol{0})$$

と表せる．ただし "・" はベクトルの内積を表す．このとき，$\mathbb{R}^2$ から $\mathbb{R}$ への線

形写像 $df(\boldsymbol{a}) : \boldsymbol{h} \mapsto \nabla f(\boldsymbol{a}) \cdot \boldsymbol{h}$ を f の $\boldsymbol{a}$ における**全微分**といい [2]，全微分を簡単に

$$df(\boldsymbol{a}) = f_x(\boldsymbol{a})dx + f_y(\boldsymbol{a})dy$$

と表す．ここで dx と dy は，$\boldsymbol{h} = (h, k)$ に対して $dx : \boldsymbol{h} \mapsto h,\, dy : \boldsymbol{h} \mapsto k$ で定まる $\mathbb{R}^2$ から $\mathbb{R}$ への線形写像である．

全微分の概念は自然に多変数関数へと拡張できる．

定義 6.3　f を $\boldsymbol{a} \in \mathbb{R}^d$ の近傍で定義された関数とする．ある線形写像 $df(\boldsymbol{a}) : \mathbb{R}^d \to \mathbb{R}$ に対して f が

$$f(\boldsymbol{a} + \boldsymbol{h}) = f(\boldsymbol{a}) + df(\boldsymbol{a})(\boldsymbol{h}) + o(|\boldsymbol{h}|) \qquad (\boldsymbol{h} \to \boldsymbol{0})$$

と表せるとき，f は $\boldsymbol{a}$ で**全微分可能**（微分可能）であるといい，$df(\boldsymbol{a})$ を f の $\boldsymbol{a}$ における**全微分**（微分）という．

次の定理はすでに二変数関数に対して示したことであるが，一般の多変数関数に対する全微分と偏微分の関係を与える．

定理 6.4　f を $\boldsymbol{a} \in \mathbb{R}^d$ の近傍で定義された関数とする．もし f が $\boldsymbol{a}$ で全微分可能であれば，f は $\boldsymbol{a}$ ですべての x_i について偏微分可能であり，全微分は $df(\boldsymbol{a}) : \boldsymbol{h} \mapsto \nabla f(\boldsymbol{a}) \cdot \boldsymbol{h}$ と表される．

【証明】　f が $\boldsymbol{a} \in \mathbb{R}^d$ で全微分可能ならば，定数 $A_1, A_2, \ldots, A_d$ と関数 $r(\boldsymbol{h}) = o(|\boldsymbol{h}|)\ (\boldsymbol{h} \to \boldsymbol{0})$ を用いて

$$f(\boldsymbol{a} + \boldsymbol{h}) - f(\boldsymbol{a}) = \sum_{i=1}^{d} A_i h_i + r(\boldsymbol{h}), \qquad \boldsymbol{h} \in U(\boldsymbol{0})$$

と表せる．特に $\boldsymbol{h} = (0, \ldots, 0, h_i, 0, \ldots, 0)$ とおくと

$$f(\boldsymbol{a} + \boldsymbol{h}) = f(\boldsymbol{a}) + A_i h_i + o(h_i) \qquad (h_i \to 0)$$

---

[2] 全微分 df は線形写像であり，∇f はそのベクトルによる表現である．これらはしばしば同一視される．

が成り立つから, f は x_i について偏微分可能で $A_i = f_{x_i}(\boldsymbol{a})$ $(i = 1, 2, \ldots, d)$ をみたす. よって $df(\boldsymbol{a})(\boldsymbol{h}) = \nabla f(\boldsymbol{a}) \cdot \boldsymbol{h}$ である. ∎

定理 6.4 を踏まえて, 全微分を

$$df(\boldsymbol{a}) = \sum_{i=1}^{d} f_{x_i}(\boldsymbol{a}) dx_i$$

とも表す. ここで dx_i は $dx_i : \boldsymbol{h} \mapsto h_i$ で定まる $\mathbb{R}^d$ から $\mathbb{R}$ への線形写像である. f が $\boldsymbol{a} \in \mathbb{R}^d$ で全微分可能ならば, 関数 $g(\boldsymbol{x}) = f(\boldsymbol{a}) + \nabla f(\boldsymbol{a}) \cdot (\boldsymbol{x} - \boldsymbol{a})$ は

$$f(\boldsymbol{x}) - g(\boldsymbol{x}) = o(|\boldsymbol{x} - \boldsymbol{a}|) \qquad (\boldsymbol{x} \to \boldsymbol{a})$$

をみたす. 言い換えれば, g は f の $\boldsymbol{a}$ の近傍における線形近似であり, g のグラフは f の $\boldsymbol{a}$ における接（超）平面となる. したがって, f が $\boldsymbol{a}$ で全微分可能であることと接平面の存在は等価である.

関数 f が $\mathbb{R}^d$ の開部分集合 D の各点で全微分可能ならば, $\boldsymbol{x} \in D$ に依存して定まる $\mathbb{R}^d$ から $\mathbb{R}$ への線形写像として f の全微分 $df(\boldsymbol{x}) : \boldsymbol{h} \mapsto \nabla f(\boldsymbol{x}) \cdot \boldsymbol{h}$ が定義される. 以上の議論により, 一変数関数に対する微分の概念を自然な形で多変数関数に一般化できたことになる [3].

> **例題 6.5** 関数 $f(x, y) = x^2 + y^2$ が $\mathbb{R}^2$ 上の任意の点 (a, b) で全微分可能であることを示し, また全微分 $df(a, b)$ を求めよ.

[解]　まず $f_x(a, b) = 2a$, $f_y(a, b) = 2b$ と計算できる. そこで剰余項を

$$r(h, k) = f(a + h, b + k) - f(a, b) - 2ah - 2bk$$

とおくと,

$$r(h, k) = (a + h)^2 + (b + k)^2 - a^2 - b^2 - 2ah - 2bk$$
$$= h^2 + k^2 + o(\sqrt{h^2 + k^2}) \qquad ((h, k) \to (0, 0))$$

---

[3] 全微分のことを単に微分と呼ぶこともあるのはこの理由による.

が得られる．したがって f は $\mathbb{R}^2$ 上の各点 (a, b) で全微分可能であり，全微分は $df(a, b) = 2a\,dx + 2b\,dy$ と表される． □

一変数関数の場合（定理 4.4）と同様に，全微分可能な関数は連続である．

定理 6.6　関数 f が $\boldsymbol{a} \in \mathbb{R}^d$ で全微分可能ならば f は $\boldsymbol{a}$ で連続である．

【証明】　f が $\boldsymbol{a} \in \mathbb{R}^d$ で全微分可能ならば，定理 6.4 より

$$|f(\boldsymbol{a} + \boldsymbol{h}) - f(\boldsymbol{a})| = |\nabla f(\boldsymbol{a}) \cdot \boldsymbol{h} + o(|\boldsymbol{h}|)| \to 0 \qquad (\boldsymbol{h} \to \boldsymbol{0})$$

が成り立つ．したがって $f(\boldsymbol{a} + \boldsymbol{h}) \to f(\boldsymbol{a})\ (\boldsymbol{h} \to \boldsymbol{0})$ をみたすから，f は $\boldsymbol{a}$ で連続である．　■

f が $\boldsymbol{a} \in \mathbb{R}^d$ ですべての変数について偏微分可能ならば，$\mathbb{R}^d$ から $\mathbb{R}$ への線形写像 $\boldsymbol{h} \mapsto \sum f_{x_i}(\boldsymbol{a}) h_i$ が定義できる．しかしながら，これが f の $\boldsymbol{a}$ における全微分になるとは限らない．

例題 6.7　$\mathbb{R}^2$ 上の関数 $f(x, y) = \sqrt[3]{xy}$ は原点で偏微分可能であるが，全微分可能でないことを示せ．

[解]　容易に示せるように，f は原点 $(0, 0)$ で連続かつ偏微分可能であり，$f(0, 0) = 0$ および $f_x(0, 0) = f_y(0, 0) = 0$ をみたす．そこで

$$r(h, k) = f(h, k) - f(0, 0) - f_x(0, 0)h - f_y(0, 0)k = \sqrt[3]{hk}$$

とおくと，特に $(h, k) = (\varepsilon, \varepsilon)$ に対して

$$\lim_{\varepsilon \to 0} \frac{r(h, k)}{\sqrt{h^2 + k^2}} = \lim_{\varepsilon \to 0} \frac{\sqrt[3]{\varepsilon^2}}{\sqrt{2\varepsilon^2}} = +\infty$$

が成り立つ．したがって f は原点において接平面では近似できず，全微分可能ではない．　□

　偏微分可能な関数が全微分可能であるためには，さらなる条件が必要となる．それについて説明するための準備として，まずは平均値の定理 4.9 を多変数関数に対して拡張しておこう．

定理 6.8　関数 f は $\mathbb{R}^d$ 内の点 $\boldsymbol{a} = (a_1, a_2, \ldots, a_d)$ の近傍で C^1 級であると仮定する．このときある $\delta > 0$ が存在し，$|\boldsymbol{b} - \boldsymbol{a}| < \delta$ をみたす任意の $\boldsymbol{b} = (b_1, b_2, \ldots, b_d)$ に対して

$$f(\boldsymbol{b}) - f(\boldsymbol{a}) = \sum_{i=1}^{d} \frac{\partial f}{\partial x_i}(\boldsymbol{\xi}^i)(b_i - a_i)$$

となる点 $\boldsymbol{\xi}^1, \boldsymbol{\xi}^2, \ldots, \boldsymbol{\xi}^d \in \mathbb{R}^d$ が存在する．

【証明】　簡単のため $a_i < b_i$ $(i = 1, 2, \ldots, d)$ と仮定して証明するが，他の場合も同様である．まず

$$f(b_1, b_2, \ldots, b_d) - f(a_1, a_2, \ldots, a_d)$$
$$= \{f(b_1, b_2, b_3, \ldots, b_d) - f(a_1, b_2, b_3, \ldots, b_d)\}$$
$$+ \{f(a_1, b_2, b_3, \ldots, b_d) - f(a_1, a_2, b_3, \ldots, b_d)\}$$
$$+ \cdots$$
$$+ \{f(a_1, a_2, \ldots, a_{d-1}, b_d) - f(a_1, a_2, \ldots, a_{d-1}, a_d)\}$$

と書き直す．ここで仮定から，関数 $\varphi(t) = f(t, b_2, \ldots, b_d)$ に平均値の定理 4.9 を適用できて，ある $\boldsymbol{\xi}^1 = (\zeta_1, b_2, b_3, \ldots, b_d)$（ただし $a_1 < \zeta_1 < b_1$）に対して

$$f(b_1, b_2, b_3, \ldots, b_d) - f(a_1, b_2, b_3, \ldots, b_d) = f_{x_1}(\boldsymbol{\xi}^1)(b_1 - a_1)$$

が成り立つ．同様に，ある $\boldsymbol{\xi}^2 = (a_1, \zeta_2, b_3, \ldots, b_d)$（ただし $a_2 < \zeta_2 < b_2$）に対して

$$f(a_1, b_2, b_3, \ldots, b_d) - f(a_1, a_2, b_3, \ldots, b_d) = f_{x_2}(\boldsymbol{\xi}^2)(b_2 - a_2)$$

が成り立つ（図 6.2）．これを繰り返すと証明が得られる．　■

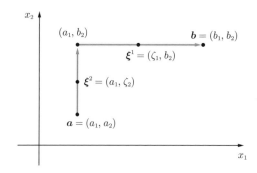

図 6.2　二変数関数に対する平均値の定理 6.8.

実は後に，i によらないある $\boldsymbol{\xi} = \boldsymbol{a} + \theta(\boldsymbol{b} - \boldsymbol{a})\ (0 < \theta < 1)$ に対して

$$f(\boldsymbol{b}) - f(\boldsymbol{a}) = \sum_{i=1}^{d} f_{x_i}(\boldsymbol{\xi})(b_i - a_i) \quad (= \nabla f(\boldsymbol{\xi}) \cdot (\boldsymbol{b} - \boldsymbol{a}))$$

が成り立つことを示す（定理 6.15 で $n = 0$ の場合）．これに比べて定理 6.8 は
やや主張が弱く，偏微分係数 f_{x_i} として i ごとに異なる点 $\boldsymbol{\xi}^i$ での値を用いてい
る．しかしながら，偏微分可能な関数が全微分可能であるための条件を求める
にはこれで十分である．

定理 6.9　関数 f が $\boldsymbol{a} \in \mathbb{R}^d$ の近傍で C^1 級ならば，f は $\boldsymbol{a}$ で全微分可能
である．

【証明】　剰余項を

$$r(\boldsymbol{h}) = f(\boldsymbol{a} + \boldsymbol{h}) - f(\boldsymbol{a}) - \sum_{i=1}^{d} f_{x_i}(\boldsymbol{a})h_i$$

とおく．定理 6.8 より，$|\boldsymbol{h}|$ が十分小さければ

$$f(\boldsymbol{a} + \boldsymbol{h}) - f(\boldsymbol{a}) = \sum_{i=1}^{d} f_{x_i}(\boldsymbol{\xi}^i(\boldsymbol{h}))h_i$$

が成り立つので，剰余項は

$$r(\boldsymbol{h}) = \sum_{i=1}^{d} \big\{ f_{x_i}(\boldsymbol{\xi}^i(\boldsymbol{h})) - f_{x_i}(\boldsymbol{a}) \big\} h_i$$

と表せる. ここで各 $i \in \{1, 2, \ldots, d\}$ について $|\boldsymbol{\xi}^i(\boldsymbol{h}) - \boldsymbol{a}| \leq |\boldsymbol{h}|$ であるから, 偏導関数の連続性より $f_{x_i}(\boldsymbol{\xi}^i(\boldsymbol{h})) - f_{x_i}(\boldsymbol{a}) \to 0 \ (\boldsymbol{h} \to \boldsymbol{0})$ を得る. したがって $r(\boldsymbol{h}) = o(|\boldsymbol{h}|) \ (\boldsymbol{h} \to \boldsymbol{0})$ をみたすので, f は $\boldsymbol{a}$ で全微分可能である. ∎

　f の $\boldsymbol{a}$ の近傍での挙動は $\boldsymbol{a}$ での偏微分係数だけからは完全にはわからないが, 定理 6.9 は, 偏導関数が連続ならば, 近傍内の様子を知ることができることを表している. なお f が $\boldsymbol{a}$ で全微分可能であるからといって, 連続な偏導関数が存在するとは限らないことに注意しよう.

例題 6.10　関数

$$f(x, y) = \begin{cases} \dfrac{xy}{\sqrt{x^2 + y^2}} & ((x, y) \neq (0, 0)) \\[2mm] 0 & ((x, y) = (0, 0)) \end{cases}$$

に対し, 可能なすべての点で f の全微分を求めよ.

[解]　$(x, y) \neq (0, 0)$ のときは, 直接的な計算によって

$$f_x(x, y) = \frac{y^3}{(x^2 + y^2)^{3/2}}, \qquad f_y(x, y) = \frac{x^3}{(x^2 + y^2)^{3/2}}$$

が得られる. これらは連続であるから, 定理 6.9 より f は $(x, y) \neq (0, 0)$ で全微分可能であり, f の全微分は

$$df(x, y) = \frac{y^3}{(x^2 + y^2)^{3/2}} dx + \frac{x^3}{(x^2 + y^2)^{3/2}} dy$$

と表される.

　一方, $(0, 0)$ における偏微分係数を定義に戻って計算すると, $f_x(0, 0) = f_y(0, 0) = 0$ が得られる. しかしながら

$$r(h,k) = f(h,k) - f(0,0) - f_x(0,0)h - f_y(0,0)k = \frac{hk}{\sqrt{h^2+k^2}}$$

であり，特に $(h,k) = (\varepsilon, \varepsilon)$ に対して $\displaystyle\lim_{\varepsilon \to 0} \frac{r(h,k)}{\sqrt{h^2+k^2}} = \frac{1}{2} \neq 0$ となるから，f は $(0,0)$ で全微分可能ではない．　　　　　　□

■6.1.2 — 連 鎖 律

　一変数関数の合成関数に対する連鎖律（定理 4.5）を多変数関数へと一般化しよう．

定理 6.11（連鎖律）　関数 $\boldsymbol{g} = (g_1(\boldsymbol{x}), g_2(\boldsymbol{x}), \ldots, g_k(\boldsymbol{x})) : \mathbb{R}^d \to \mathbb{R}^k$ の各成分は $\boldsymbol{a} \in \mathbb{R}^d$ で全微分可能，関数 $f : \mathbb{R}^k \to \mathbb{R}$ は $\boldsymbol{g}(\boldsymbol{a}) \in \mathbb{R}^k$ で全微分可能であると仮定する．このとき合成関数 $f \circ \boldsymbol{g}$ は $\boldsymbol{a}$ で全微分可能で

$$\frac{\partial(f \circ \boldsymbol{g})}{\partial x_i}(\boldsymbol{a}) = \sum_{j=1}^{k} \frac{\partial f}{\partial y_j}(\boldsymbol{g}(\boldsymbol{a}))\frac{\partial g_j}{\partial x_i}(\boldsymbol{a}) \qquad (i = 1, 2, \ldots, d)$$

をみたす．

【証明】　$\boldsymbol{t} = \boldsymbol{g}(\boldsymbol{a}+\boldsymbol{h}) - \boldsymbol{g}(\boldsymbol{a})$ とおくと，$\boldsymbol{g}$ の各成分は $\boldsymbol{a} \in \mathbb{R}^d$ で全微分可能であることから $|\boldsymbol{t}| = O(|\boldsymbol{h}|)$ $(\boldsymbol{h} \to \boldsymbol{0})$ である．また $\boldsymbol{b} = \boldsymbol{g}(\boldsymbol{a})$ とおくと，f は $\boldsymbol{b}$ で全微分可能であることから

$$f(\boldsymbol{b}+\boldsymbol{t}) - f(\boldsymbol{b}) = \nabla f(\boldsymbol{b}) \cdot \boldsymbol{t} + o(|\boldsymbol{t}|) \qquad (\boldsymbol{t} \to \boldsymbol{0})$$

である．これに $\boldsymbol{b}+\boldsymbol{t} = \boldsymbol{g}(\boldsymbol{a}+\boldsymbol{h}), \boldsymbol{t} = \boldsymbol{g}(\boldsymbol{a}+\boldsymbol{h}) - \boldsymbol{g}(\boldsymbol{a})$ を代入すると

$$f(\boldsymbol{g}(\boldsymbol{a}+\boldsymbol{h})) - f(\boldsymbol{g}(\boldsymbol{a})) = \nabla f(\boldsymbol{b}) \cdot \{\boldsymbol{g}(\boldsymbol{a}+\boldsymbol{h}) - \boldsymbol{g}(\boldsymbol{a})\} + o(|\boldsymbol{t}|)$$

$$= \sum_{j=1}^{k} \frac{\partial f}{\partial y_j}(\boldsymbol{g}(\boldsymbol{a}))\{g_j(\boldsymbol{a}+\boldsymbol{h}) - g_j(\boldsymbol{a})\} + o(|\boldsymbol{h}|) \qquad (\boldsymbol{h} \to \boldsymbol{0})$$

が得られる．ここで $\boldsymbol{g}$ の各成分が $\boldsymbol{a}$ で全微分可能であることから

$$g_j(\boldsymbol{a} + \boldsymbol{h}) - g_j(\boldsymbol{a}) = \nabla g_j(\boldsymbol{a}) \cdot \boldsymbol{h} + o(|\boldsymbol{h}|)$$

$$= \sum_{i=1}^{d} \frac{\partial g_j}{\partial x_i}(\boldsymbol{a}) h_i + o(|\boldsymbol{h}|) \qquad (\boldsymbol{h} \to \boldsymbol{0})$$

と表せる．以上のことを組み合わせると

$$f \circ \boldsymbol{g}(\boldsymbol{a} + \boldsymbol{h}) - f \circ \boldsymbol{g}(\boldsymbol{a}) = f(\boldsymbol{g}(\boldsymbol{a} + \boldsymbol{h})) - f(\boldsymbol{g}(\boldsymbol{a}))$$

$$= \sum_{j=1}^{k} \frac{\partial f}{\partial y_j}(\boldsymbol{g}(\boldsymbol{a})) \left\{ \sum_{i=1}^{d} \frac{\partial g_j}{\partial x_i}(\boldsymbol{a}) h_i + o(|\boldsymbol{h}|) \right\} + o(|\boldsymbol{h}|)$$

$$= \sum_{i=1}^{d} \left\{ \sum_{j=1}^{k} \frac{\partial f}{\partial y_j}(\boldsymbol{g}(\boldsymbol{a})) \frac{\partial g_j}{\partial x_i}(\boldsymbol{a}) \right\} h_i + o(|\boldsymbol{h}|) \qquad (\boldsymbol{h} \to \boldsymbol{0})$$

となる．よって $f \circ \boldsymbol{g}$ は $\boldsymbol{a}$ で全微分可能であり，これと

$$f \circ \boldsymbol{g}(\boldsymbol{a} + \boldsymbol{h}) - f \circ \boldsymbol{g}(\boldsymbol{a}) = \sum_{i=1}^{d} \frac{\partial (f \circ \boldsymbol{g})}{\partial x_i}(\boldsymbol{a}) h_i + o(|\boldsymbol{h}|) \qquad (\boldsymbol{h} \to \boldsymbol{0})$$

と比較すると

$$\frac{\partial (f \circ \boldsymbol{g})}{\partial x_i}(\boldsymbol{a}) = \sum_{j=1}^{k} \frac{\partial f}{\partial y_j}(\boldsymbol{g}(\boldsymbol{a})) \frac{\partial g_j}{\partial x_i}(\boldsymbol{a}) \qquad (i = 1, 2, \ldots, d)$$

が得られる． ∎

例題 6.12 $f(x, y)$ を C^1 級の関数とし，$x = r\cos\theta,\ y = r\sin\theta$ とおく．このとき関数 $g(r, \theta) = f(r\cos\theta, r\sin\theta)$ は

$$(g_r)^2 + \frac{1}{r^2}(g_\theta)^2 = (f_x)^2 + (f_y)^2$$

をみたすことを示せ．

[**解**] 連鎖律を用いると

$$g_r(r, \theta) = \frac{\partial}{\partial r} f(r\cos\theta, r\sin\theta) = f_x(x, y) x_r + f_y(x, y) y_r$$

$$= f_x(x, y)\cos\theta + f_y(x, y)\sin\theta$$

および

$$g_\theta(r,\theta) = \frac{\partial}{\partial \theta} f(r\cos\theta, r\sin\theta) = f_x(x,y)x_\theta + f_y(x,y)y_\theta$$

$$= -f_x(x,y)r\sin\theta + f_y(x,y)r\cos\theta$$

が得られる．したがって

$$(g_r)^2 + \frac{1}{r^2}(g_\theta)^2 = (f_x)^2\cos^2\theta + 2f_xf_y\cos\theta\sin\theta + (f_y)^2\sin^2\theta$$

$$+ (f_x)^2\sin^2\theta - 2f_xf_y\sin\theta\cos\theta + (f_y)^2\cos^2\theta$$

$$= (f_x)^2 + (f_y)^2$$

が成り立つ．　　　　　　　　　　　　　　　　　　　　　　　　　□

■ 6.1.3 ── 関　数　族

多変数関数 f に対し，変数の一つをパラメータとみなして $f(\boldsymbol{x}, t)$ と表そう．I を区間とし，各 $t \in I$ に対して $\boldsymbol{x}$ の関数 f が定まると考えたとき，$\{f(\boldsymbol{x}, t)\}$ を t をパラメータとする**関数族**という．$t \to a$ のときの f の極限を考えると，関数列の収束と同様に各点収束と一様収束が定義できる．すなわち f が D で g に**各点収束**するとは

$$\forall \boldsymbol{x} \in D,\ \forall \varepsilon > 0,\ \exists \delta > 0\ (|t - a| < \delta \implies |f(\boldsymbol{x}, t) - g(\boldsymbol{x})| < \varepsilon)$$

が成り立つことである．一方，f が D で g に**一様収束**するとは

$$\forall \varepsilon > 0,\ \exists \delta > 0\ (|t - a| < \delta \implies \sup_{\boldsymbol{x} \in D} |f(\boldsymbol{x}, t) - g(\boldsymbol{x})| < \varepsilon)$$

が成り立つことである．

$\boldsymbol{x}$ を固定すれば f を t の関数とみなせるので，各点収束については第3章の結果がそのまま適用できる．一様収束については，定理 3.8 と同様にして，次の二つが同値であることが示される．

(i) $t \to a$ のとき $f(\boldsymbol{x}, t)$ が D で $g(\boldsymbol{x})$ に一様収束する.

(ii) $t_n \to a\ (n \to \infty)$ をみたす任意の数列 $\{t_n\}$ に対し, 関数列 $\{f(\boldsymbol{x}, t_n)\}$ が D で $g(\boldsymbol{x})$ に一様収束する.

これより, 関数族の一様収束に関する性質はすべて関数列に対する議論によって導けることになる. 例えば定理 5.5 より, 次の性質が示される.

定理 6.13　$\{f(\boldsymbol{x}, t)\}$ を連続関数の族とする. もし $\{f(\boldsymbol{x}, t)\}$ が $t \to a$ で $g(\boldsymbol{x})$ に一様収束すれば, $g(\boldsymbol{x})$ は $\boldsymbol{x}$ について連続である.

この節の最後に, 関数族に対するパラメータ微分と積分の順序交換について述べる.

定理 6.14　関数 $f(x, t)$ は $[a, b] \times [c, d]$ で連続であり, また t について偏微分可能で偏導関数 $f_t(x, t)$ は連続であると仮定する. このとき

$$\frac{d}{dt}\int_a^b f(x, t)dx = \int_a^b f_t(x, t)dx$$

が成り立つ [4].

【証明】　各 $t \in [c, d]$ に対して $F(t) = \displaystyle\int_a^b f(x, t)dx$ とおき, $t + h \in [c, d]$ をみたすように h をとる. すると平均値の定理より

$$\begin{aligned}
F(t + h) &= \int_a^b f(x, t + h)dx \\
&= \int_a^b \{f(x, t) + h f_t(x, t + \theta h)\}dx \qquad (0 < \theta < 1) \\
&= F(t) + h \int_a^b f_t(x, t + \theta h)dx
\end{aligned}$$

が得られる. ここで $f_t(x, t)$ の一様連続性より, 任意の $\varepsilon > 0$ に対してある $\delta > 0$ が存在し

---

[4] 多変数関数の族 $\{f(\boldsymbol{x}, t)\}$ へと拡張できる.

$$|h| < \delta \implies \sup_{x \in [a,b]} |f_t(x, t+h) - f_t(x,t)| < \varepsilon$$

がすべての $t \in [c,d]$ に対して成り立つ. したがって

$$\left| \int_a^b f_t(x, t+\theta h) dx - \int_a^b f_t(x,t) dx \right|$$

$$\leq \int_a^b |f_t(x, t+\theta h) - f_t(x,t)| dx < (b-a)\varepsilon$$

であるから

$$\int_a^b f_t(x, t+\theta h) dx \to \int_a^b f_t(x,t) dx \qquad (h \to 0)$$

が成り立つ. よって

$$F(t+h) = F(t) + h \int_a^b f_t(x,t) dx + o(h)$$

と表せるので $F'(t) = \int_a^b f_t(x,t) dx$ である. ■

演習問題 6.1

1. 次の関数の全微分を求めよ.

(1) $f(x,y) = \cos(x^2 + y^2)$　　　　(2) $f(x,y) = \log|x+y|$

(3) $f(x,y) = \sqrt{|xy|}$　　　　　　(4) $f(x,y) = |xy|$

2. 関数

$$f(x,y) = \begin{cases} (x^2+y^2)\sin\left(\dfrac{1}{\sqrt{x^2+y^2}}\right) & (x,y) \neq (0,0) \\ 0 & (x,y) = (0,0) \end{cases}$$

は原点 $(0,0)$ で全微分可能であるが, 偏導関数は原点で不連続であることを示せ.

3. $f(x,y,z) = xyz$, $x = t^2 + 1$, $y = \log t$, $z = \tan t$ のとき $\dfrac{df}{dt}$ を求めよ.

4. $z = f(u, v)$, $u = x^2 - y^2$, $v = xy$ のとき $\dfrac{\partial z}{\partial x}$ と $\dfrac{\partial z}{\partial y}$ を求めよ.

5. $z = z(x, y)$, $x = r\cos\theta$, $y = r\sin\theta$ は

$$z_{xx} + z_{yy} = z_{rr} + \frac{1}{r}z_r + \frac{1}{r^2}z_{\theta\theta}$$

をみたす [5] ことを示せ.

6. f と g を C^2 級の関数, $c \in \mathbb{R}$ を定数とする. このとき $z = f(x - ct) + g(x + ct)$ は

$$\frac{\partial^2 z}{\partial t^2} = c^2 \frac{\partial^2 z}{\partial x^2}$$

をみたす [6] ことを示せ.

7. 関数族 $\{f(\boldsymbol{x}, t)\}$ が $t \to a$ のとき D で一様収束するためのコーシー条件を定式化せよ.

6.2 多変数関数の微分の応用

6.2.1 — 多変数のテイラーの定理

　ここでは, テイラーの定理を多変数関数へと拡張する. 一変数関数の場合と同じく, 多変数のテイラーの定理は多変数関数を多変数の多項式で近似するところから始まるが, 式が煩雑にならないように次のような記法を導入する. まず $\boldsymbol{h} = (h_1, h_2, \ldots, h_d) \in \mathbb{R}^d$ に対して

$$D_{\boldsymbol{h}} = \sum_{i=1}^{d} h_i \frac{\partial}{\partial x_i} = h_1 \frac{\partial}{\partial x_1} + h_2 \frac{\partial}{\partial x_2} + \cdots + h_d \frac{\partial}{\partial x_d}$$

と形式的に表し [7], $D_{\boldsymbol{h}}^k$ を

---

[5] ラプラス作用素の極座標への変換公式である.

[6] これは波動方程式と呼ばれる偏微分方程式である.

[7] $D_{\boldsymbol{h}}$ は偏微分作用素と呼ばれるものの一つである.

$$D_{\boldsymbol{h}}^1 f = D_{\boldsymbol{h}} f = \sum_{i=1}^d h_i \frac{\partial f}{\partial x_i}, \qquad D_{\boldsymbol{h}}^k f = D_{\boldsymbol{h}}(D_{\boldsymbol{h}}^{k-1} f) \quad (k = 2, 3, 4, \dots)$$

で定義する．例えば二変数関数に対し，偏微分の順序交換を用いながら具体的に計算すると

$$D_{\boldsymbol{h}}^1 f = D_{\boldsymbol{h}} f = h_1 f_{x_1} + h_2 f_{x_2},$$

$$D_{\boldsymbol{h}}^2 f = D_{\boldsymbol{h}}(D_{\boldsymbol{h}}^1 f) = D_{\boldsymbol{h}}(h_1 f_{x_1} + h_2 f_{x_2})$$

$$= h_1(h_1 f_{x_1} + h_2 f_{x_2})_{x_1} + h_2(h_1 f_{x_1} + h_2 f_{x_2})_{x_2}$$

$$= h_1^2 f_{x_1 x_1} + 2 h_1 h_2 f_{x_1 x_2} + h_2^2 f_{x_2 x_2},$$

$$D_{\boldsymbol{h}}^3 f = D_{\boldsymbol{h}}(D_{\boldsymbol{h}}^2 f) = D_{\boldsymbol{h}}(h_1^2 f_{x_1 x_1} + 2 h_1 h_2 f_{x_1 x_2} + h_2^2 f_{x_2 x_2})$$

$$= h_1^3 f_{x_1 x_1 x_1} + 3 h_1^2 h_2 f_{x_1 x_1 x_2} + 3 h_1 h_2^2 f_{x_1 x_2 x_2} + h_2^3 f_{x_2 x_2 x_2}$$

$$\vdots$$

のように二項係数を用いて表せる．より一般に，d 変数関数に対しても多項定理と同様の形式的な展開によって，$D_{\boldsymbol{h}}^k$ についての正しい計算結果が得られる．

次の定理は一変数関数についてのテイラーの定理 4.18 を多変数関数へと拡張したものである．

定理 6.15（テイラーの定理）　関数 f は $\boldsymbol{a} \in \mathbb{R}^d$ の δ 近傍 $U^\delta(\boldsymbol{a})$ で C^{n+1} 級であると仮定する．このとき各 $\boldsymbol{x} \in U^\delta(\boldsymbol{a})$ に対して

$$f(\boldsymbol{x}) = \sum_{k=0}^n \frac{1}{k!} D_{\boldsymbol{x}-\boldsymbol{a}}^k f(\boldsymbol{a}) + \frac{1}{(n+1)!} D_{\boldsymbol{x}-\boldsymbol{a}}^{n+1} f(\boldsymbol{a} + \theta(\boldsymbol{x} - \boldsymbol{a}))$$

をみたす $\theta \in (0, 1)$ が存在する．

【証明】　$d = 2$ の場合のみ証明するが，一般の $d \in \mathbb{N}$ についても同様である．

$|\boldsymbol{h}| < \delta$ として $g(t) = f(\boldsymbol{a} + t\boldsymbol{h})$ とおくと，$t \in [0, 1]$ に対して $\boldsymbol{a} + t\boldsymbol{h} \in U^\delta(\boldsymbol{a})$ であり，また連鎖律（定理 6.11）より f が C^{n+1} 級ならば g は t について C^{n+1}

級である. そこでテイラーの定理 4.18 を g に適用すると

$$g(1) = \sum_{k=0}^{n} \frac{1}{k!} g^{(k)}(0) + \frac{1}{(k+1)!} g^{(n+1)}(\theta) \qquad (\theta \in (0,1))$$

が得られる. ここで

$$g(0) = f(\boldsymbol{a}), \qquad g(1) = f(\boldsymbol{a} + \boldsymbol{h}),$$

$$g'(0) = h_1 f_{x_1}(\boldsymbol{a}) + h_2 f_{x_2}(\boldsymbol{a}) = D_{\boldsymbol{h}} f(\boldsymbol{a}),$$

$$g''(0) = h_1^2 f_{x_1 x_1}(\boldsymbol{a}) + 2 h_1 h_2 f_{x_1 x_2}(\boldsymbol{a}) + h_2^2 f_{x_2 x_2}(\boldsymbol{a}) = D_{\boldsymbol{h}}^2 f(\boldsymbol{a})$$

$$\vdots$$

$$g^{(n)}(0) = \cdots = D_{\boldsymbol{h}}^n f(\boldsymbol{a}), \qquad g^{(n+1)}(\theta) = \cdots = D_{\boldsymbol{h}}^{n+1} f(\boldsymbol{a} + \theta \boldsymbol{h})$$

と順に計算すると証明が得られる. ∎

多変数のテイラーの定理は, 各 $\boldsymbol{a} + \boldsymbol{h} \in U^{\delta}(\boldsymbol{a})$ に対して

$$f(\boldsymbol{a} + \boldsymbol{h}) = \sum_{k=0}^{n} \frac{1}{k!} D_{\boldsymbol{h}}^k f(\boldsymbol{a}) + \frac{1}{(n+1)!} D_{\boldsymbol{h}}^{n+1} f(\boldsymbol{a} + \theta \boldsymbol{h})$$

をみたす $\theta \in (0,1)$ が存在することを示している. 特に $n = 0$ のときは

$$f(\boldsymbol{a} + \boldsymbol{h}) = f(\boldsymbol{a}) + D_{\boldsymbol{h}} f(\boldsymbol{a} + \theta \boldsymbol{h})$$

と表せるが, ここで $\boldsymbol{b} = \boldsymbol{a} + \boldsymbol{h}$, $\boldsymbol{\xi} = \boldsymbol{a} + \theta \boldsymbol{h}$ とおくと

$$f(\boldsymbol{b}) - f(\boldsymbol{a}) = \sum_{i=1}^{d} f_{x_i}(\boldsymbol{\xi})(b_i - a_i)$$

となる. これは, 定理 6.8 において, すべての i に対して $\boldsymbol{\xi}^i$ を同じにとれることを示している.

一変数関数の場合と同様に, C^{∞} 級の関数に対して

$$\sum_{n=0}^{\infty} \frac{1}{n!} D_{\boldsymbol{x} - \boldsymbol{a}}^n f(\boldsymbol{a})$$

で定義される級数を，f によって生成された a を中心とする**テイラー級数**といい，関数をテイラー級数で表すことを**テイラー展開**という．また，特に $a = 0$ のときは**マクローリン級数**および**マクローリン展開**ともいう．

> **例題 6.16** 関数 $f(x, y) = e^x \log y$ の $(0, 1)$ を中心とするテイラー級数を求めよ．

［**解**］ $(x, y) = (0, 1)$ で

$$f = 0, \qquad f_x = 0, \qquad f_y = 1,$$
$$f_{xx} = 0, \qquad f_{xy} = 1, \qquad f_{yy} = -1,$$
$$f_{xxx} = 0, \qquad f_{xxy} = 1, \qquad f_{xyy} = -1, \qquad f_{yyy} = 2, \qquad \cdots$$

と計算できる．したがってテイラー級数は $\boldsymbol{h} = (x, y - 1)$ として

$$f(x, y) = f(0, 1) + D_{\boldsymbol{h}} f(0, 1) + \frac{1}{2} D_{\boldsymbol{h}}^2 f(0, 1) + \frac{1}{6} D_{\boldsymbol{h}}^3 f(0, 1) + \cdots$$
$$= (y - 1) + \frac{1}{2!}\{2x(y - 1) - (y - 1)^2\}$$
$$+ \frac{1}{3!}\{3x^2(y - 1) - 3x(y - 1)^2 + 2(y - 1)^3\} + \cdots$$

となる．なおこの級数は

$$e^x = 1 + x + \frac{1}{2!}x^2 + \frac{1}{3!}x^3 + \cdots$$
$$\log y = (y - 1) - \frac{1}{2}(y - 1)^2 + \frac{1}{3}(y - 1)^3 - \frac{1}{4}(y - 1)^4 + \cdots$$

とテイラー展開した式を形式的に掛け合わせた結果と一致する．　　　□

■6.2.2 — 多変数関数の極値

微分の重要な応用の一つは極値問題の解法である．ここでは一変数関数の極値に関する 4.2.2 項の議論を多変数関数に対して拡張する．

最初にいくつかの基本的な定義を与える．関数 $f : \mathbb{R}^d \to \mathbb{R}$ が $\boldsymbol{a} \in \mathbb{R}^d$ のある近傍 $U(\boldsymbol{a})$ で

$$x \in U(\boldsymbol{a}) \setminus \{\boldsymbol{a}\} \implies f(\boldsymbol{a}) > f(\boldsymbol{x})$$

をみたすとき，f は $\boldsymbol{a} \in \mathbb{R}^d$ で**極大**であるといい，$f(\boldsymbol{a})$ を**極大値**，$\boldsymbol{a}$ を f の**極大点**という．同様に，$\boldsymbol{x} \in U(\boldsymbol{a})$ に対して

$$x \in U(\boldsymbol{a}) \setminus \{\boldsymbol{a}\} \implies f(\boldsymbol{a}) < f(\boldsymbol{x})$$

が成り立つとき f は**極小**であるといい，$f(\boldsymbol{a})$ を**極小値**，$\boldsymbol{a}$ を**極小点**という．極大値と極小値を合わせて**極値**という．

一変数の場合（定理 4.7）と同様に，偏微分可能な関数が極値をとる点は次のように特徴づけることができる．

定理 6.17　関数 f は $\boldsymbol{a} \in \mathbb{R}^d$ で極値をとると仮定する．もし f が $\boldsymbol{a}$ で x_i について偏微分可能ならば $\dfrac{\partial f}{\partial x_i}(\boldsymbol{a}) = 0$ が成り立つ．

【証明】　f は $\boldsymbol{a} = (a_1, a_2, \ldots, a_d) \in \mathbb{R}^d$ で極値をとることから，t の関数

$$g(t) = f(a_1, \ldots, a_{i-1}, a_i + t, a_{i+1}, \ldots, a_d)$$

は $t = 0$ で極値をとる．また f が $\boldsymbol{a}$ で x_i について偏微分可能であることから，$g(t)$ は $t = 0$ で微分可能であり，したがって一変数関数の極値に関する定理 4.7 から $g'(0) = 0$ をみたす．よって連鎖律より $f_{x_i}(\boldsymbol{a}) = g'(0) = 0$ を得る．　∎

偏微分可能な関数 f に対し，条件 $\nabla f(\boldsymbol{a}) = \boldsymbol{0}$（すなわち $f_{x_1}(\boldsymbol{a}) = \cdots = f_{x_d}(\boldsymbol{a}) = 0$）をみたす点 $\boldsymbol{a}$ を f の**臨界点**という．f は臨界点で極値をとるとは限らない．実際，f がある方向には極大，別の方向には極小になっているような点 $\boldsymbol{a}$ を**鞍点**といい，鞍点で極値をとらないことは明らかである（図 6.3）．

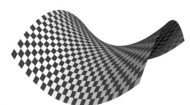

図 6.3　鞍点のグラフ．

例題 6.18   定数 a, b, c は $b^2 - 4ac \neq 0$ をみたすと仮定する．関数 $f(x, y) = ax^2 + bxy + cy^2$ に対し，原点で極値をとるかどうか調べよ．

[**解**]   まず簡単に $f_x(0, 0) = f_y(0, 0) = 0$ と計算できるので，原点は臨界点である．$b^2 - 4ac < 0$ のとき，$a > 0$ ならば $(x, y) \neq (0, 0)$ に対して $f(x, y) > 0$ であり，したがって原点で極小である．同様に，$a < 0$ ならば原点で極大である．$b^2 - 4ac > 0$ ならば，$a\alpha^2 + b\alpha + c > 0,\ a\beta^2 + b\beta + c < 0$ をみたす実数 $\alpha,\ \beta$ が存在する．このとき $f(\alpha t, t) = (a\alpha^2 + b\alpha + c)t^2$ より，$(\alpha, 1)$ 方向では $t = 0$ で極小であり，一方，$f(\beta t, t) = (a\beta^2 + b\beta + c)t^2$ より，$(\beta, 1)$ 方向では $t = 0$ で極大である．したがって原点は鞍点である．   □

臨界点は計算によって簡単に求められるが，そこで極値をとるかどうかの判定はそれに比べて難しい．以下では一変数関数が極値をとるための判定条件（定理 4.21）を多変数に拡張するが，そのためには線形代数の知識を必要とする．

d 変数の関数 f が臨界点 $\boldsymbol{a} \in \mathbb{R}^d$ の近傍で C^2 級のとき，

$$H = \begin{bmatrix} f_{x_1 x_1}(\boldsymbol{a}) & \cdots & f_{x_1 x_d}(\boldsymbol{a}) \\ \vdots & \ddots & \vdots \\ f_{x_d x_1}(\boldsymbol{a}) & \cdots & f_{x_d x_d}(\boldsymbol{a}) \end{bmatrix}$$

を**ヘッセ行列**といい，これに対応する行列式 $\det H$ を**ヘッシアン**という．このときテイラーの定理 6.15 より

$$f(\boldsymbol{a} + \boldsymbol{h}) = f(\boldsymbol{a}) + \nabla f(\boldsymbol{a}) \cdot \boldsymbol{h} + \frac{1}{2} \boldsymbol{h} \cdot H\boldsymbol{h} + o(|\boldsymbol{h}|^2) \qquad (\boldsymbol{h} \to \boldsymbol{0})$$

が成り立つ[8]．臨界点では $\nabla f(\boldsymbol{a}) \cdot \boldsymbol{h} = 0$ であるから，多変数関数の臨界点の性質にヘッセ行列が主要な役割を果たすことは明らかであろう．$f_{x_i x_j} = f_{x_j x_i}$ をみたすことからヘッセ行列は実対称となるので，以下に実対称行列の固有値[9]に関してよく知られた性質を挙げておく．

---

[8] $\boldsymbol{h} \cdot H\boldsymbol{h}$ を，H を係数行列とする $\boldsymbol{h}$ の二次形式という．

[9] 行列 H に対し，$H\boldsymbol{e} = \lambda\boldsymbol{e}$ をみたすベクトル $\boldsymbol{e} \neq \boldsymbol{0}$ を固有ベクトル，λ を固有値という．

- 固有値は（重複を許して）d 個あり，すべて実数である．
- 最小の固有値を λ_m，最大の固有値を λ_M とすると，任意のベクトル h に対して

$$\lambda_m |h|^2 \le h \cdot Hh = \sum_{i,\, j=1}^{d} f_{x_i x_j} h_i h_j \le \lambda_M |h|^2$$

が成り立つ．

$\lambda_m > 0$ のとき H を**正定値行列**，$\lambda_M < 0$ のとき H を**負定値行列**という．

次の定理により，ヘッセ行列を用いて極値かどうかが判定できる．

定理 6.19　関数 f は臨界点 $a \in \mathbb{R}^d$ の近傍で C^2 級であると仮定し，H を f の a におけるヘッセ行列とする．このとき以下が成り立つ．

(i) H が正定値行列ならば a は f の極小点である．

(ii) H が負定値行列ならば a は f の極大点である．

(iii) H が正の固有値と負の固有値の両方をもてば a は f の鞍点である．

【証明】　多変数のテイラーの定理 6.15 と $\nabla f(a) \cdot h = 0$ より，f は

$$f(a+h) - f(a) = \frac{1}{2} h \cdot Hh + o(|h|^2) \qquad (|h| \to 0)$$

をみたす．これより，もし H が正定値ならば，$|h| > 0$ が十分小さいとき

$$f(a+h) - f(a) \ge \frac{\lambda_m}{2} |h|^2 + o(|h|^2) > 0$$

が成り立つ．したがって a は f の極小点である．同様に，もし H が負定値ならば，$|h| > 0$ が十分小さいとき

$$f(a+h) - f(a) \le \frac{\lambda_M}{2} |h|^2 + o(|h|^2) < 0$$

が成り立つので，a は f の極大点である．

最後に H が正と負の固有値をもつ場合を考える．ベクトル $e \ne \mathbf{0}$ を固定

して $g(t) = f(\boldsymbol{a} + t\boldsymbol{e})$ とおくと，f に対する仮定から g は C^2 級で $g'(0) = \nabla f(\boldsymbol{a}) \cdot \boldsymbol{e} = 0$ をみたす．またここで $\boldsymbol{e}$ が固有値 $\lambda > 0$ に対応する固有ベクトルならば $g''(0) = \boldsymbol{e} \cdot H\boldsymbol{e} = \lambda |\boldsymbol{e}|^2 > 0$ が成り立ち，したがって $g(t)$ は $t = 0$ で極小である．同様に，$\boldsymbol{e}$ が固有値 $\lambda < 0$ に対応する固有ベクトルならば $g''(0) = \lambda |\boldsymbol{e}|^2 < 0$ が成り立ち，この場合は $g(t)$ は $t = 0$ で極大である．よって $\boldsymbol{a}$ は f の鞍点である． ∎

特に，C^2 級の二変数関数 $f(x, y)$ に対してヘッセ行列は

$$H = \begin{bmatrix} f_{xx} & f_{xy} \\ f_{yx} & f_{yy} \end{bmatrix}$$

と表せるので，H の固有値 λ は固有方程式

$$\lambda^2 - (f_{xx} + f_{yy})\lambda + \det H = 0$$

をみたす．$\det H = f_{xx}f_{yy} - (f_{xy})^2 > 0$ ならば f_{xx} と f_{yy} は同符号であることに注意し，定理 6.19 を用いると f の臨界点で以下が成り立つ．

(i) $\det H > 0$, $f_{xx} < 0$ ならば H は正定値であり，したがって極小点である．

(ii) $\det H > 0$, $f_{xx} > 0$ ならば H は負定値であり，したがって極大点である．

(iii) $\det H < 0$ ならば H は正と負の固有値をもち，したがって鞍点である．

例題 6.20 関数 $f(x, y) = x^3 - 3xy + y^3$ の極値を求めよ．

[解] $f(x, y) = x^3 - 3xy + y^3$ は $\mathbb{R}^2$ 上のすべての点で偏微分可能で，偏導関数は

$$f_x(x, y) = 3x^2 - 3y \qquad f_y(x, y) = -3x + 3y^2$$

と計算できる．$f_x(x, y) = f_y(x, y) = 0$ を解くと，臨界点として $(0, 0)$ と $(1, 1)$

が見つかる. またヘッセ行列は

$$H = \begin{bmatrix} f_{xx} & f_{xy} \\ f_{yx} & f_{yy} \end{bmatrix} = \begin{bmatrix} 6x & -3 \\ -3 & 6y \end{bmatrix}$$

と計算でき, $(0,0)$ で $\det H = -9 < 0$ であるから $(0,0)$ は鞍点である. 一方, $(1,1)$ で $\det H = 27 > 0$ および $f_{xx} = 6 > 0$ であるから, f は極小値 $f(1,1) = -1$ をとる. $\qquad\square$

演習問題 6.2

1. 次の関数のマクローリン展開を 3 次の項まで求めよ.

    (1) $\sin(x+y)\cos(x-y)$ (2) $e^{\sin(x+y)}$ (3) $\dfrac{xy}{1-x^2-y^2}$

2. 次の関数の $(1,1)$ を中心とするテイラー展開を 3 次の項まで求めよ.

    (1) $\log x \log y$ (2) $\sin(x+y)\pi$ (3) $\sinh(x-y)$

3. 次の関数の臨界点を求め, そこで極値をとるかどうかを判定せよ.

    (1) $f(x,y) = x^4 - 4xy + y^4$ (2) $f(x,y) = (x+y)^2 - x^4 - y^4$

    (3) $f(x,y) = (ax^2 + by^2)e^{-x^2-y^2}$ ($a > b > 0$)

4. 関数 $f(x,y) = \sin x + \cos y + \cos(x-y)$ の極値について $(0,\pi/2) \times (0,\pi/2)$ の範囲内で調べよ.

6.3 陰関数定理とその応用

■6.3.1 — 陰 関 数

関数を定義するときには, 既知の関数に対して加減乗除や合成, 逆を組み合わせたり, パラメータ表示による関係式を用いたりすることが多い. このような形ではなく, 二変数関数 $g(x,y)$ を用いて $g(x,y) = 0$ によって x と y の関係を記述する方法もある. ここでは, 関係式 $g(x,y) = 0$ に対し, これをみたす $\mathbb{R}^2$ 内の点の集合をグラフとしてもつような関数 $y = \varphi(x)$ が存在するための条件

について考察する．またこれを一般化し，$d+1$ 変数関数 $g : \mathbb{R}^d \times \mathbb{R} \to \mathbb{R}$ に対して $g(\boldsymbol{x}, y) = 0$ をみたす d 次元（超）曲面を定義し，これをグラフとするような d 変数関数 $y = \varphi(\boldsymbol{x})$ が存在するための条件について調べる．

まず簡単な例から始めよう．$g(x, y) = \varphi(x) - y$ とすると，すぐにわかるように，関係式 $g(x, y) = 0$ によって各 $x \in \mathbb{R}$ に対してただ一つの $y \in \mathbb{R}$ が定まる．すなわち $g(x, \varphi(x)) = 0$ をみたす関数として φ が定義される．g がこのような形でない場合，状況は単純ではなくなる．例えば $g(x, y) = x^2 + y^2$ とすると，関係式 $g(x, y) = 0$ をみたす $(x, y) \in \mathbb{R}^2$ の集合として，原点を中心とする単位円

$$G = \{(x, y) \mid x^2 + y^2 - 1 = 0\}$$

が得られるが，これはどんな関数 [10] のグラフでもない．しかしながら，$y > 0$ あるいは $y < 0$ に制限すると，この関係式から一つの関数が定義される．実際，任意の $(a, b) \in G,\ a \neq \pm 1$ に対し，十分小さな (a, b) の近傍 $U(a, b)$ をとれば，$G \cap U(a, b)$ をグラフとする関数 $\varphi(x) = \sqrt{1 - x^2}$ あるいは $\varphi(x) = -\sqrt{1 - x^2}$ が定まる．

上のことを踏まえて，より一般的に問題を次のように定式化しよう．関数 $g : \mathbb{R}^{d+1} \to \mathbb{R}$ に対して

$$G = \{(\boldsymbol{x}, y) \in \mathbb{R}^d \times \mathbb{R} \mid g(\boldsymbol{x}, y) = 0\}$$

とおき，点 $(\boldsymbol{a}, b)$ を G 上の点とする．方程式 $g(\boldsymbol{a}, y) = 0$ が $y = b$ 以外の解をもつ場合には，関係式からだけでは関数を一つに決めることはできない．しかしながら，問題を $(\boldsymbol{a}, b)$ の近傍 $U(\boldsymbol{a}, b) \subset \mathbb{R}^{d+1}$ に制限 [11] し，

$$g(\boldsymbol{x}, y) = 0, \qquad (\boldsymbol{x}, y) \in U(\boldsymbol{a}, b)$$

をみたす $(\boldsymbol{x}, y)$ によって関数 $y = \varphi(\boldsymbol{x})$ が一意的に決まるならば，これを $g = 0$

---

[10]　一価関数に話を限っている．

[11]　$U(\boldsymbol{a}, b) = \mathbb{R}^{d+1}$ の場合を含む．

によって定まる**陰関数** [12)]という（図 6.4）.

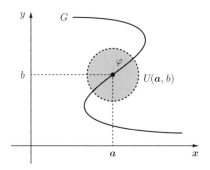

図 6.4 $G \cap U(\boldsymbol{a}, b)$ をグラフとする関数.

次の定理は，陰関数 $\varphi : \mathbb{R}^d \to \mathbb{R}$ が定義されるための十分条件を与える.

定理 6.21（陰関数定理） 関数 $g : \mathbb{R}^d \times \mathbb{R} \to \mathbb{R}$ は $(\boldsymbol{a}, b) \in \mathbb{R}^d \times \mathbb{R}$ の近傍 $U(\boldsymbol{a}, b)$ で定義された C^k 級 $(k \geq 1)$ の関数で

$$g(\boldsymbol{a}, b) = 0, \qquad \frac{\partial g}{\partial y}(\boldsymbol{a}, b) \neq 0$$

をみたすと仮定する. このとき，$\boldsymbol{a}$ のある近傍で

$$g(\boldsymbol{x}, \varphi(\boldsymbol{x})) = 0, \qquad \varphi(\boldsymbol{a}) = b$$

をみたす関数 $\varphi : \mathbb{R}^d \to \mathbb{R}$ がただ一つ存在して C^k 級である.

【証明】 $g_y(\boldsymbol{a}, b) > 0$ の場合を扱う.（$g_y(\boldsymbol{a}, b) < 0$ の場合も証明は同様である.）証明を四つのステップに分ける.

STEP 1 $\varphi(\boldsymbol{x})$ の存在.

まず陰関数 $y = \varphi(\boldsymbol{x})$ が一意的に存在することを示す. $\delta_1, \delta_2 > 0$ を小さくとり，$(\boldsymbol{a}, b)$ の近傍

$$U_0 = \{(\boldsymbol{x}, y) \in \mathbb{R}^d \times \mathbb{R} \mid |\boldsymbol{x} - \boldsymbol{a}| < \delta_1, |y - b| < \delta_2\} \subset U(\boldsymbol{a}, b)$$

[12)] 定義の仕方から陰関数と呼ぶのであり，特に他の関数と異なるところがあるわけではない.

を考える．g_y の連続性から，$\delta_2 > 0$ が十分小さければ U_0 内で $g_y(\boldsymbol{x}, y) > 0$ を
みたし，したがって $g(\boldsymbol{a}, b + \delta_2) > 0$ かつ $g(\boldsymbol{a}, b - \delta_2) < 0$ である．このとき
$\delta_1 > 0$ を十分小さくとれば，g の連続性から $|\boldsymbol{x} - \boldsymbol{a}| < \delta_1$ ならば $g(\boldsymbol{x}, b + \delta_2) > 0$
かつ $g(\boldsymbol{x}, b - \delta_2) < 0$ が成り立つ．すると中間値の定理より，$|\boldsymbol{x} - \boldsymbol{a}| < \delta_1$ を
みたす各 $\boldsymbol{x}$ に対して $g(\boldsymbol{x}, y) = 0$ となる $y \in (b - \delta_2, b + \delta_2)$ が存在する．また
U_0 内で $g_y(\boldsymbol{x}, y) > 0$ であるからこの y は一意的に定まり，特に $\boldsymbol{x} = \boldsymbol{a}$ に対し
て $y = b$ をみたしている．この y の値を $\varphi(\boldsymbol{x})$ とおくと，$|\boldsymbol{x} - \boldsymbol{a}| < \delta_1$ に対して
$g(\boldsymbol{x}, \varphi(\boldsymbol{x})) = 0$ および $\varphi(\boldsymbol{a}) = b$ をみたす関数 $y = \varphi(\boldsymbol{x})$ が一意的に存在するこ
とがわかる（図 6.5）．

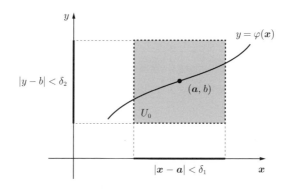

図 6.5　$(\boldsymbol{a}, b)$ の近傍 U_0 で定義された陰関数 $y = \varphi(\boldsymbol{x})$.

STEP 2　$\varphi(\boldsymbol{x})$ の連続性．

　$\varphi(\boldsymbol{x})$ が $\boldsymbol{a}$ で連続であることを背理法で示す．もし $\varphi(\boldsymbol{x})$ が $\boldsymbol{a}$ で不連続とす
ると，ある $\varepsilon > 0$ に対して $|\varphi(\boldsymbol{x}_n) - \varphi(\boldsymbol{a})| > \varepsilon$ をみたしながら $\boldsymbol{a}$ に収束する
点列 $\{\boldsymbol{x}_n\}$ が存在する．このとき数列 $\{\varphi(\boldsymbol{x}_n)\}$ は有界であるから，ボルツァ
ノ・ワイエルストラスの定理 2.13 より収束する部分列 $\{\varphi(\boldsymbol{x}_{n_k})\}$ が取り出せる．
この極限を c とすると，$(\boldsymbol{a}, c) \in U_0$ および $c \neq b$ をみたしている．一方，g は
連続であるから $0 = g(\boldsymbol{x}_{n_k}, \varphi(\boldsymbol{x}_{n_k})) \to g(\boldsymbol{a}, c) \ (n_k \to \infty)$ である．したがって
$g(\boldsymbol{a}, c) = 0$ が成り立つが，これは $g(\boldsymbol{a}, y) = 0$ をみたす y の一意性と矛盾する．
よって $\varphi(\boldsymbol{x})$ は $\boldsymbol{a}$ で連続である．仮定より，$y = \varphi(\boldsymbol{x})$ 上の各点で同じ議論が成
り立つから，$\varphi(\boldsymbol{x})$ は $|\boldsymbol{x} - \boldsymbol{a}| < \delta_1$ で連続である．

STEP 3 $\varphi(\boldsymbol{x})$ の微分可能性.

$(\boldsymbol{a}+\boldsymbol{h},\varphi(\boldsymbol{a}+\boldsymbol{h}))\in U_0$ をみたす $\boldsymbol{h}\in\mathbb{R}^d$ に対し, $\varphi(\boldsymbol{a}+\boldsymbol{h})=\varphi(\boldsymbol{a})+k$ と表す. するとテイラーの定理 6.15 より

$$g(\boldsymbol{a}+\boldsymbol{h},\varphi(\boldsymbol{a}+\boldsymbol{h}))=g(\boldsymbol{a}+\boldsymbol{h},\varphi(\boldsymbol{a})+k)$$

$$=g(\boldsymbol{a},b)+g_{\boldsymbol{x}}(\boldsymbol{a}+\theta\boldsymbol{h},b+\theta k)\cdot\boldsymbol{h}+g_y(\boldsymbol{a}+\theta\boldsymbol{h},b+\theta k)k$$

と表せる. ただし $0<\theta<1$ とし, また

$$g_{\boldsymbol{x}}=\left(\frac{\partial g}{\partial x_1},\frac{\partial g}{\partial x_2},\dots,\frac{\partial g}{\partial x_d}\right),\qquad g_y=\frac{\partial g}{\partial y}$$

とする. $g(\boldsymbol{a},b)=0$ と $g(\boldsymbol{a}+\boldsymbol{h},\varphi(\boldsymbol{a}+\boldsymbol{h}))=0$ を用いて k について解くと

$$k=\varphi(\boldsymbol{a}+\boldsymbol{h})-\varphi(\boldsymbol{a})=-\frac{1}{g_y(\boldsymbol{a}+\theta\boldsymbol{h},b+\theta k)}g_{\boldsymbol{x}}(\boldsymbol{a}+\theta\boldsymbol{h},b+\theta k)\cdot\boldsymbol{h}$$

が得られる. ここで $g_{\boldsymbol{x}}$ と g_y の連続性より

$$\varphi(\boldsymbol{a}+\boldsymbol{h})-\varphi(\boldsymbol{a})=-\frac{1}{g_y(\boldsymbol{a},b)}g_{\boldsymbol{x}}(\boldsymbol{a},b)\cdot\boldsymbol{h}+o(|\boldsymbol{h}|)\qquad(\boldsymbol{h}\to\boldsymbol{0})$$

が成り立つ. よって φ は $\boldsymbol{a}$ で全微分可能である. 仮定より, $y=\varphi(\boldsymbol{x})$ 上の各点で同じ議論が成り立つから, $\varphi(\boldsymbol{x})$ は $|\boldsymbol{x}-\boldsymbol{a}|<\delta_1$ で全微分可能である.

STEP 4 $\varphi(\boldsymbol{x})$ が C^k 級であること.

g が C^1 級のとき, $g(\boldsymbol{x},\varphi(\boldsymbol{x}))=0$ を x_i で偏微分すると

$$g_{x_i}(\boldsymbol{x},\varphi(\boldsymbol{x}))+g_y(\boldsymbol{x},\varphi(\boldsymbol{x}))\varphi_{x_i}(\boldsymbol{x})=0$$

となる. これより

$$\varphi_{x_i}(\boldsymbol{x})=-\frac{g_{x_i}(\boldsymbol{x},\varphi(\boldsymbol{x}))}{g_y(\boldsymbol{x},\varphi(\boldsymbol{x}))}\qquad(i=1,2,\dots,d)$$

が得られ, ここで右辺は連続であるから φ は C^1 級であることがわかる. 同様に, g が C^2 級のとき, $g(\boldsymbol{x},\varphi(\boldsymbol{x}))=0$ を x_i と x_j で偏微分すると

$$g_{x_ix_j}+g_{x_iy}\varphi_{x_j}+g_{yx_j}\varphi_{x_i}+g_{yy}\varphi_{x_j}\varphi_{x_i}+g_y\varphi_{x_ix_j}=0\quad(i,j=1,2,\dots,d)$$

となり，ここで $g_y \neq 0$ であるから，$\varphi_{x_i x_j}$ はすべて連続で φ は C^2 級であることがわかる．これを繰り返すことにより，g が C^k 級ならば φ が C^k 級であることが示される．　■

例題 6.22　関係式 $x^2 + y^2 + z^2 = 1$ で定まる陰関数 $z = \varphi(x, y)$ に対して $(\varphi_x)^2 + (\varphi_y)^2$ を計算せよ．

[**解**]　関数 $g(x, y, z) = x^2 + y^2 + z^2 - 1$ は $z \neq 0$ に対して $g_z(x, y, z) = 2z \neq 0$ をみたす．すると定理 6.21 より，陰関数 $z = \varphi(x, y)$ が平面 $z = 0$ 上の点を除く単位球面上のすべての点の近傍で存在する．また $x^2 + y^2 + \varphi(x, y)^2 - 1 = 0$ を x, y で偏微分すると $2x + 2\varphi\varphi_x = 0,\ 2y + 2\varphi\varphi_y = 0$ となる．よって

$$(\varphi_x)^2 + (\varphi_y)^2 = \frac{x^2 + y^2}{\varphi^2} = \frac{1 - \varphi^2}{\varphi^2}$$

が得られる．　□

■ 6.3.2 — 条件付き極値

陰関数定理を用いて関数を定義することができても，一般にはその関数形を具体的に表すことはできない．しかしながら，具体的な関数形がわからなくても，問題によっては工夫次第で陰関数定理を効果的に用いることができる．ここでは，そのような応用の一つである条件付き極値問題の解法について解説する．

実際的な問題においては，制限のある中で最適な方策を探ることはよくあることである．このような問題は，数学的には，定義域をその部分集合 G に制限した上で，関数の最大値あるいは最小値を求める問題として定式化できる．この集合 G は，例えばある関数 g に対して

$$G = \{\boldsymbol{x} \mid g(\boldsymbol{x}) = 0\}$$

のように等式を用いて与えられることもある．このとき，もし G 上の点 $\boldsymbol{a}$ とその $\mathbb{R}^d$ 内の近傍 $U(\boldsymbol{a})$ に対し，すべての $\boldsymbol{x} \in G \cap U(\boldsymbol{a})$ について $f(\boldsymbol{x}) < f(\boldsymbol{a})$ $(f(\boldsymbol{x}) > f(\boldsymbol{a}))$ が成り立つとき，f は点 $\boldsymbol{a} \in G$ で**条件付き極大値（条件付き極**

小値）をとるといい，条件付きの極大値と極小値を合わせて G 上の**条件付き極値**という．

$g(\boldsymbol{x}) = 0$ から定まる集合 G を関数のグラフなどで具体的に表すのが困難なときは，G を陽に表すことなく極値を求めるための工夫が必要となる．このような工夫の一つが，未定乗数法と呼ばれる方法である．

定理 6.23（ラグランジュの未定乗数法）　f および g を $\mathbb{R}^d \times \mathbb{R}$ 内の開集合 D 上で定義された C^1 級関数とし，さらに g は

$$G = \{(\boldsymbol{x}, y) \in D \mid g(\boldsymbol{x}, y) = 0\}$$

で定まる集合 G 上の各点で $\dfrac{\partial g}{\partial y}(\boldsymbol{x}, y) \neq 0$ をみたすとする．もし $f(\boldsymbol{x}, y)$ が $(\boldsymbol{a}, b) \in G$ で条件付き極値をとれば，$(\boldsymbol{a}, b)$ が D 上の関数

$$\mathcal{L}(\boldsymbol{x}, y) = f(\boldsymbol{x}, y) - \lambda g(\boldsymbol{x}, y)$$

の臨界点となるような $\lambda \in \mathbb{R}$ が一意的に存在する．

このような $\mathcal{L}$ を**ラグランジュ関数**といい，定数 λ を**ラグランジュ乗数**という．まずは定理 6.23 の証明を与え，その後でその幾何学的な意味について説明を加える．

【証明】　仮定から陰関数定理 6.21 が適用できて，陰関数 φ が $g(\boldsymbol{x}, \varphi(\boldsymbol{x})) = 0$，$\varphi(\boldsymbol{a}) = b$ によって $\boldsymbol{a}$ の近傍で一意的に定まる．すなわち $(\boldsymbol{a}, b)$ の近傍で G を φ のグラフ $\{(\boldsymbol{x}, \varphi(\boldsymbol{x})) \mid \boldsymbol{x} \in U(\boldsymbol{a})\}$ として表せる．

f が $(\boldsymbol{a}, b)$ で条件付き極値をとれば，関数 $f(\boldsymbol{x}, \varphi(\boldsymbol{x}))$ は $\boldsymbol{x} = \boldsymbol{a}$ で極値をとる．したがって $f(\boldsymbol{x}, \varphi(\boldsymbol{x}))$ を偏微分すると

$$f_{x_i}(\boldsymbol{a}, b) + f_y(\boldsymbol{a}, b)\varphi_{x_i}(\boldsymbol{a}) = 0 \qquad (i = 1, 2, \ldots, d)$$

が得られる．一方，$g(\boldsymbol{x}, \varphi(\boldsymbol{x})) = 0$ を偏微分すると

$$g_{x_i}(\boldsymbol{a}, b) + g_y(\boldsymbol{a}, b)\varphi_{x_i}(\boldsymbol{a}) = 0 \qquad (i = 1, 2, \ldots, d)$$

が得られる．これより，ベクトル

$$
\boldsymbol{p} = \begin{bmatrix} f_{x_1}(\boldsymbol{a}, b) \\ \vdots \\ f_{x_d}(\boldsymbol{a}, b) \\ f_y(\boldsymbol{a}, b) \end{bmatrix}, \qquad \boldsymbol{q} = \begin{bmatrix} g_{x_1}(\boldsymbol{a}, b) \\ \vdots \\ g_{x_d}(\boldsymbol{a}, b) \\ g_y(\boldsymbol{a}, b) \end{bmatrix}
$$

は d 個のベクトル

$$
\boldsymbol{r}_i = (0, \ldots, 0, \underset{\widehat{i}}{1}, 0, \ldots, 0, \varphi_{x_i}(\boldsymbol{a})) \qquad (i = 1, 2, \ldots, d)
$$

と直交 [13] していることがわかる．$\boldsymbol{r}_1, \boldsymbol{r}_2, \ldots, \boldsymbol{r}_d$ は $\mathbb{R}^{d+1}$ 内の一次独立なベクトルであるから，これらと直交する空間 [14] は 1 次元となる．$\boldsymbol{p}$ と $\boldsymbol{q}$ はこの空間に含まれるから，ある $\lambda \in \mathbb{R}$ に対して $\boldsymbol{p} = \lambda \boldsymbol{q}$ が成り立ち，各成分を比較すると

$$
f_{x_i}(\boldsymbol{a}, b) = \lambda g_{x_i}(\boldsymbol{a}, b) \quad (i = 1, 2, \ldots, d), \qquad f_y(\boldsymbol{a}, b) = \lambda g_y(\boldsymbol{a}, b)
$$

が得られる．これより

$$
\mathcal{L}_{x_i}(\boldsymbol{a}, b) = f_{x_i}(\boldsymbol{a}, b) - \lambda g_{x_i}(\boldsymbol{a}, b) = 0
$$

および

$$
\mathcal{L}_y(\boldsymbol{a}, b) = f_y(\boldsymbol{a}, b) - \lambda g_y(\boldsymbol{a}, b) = 0
$$

が得られる．よって $(\boldsymbol{a}, b)$ が $\mathcal{L}(\boldsymbol{x}, y)$ の臨界点であることが示された．　∎

　f が G で極値をとる点はラグランジュ関数 $\mathcal{L}$ の臨界点であり，$\mathcal{L}$ の臨界点を求めるには，$d + 2$ 個の未知数 $(\boldsymbol{x}, y, \lambda)$ に対する $d + 2$ 本の連立方程式

$$
\begin{cases}
\dfrac{\partial}{\partial x_i} \mathcal{L}(\boldsymbol{x}, y) = f_{x_i}(\boldsymbol{x}, y) - \lambda g_{x_i}(\boldsymbol{x}, y) = 0 & (i = 1, 2, \ldots, d) \\
\dfrac{\partial}{\partial y} \mathcal{L}(\boldsymbol{x}, y) = f_y(\boldsymbol{x}, y) - \lambda g_y(\boldsymbol{x}, y) = 0 \\
g(\boldsymbol{x}, y) = 0
\end{cases}
$$

---

[13] すなわち $i = 1, 2, \ldots, d$ に対して $\boldsymbol{p} \cdot \boldsymbol{r}_i = 0$ および $\boldsymbol{q} \cdot \boldsymbol{r}_i = 0$ をみたす．

[14] $\boldsymbol{r}_1, \boldsymbol{r}_2, \ldots, \boldsymbol{r}_d$ と直交するベクトルからなる部分空間で，直交補空間と呼ばれる．

を解けばよい [15].

定理 6.23 の証明の中で定義したベクトル r_i は, $y = \varphi(x)$ のグラフ G と (a, b) で接している. したがって, $r_1, r_2, \ldots, r_d$ は φ の (a, b) での接平面の基底をなし, q は G の (a, b) における法線ベクトルである. また関数 f が G 上の点 (a, b) で条件付き極値をとれば, f の法線ベクトル p もまた G の (a, b) での接平面と直交するから, G は f の等高線と (a, b) で接する. 例えば $c_1 > c_2 > c_3$ ($c_1 < c_2 < c_3$) に対する f の等高線が図 6.6 のようであれば, f は (a, b) で条件付き極大値（条件付き極小値）c_2 をとる.

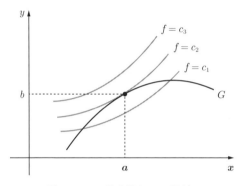

図 6.6 f の等高線と G の関係.

例題 6.24 関数 $f(x, y) = xy$ の $G = \{(x, y) \mid x^2 + y^2 = 1\}$ 上における極値を求めよ.

[**解**] 関数 $f(x, y) = xy$ と $g(x, y) = x^2 + y^2 - 1$ は定理 6.23 の仮定をみたしている. そこでラグランジュ関数

$$\mathcal{L}(x, y) = f(x, y) - \lambda g(x, y) = xy - \lambda(x^2 + y^2 - 1)$$

の臨界点を求めるために, 連立方程式

---

[15] 実際的な問題では f の臨界点 a と b の値が重要であり, 乗数 λ の値にはそれほど意味はない.

$$\begin{cases} \dfrac{\partial}{\partial x}\mathcal{L}(x,y) = y - 2\lambda x = 0 \\[2mm] \dfrac{\partial}{\partial y}\mathcal{L}(x,y) = x - 2\lambda y = 0 \\[2mm] g(x,y) = x^2 + y^2 - 1 = 0 \end{cases}$$

を解く．第一式と第二式から λ を消去すると，x と y についての連立方程式

$$\begin{cases} x^2 - y^2 = 0 \\[2mm] x^2 + y^2 - 1 = 0 \end{cases}$$

が得られる．この連立方程式の解は簡単に $(\pm 1/\sqrt{2}, \pm 1/\sqrt{2})$ と求められ，これらの点での f の値は 1 か -1 である．f は連続であるから，f は G で最大値と最小値をとる．したがって f の G における条件付きの最大値は 1，条件付きの最小値は -1 である．　　　　　　　　　　　　　　　　　　　　　□

演習問題6.3

1. 次の関数 F に対して，$F(x,\varphi(x)) = 0$ から陰関数 $\varphi(x)$ が定まるような点 (a,b) をすべて求め，また $\varphi(x)$ の極値を求めよ．

(1) $F = x^2 - xy + y^2 - 1$

(2) $F = x^3 - 3xy + y^3$ （デカルトの正葉線）

2. (1) $f(x,y)$ は C^1 級の関数で，$f(a,b) = 0$ および $\nabla f(a,b) \neq (0,0)$ とする．このとき，$f(x,y) = 0$ で定まる曲線上の点 (a,b) における接線の方程式は

$$f_x(a,b)(x-a) + f_y(a,b)(y-b) = 0$$

で与えられることを示せ．

(2) $f(x,y,z)$ は C^1 級の関数で，$f(a,b,c) = 0$ および $\nabla f(a,b,c) \neq (0,0,0)$ をみたすとする．このとき，$f(x,y,z) = 0$ で定まる曲面上の点 (a,b,c) における接平面の方程式は

$$f_x(a,b,c)(x-a) + f_y(a,b,c)(y-b) + f_z(a,b,c)(z-c) = 0$$

で与えられることを示せ.

3. 次の関数 f に対し，集合 G 上での条件付き極値を求めよ.

(1) $f(x,y) = \cos^2 x + \cos^2 y$, $G = \{(x,y) \mid x - y = \pi/4\}$.

(2) $f(x,y,z) = x^2 + y^2$, $G = \left\{ (x,y) \,\middle|\, \dfrac{x^2}{a^2} + \dfrac{y^2}{b^2} = 1,\ 0 < a < b \right\}$.

(3) $f(x,y,z) = xyz$, $G = \{(x,y,z) \mid xy + yz + zx = 12\}$.

4. 平面 $ax + by + cz + d = 0$ 上の点と原点の間の最短の距離を求めよ.

7 ⊙CHAPTER
多変数関数の積分

【この章の目標】
　この章では，$\mathbb{R}^d$ 内の集合上で定義された多変数関数に対してリーマン積分とダルブー積分を定義し，積分可能性と積分の性質について解説する．一変数の場合と異なり，多変数関数の積分では積分領域の扱いも重要な要素となる．厳密な取り扱いには $\mathbb{R}^d$ 内の集合に対する測度の概念が必要となり，測度が定義される集合上で積分可能であるための条件を明らかにする．多変数関数に対する積分は一般の次元 $d \in \mathbb{N}$ に対して適用できるが，直感的な理解を深めるために，主に $d = 2, 3$ の場合を例として取り上げる．

7.1　有界集合上の積分

■7.1.1 ── リーマン積分

　この節では $\mathbb{R}^d$ 内の有界集合上での積分について解説する．$\mathbb{R}$ 上の有界区間と比べると $\mathbb{R}^d$ 内の集合は複雑な形をとり得るし，また多変数関数の挙動は一変数関数よりも複雑である．そのため，多変数関数の積分については細かい注意が必要となる．

　$\mathbb{R}^d$ 内の集合 D に対し，この集合上での積分を考える．普通，$\mathbb{R}^d$ 内の連結した開集合を領域といい [1)]，領域とその境界を合わせた集合を **閉領域** というが，多変数関数の積分を考える際には，より一般の集合上で考えることもある．そこで，積分を行う点の集合を **積分領域** といい，以下では領域という用語を $\mathbb{R}^d$ 内の積分領域の意味で使うことにする．

[1)] 実は領域という用語をこれまでにも無定義で用いてきたが，ここで述べた定義と整合している．

最初にいくつかの用語を導入しておこう．閉区間 $[a_i, b_i]$ $(i = 1, 2, \dots, d)$ に対し，その直積

$$R = [a_1, b_1] \times [a_2, b_2] \times \cdots \times [a_d, b_d] \subset \mathbb{R}^d$$

を **d 次元矩形**[2)]という．d 次元矩形は線分 $(d = 1)$，長方形 $(d = 2)$，直方体 $(d = 3)$ の d 次元空間への一般化である．d 次元矩形 R に対し，**d 次元測度** μ を

$$\mu(R) = (b_1 - a_1)(b_2 - a_2) \cdots (b_d - a_d)$$

で定義する[3)]．すなわち，線分の 1 次元測度はその長さ，長方形の 2 次元測度は面積，直方体の 3 次元測度は体積を表し，一般に d 次元矩形の測度を d 次元体積ともいう．

d 次元矩形 R に対し，$P_1, P_2, \dots, P_d$ を R の各辺 $[a_i, b_i]$ の分割とする．このとき R はこれらの分割によって有限個の小矩形 $R_1, R_2, \dots, R_n$ に分割され，これを $P = \{R_1, R_2, \dots, R_n\}$ あるいは $P = \{R_i\}$ と表す．幾何学的には，$d = 2$ の場合の分割は長方形の水平方向と垂直方向の線分による分割であり（図 7.1），一般次元の場合は各座標軸に垂直な（超）平面による分割である．P を矩形 R

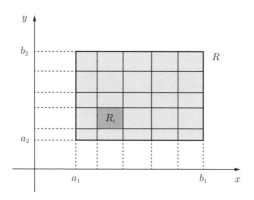

図 7.1　長方形 R の分割 $P = \{R_i\}$.

[2)] "矩形"とは本来は長方形の意味であるが，ここでは一般次元での直積 R を矩形と呼ぶことにし，特に 2 次元矩形を長方形，3 次元矩形を直方体と呼んで区別する．

[3)] 後に一般の領域に対して測度を定義するが，当面はこれで十分である．

の**分割**といい，そのノルム $\|P\|$ を

$$\|P\| = \max_{1 \le i \le d} \{\|P_i\|\}$$

で定義する．ここで，$\|P_i\|$ は 4.3 節で定義した区間の分割に対するノルムであり，したがって $\|P\|$ はすべての小矩形に関する辺の長さの最大値である．

　関数 f の領域 D でのリーマン積分を，以下のように何段階かに分けて定義する．まず f の定義域を D から $\mathbb{R}^d$ 全体へ次のように拡張する．f を $\mathbb{R}^d$ の集合 D で定義された関数とするとき，$\mathbb{R}^d$ 上の関数 f_D を

$$f_D(\boldsymbol{x}) = \begin{cases} f(\boldsymbol{x}) & (\boldsymbol{x} \in D) \\ 0 & (\boldsymbol{x} \in \mathbb{R}^d \setminus D) \end{cases}$$

で定め，f_D を f の D 外部への**ゼロ拡張**という．次に有界領域 D に対してそれを含む矩形 R をとり，f の D 上のリーマン和を次のように定義する．

定義 7.1（リーマン和）　D を有界領域とし，f を D 上の有界な関数とする．また R を D を含む矩形，$P = \{R_i\}$ を R の分割とし，$\boldsymbol{\xi}_i$ を R_i 上の任意の点とする．このとき，すべての $R_i \in P$ についての和

$$\sum_{R_i} f_D(\boldsymbol{\xi}_i) \mu(R_i)$$

を，P と $\{\boldsymbol{\xi}_i\}$ に対する f の D 上の**リーマン和**という．

　リーマン和は f のグラフと座標平面に挟まれた部分の体積の近似である．小矩形上の点 $\{\boldsymbol{\xi}_i\}$ のとり方は任意であるから，分割 P に対するリーマン和は一つには定まらないが，リーマン和の $\|P\| \to 0$ での極限が存在すれば，その値を体積とみなすことができる．この意味を明確にするために，リーマン和の極限であるリーマン積分を次のように定義する．

定義 7.2（リーマン積分）　D を有界領域とし，f を D 上の有界な関数とする．また，R を D を含む矩形とし，L を R の分割 $P = \{R_i\}$ および点 $\{\boldsymbol{\xi}_i\}$ の選び方

に依存しない定数とする. 任意の $\varepsilon > 0$ に対してある $\delta > 0$ が存在し, $\|P\| < \delta$ をみたすすべての分割 P と点 $\{\boldsymbol{\xi}_i\}$ に対して

$$\left| \sum_{R_i} f_D(\boldsymbol{\xi}_i)\mu(R_i) - L \right| < \varepsilon$$

が成り立つとき, f は D で**リーマン積分可能**（あるいは単に**積分可能**）である といい

$$L = \int_D f(\boldsymbol{x})d\boldsymbol{x} \quad \text{あるいは} \quad L = \int_D f(x_1, x_2, \ldots, x_d)d(x_1, x_2, \ldots, x_d)$$

と表す.

$d \geq 2$ に対するリーマン積分を**重積分**という. 特に $d = 2$ のときは**二重積分**, $d = 3$ のときは**三重積分**といい, それぞれ

$$\iint_D f(x, y)dxdy, \qquad \iiint_D f(x, y, z)dxdydz$$

と表すこともある. しかしながら, この記法では一般の d 重積分の表示が煩雑 になるため, 本書ではすべての重積分を定義 7.2 のように表すことにする.

定義 7.2 が意味をもつためには, 積分値が D を含む矩形 R のとり方によらな いことが必要である. すなわち, D を含むある矩形 R に対して積分 $\displaystyle\int_R f_D(\boldsymbol{x})d\boldsymbol{x}$ が定義できれば, D を含む他の任意の矩形 Q に対しても積分 $\displaystyle\int_Q f_D(\boldsymbol{x})d\boldsymbol{x}$ が定 義され, これらの値が等しくなければならない. これは次のようにして簡単に 示せる. 矩形 R と Q の共通部分はまた矩形であるから, Q の分割 $P' = \{Q_i\}$ に対して $\{R_i \cap D\} = \{Q_i \cap D\}$ をみたす R の分割 $\{R_i\}$ を考える（図 7.2）. す ると $R \cap Q$ の外部では $f_D = 0$ であるから, Q と R のリーマン和に対して

$$\sum_{Q_i} f_D(\boldsymbol{\xi}_i)\mu(Q_i) = \sum_{R_i} f_D(\boldsymbol{\xi}_i)\mu(R_i)$$

が成り立つ. $\|P'\| \to 0$ とすると右辺は $\displaystyle\int_R f_D(\boldsymbol{x})d\boldsymbol{x}$ に収束するので, Q に対

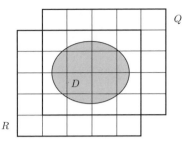

図 7.2　長方形 R と Q の分割.

しても積分が定義できて $\displaystyle\int_Q f_D(\boldsymbol{x})d\boldsymbol{x} = \int_R f_D(\boldsymbol{x})d\boldsymbol{x}$ をみたす.

■7.1.2 — ダルブー積分

　前項では，リーマン和の極限としてリーマン積分を定義した．リーマン和による近似は直感的にはわかりやすいが，その値を具体的に求めることは簡単ではない．また理論的な結果を得るにしても，リーマン和の定義には点 $\{\boldsymbol{\xi}_i\}$ のとり方に任意性があり，極限の存在を示すことはかなり難しい問題となる．そこでこの難点を克服するために，リーマン積分とは少し定義の異なるダルブー積分の概念を導入する．実際には，後にリーマン積分とダルブー積分は等価であることが示せるのであるが（定理 7.5），理論的な考察にはダルブー積分のほうが扱いやすいことが多い．

　以下ではダルブー積分を 2 段階に分けて定義する．まず，f の D 上のダルブー和を次のように定義する.

定義 7.3（**ダルブー和**）　D を有界領域とし，f を D 上の有界な関数とする．D を含む矩形 R の分割を $P = \{R_i\}$ とし，各 R_i に対して

$$m_i = \inf_{\boldsymbol{x} \in R_i} f_D(\boldsymbol{x}), \qquad M_i = \sup_{\boldsymbol{x} \in R_i} f_D(\boldsymbol{x})$$

とおく．このとき

$$L(f, P) = \sum_{R_i} m_i \mu(R_i), \qquad U(f, P) = \sum_{R_i} M_i \mu(R_i)$$

をそれぞれ P に対する f の D 上の**下ダルブー和**, **上ダルブー和**という.

例えば, 区間上の非負関数 $f(x)$ のグラフと x 軸で囲まれた部分の面積に対し, 下ダルブー和は内側の長方形の面積で近似することに対応し, 上ダルブー和は外側の長方形の面積で近似することに対応する (図 7.3).

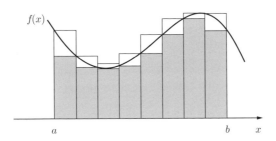

図 7.3 区間 $[a, b]$ 上の下ダルブー和と上ダルブー和.

f が D で有界ならば, すべての分割 P に対して

$$\mu(R) \inf_{\boldsymbol{x} \in D} f(\boldsymbol{x}) \leq L(f, P) \leq U(f, P) \leq \mu(R) \sup_{\boldsymbol{x} \in D} f(\boldsymbol{x})$$

が成り立ち, したがってダルブー和は有界である. 分割 P に対して $P' \supset P$ をみたす分割 P' を P の**細分**といい, このとき上限と下限の性質から

$$L(f, P) \leq L(f, P') \leq U(f, P') \leq U(f, P)$$

が成り立つ. したがって, 分割を細分すると下ダルブー和は大きくなり, 上ダルブー和は小さくなる. また任意の二つの分割 $P = \{R_i\}$, $P' = \{R'_j\}$ に対し, 分割 $P \cup P'$ を含むような分割 P'' は

$$L(f, P) \leq L(f, P'') \leq U(f, P'') \leq U(f, P')$$

をみたす. したがって, 任意の分割 P, P' に対して $L(f, P) \leq U(f, P')$ が成り立つことに注意しよう.

次に, ダルブー和を用いてダルブー積分を定義する.

定義 7.4 (**ダルブー積分**) D を有界領域とし, f を D 上の有界な関数とする.

D を含む矩形 R の分割を P とするとき，すべての分割に対する下ダルブー和の上限 $\sup_P L(f, P)$ および上ダルブー和の下限 $\inf_P U(f, P)$ を，それぞれ f の D 上の**下ダルブー積分**および**上ダルブー積分**という．さらに

$$\sup_P L(f, P) = \inf_P U(f, P)$$

が成り立つとき，f は D で**ダルブー積分可能**といい，その共通の値を f の D 上の**ダルブー積分**という．

　ダルブー和の定義からわかるように，ダルブー積分可能であるためには，$(M_i - m_i)\mu(R_i)$ の総和をいくらでも小さくできればよい．そのためには，f の D 内での変動が小さく，かつ D の境界 ∂D がそれほど複雑な形状をしていないことが必要である．したがって，ダルブー積分が可能かどうかは，関数 f と境界 ∂D の両方の性質に依存する．

　リーマン積分とダルブー積分が実は等価であることを示そう．

定理 7.5　D を有界領域とし，f を D 上の有界な関数とする．f が D でリーマン積分可能であるためには，f が D でダルブー積分可能であることが必要十分である．またこのとき，リーマン積分とダルブー積分の値は等しい．

【証明】　リーマン積分可能であれば，点 $\{\xi_i\}$ をダルブー和と一致するように選んでもリーマン和は収束するから，ダルブー積分可能である．逆にダルブー積分可能ならば，リーマン和は上ダルブー和と下ダルブー和の間にあるから，はさみうちの原理によりリーマン和は収束する．　■

　定理 7.5 により，重積分の定義をリーマン積分でもダルブー積分でもどちらの意味でとらえてもよいことになる．そこで，積分の性質に関する以下の定理の証明には，都合の良いほうの定義を採用する．

　まずはダルブー積分の簡単な応用として，定理 4.30 (iv) を一般化しよう．

> **定理 7.6** 関数 f が矩形 R で積分可能ならば，f は R に含まれる任意の矩形上で積分可能である．

【証明】 Q を R に含まれる矩形とし，Q の分割を $\{Q_j\}$ とする．R の分割 $P = \{R_i\}$ を $\{R_i\} \supset \{Q_j\}$ をみたすようにとると

$$U(f, P) - L(f, P) = \sum_{R_i} (M_i - m_i)\mu(R_i) \geq \sum_{Q_j} (M_j - m_j)\mu(Q_j)$$

が成り立つ．もし Q で積分可能でないとすると，$\|P\| \to 0$ のとき，右辺は 0 に収束しない．したがって f は R で積分可能でないことになり，仮定に矛盾する． ∎

次に，矩形 R で連続な関数は R で積分可能であることを示そう．

> **定理 7.7** 関数 f が矩形 R で連続ならば，f は R で積分可能である．

【証明】 f の一様連続性から，任意の $\varepsilon > 0$ に対して

$$|\boldsymbol{x} - \boldsymbol{y}| \leq \sqrt{d}\delta \implies |f(\boldsymbol{x}) - f(\boldsymbol{y})| < \frac{\varepsilon}{\mu(R)}$$

をみたす $\delta > 0$ が存在する．この $\delta > 0$ に対し，$P = \{R_i\}$ を $\|P\| < \delta$ をみたす任意の分割とする．f は R_i で連続なので，極値定理 3.27 より，ある $\boldsymbol{\xi}_i, \boldsymbol{\eta}_i \in R_i$ に対して $M_i = f(\boldsymbol{\xi}_i)$ および $m_i = f(\boldsymbol{\eta}_i)$ をみたす．このとき $|\boldsymbol{\xi}_i - \boldsymbol{\eta}_i| \leq \sqrt{d}\delta$ より [4]

$$0 \leq M_i - m_i = f(\boldsymbol{\xi}_i) - f(\boldsymbol{\eta}_i) < \frac{\varepsilon}{\mu(R)}$$

が成り立つから

$$0 \leq U(f, P) - L(f, P) = \sum_{R_i} (M_i - m_i)\mu(R_i) < \frac{\varepsilon}{\mu(R)} \sum_{R_i} \mu(R_i) = \varepsilon$$

---

[4] $\|P\| \leq \delta$ の条件のもとで $|\boldsymbol{\xi}_i - \boldsymbol{\eta}_i|$ が最大になるのは，R_i が一辺の長さが δ の（超）立方体で $\boldsymbol{\xi}_i$ と $\boldsymbol{\eta}_i$ が R_i の向かい合う頂点上にあるときである．

を得る．ここで $\varepsilon > 0$ は任意なので $\displaystyle\sup_P L(f, P) = \inf_P U(f, P)$ が成り立ち，よっ
て f は R でダルブー積分可能である．　■

　特に $d = 1$ とすると，区間 $[a, b]$ 上の連続関数は積分可能であることが示さ
れ，定理 4.27 の証明が得られる．

■7.1.3 —— 集合の測度

　すでに矩形に対してその測度を定義したが，より一般の領域での積分を定義
するためには，$\mathbb{R}^d$ 内の集合に対して測度の概念を拡張しておく必要がある．実
際，領域 D での積分を考える際には，D に対してその面積や体積の一般化であ
る測度が定義されている必要があり [5]，そのための準備として**可測集合**と呼ば
れる集合のクラスを定義する．

　集合 D の**特性関数** [6] χ_D を

$$\chi_D(\boldsymbol{x}) = \begin{cases} 1 & (\boldsymbol{x} \in D) \\ 0 & (\boldsymbol{x} \notin D) \end{cases}$$

で定義する．$\mathbb{R}^d$ 内の集合 D を含む矩形 R に対して，D の特性関数 χ_D が R で
積分可能ならば

$$\int_D d\boldsymbol{x} = \int_R \chi_D(\boldsymbol{x}) d\boldsymbol{x}$$

と定める．なお R の分割 $\{R_i\}$ に対し

$$\inf_{\boldsymbol{x} \in R_i} \chi_D(\boldsymbol{x}) = \begin{cases} 1 & (R_i \subset D) \\ 0 & (R_i \setminus D \neq \emptyset) \end{cases}, \quad \sup_{\boldsymbol{x} \in R_i} \chi_D(\boldsymbol{x}) = \begin{cases} 1 & (R_i \cap D \neq \emptyset) \\ 0 & (R_i \cap D = \emptyset) \end{cases}$$

が成り立つことに注意しよう．

　一般に関数 χ_D は D を含む矩形上では連続でないので，積分可能であるとは

---

[5] D の測度が定義されないと，定数関数すら積分できないことになる．
[6] 指示関数，定義関数ともいう．

限らない. そこで次の定義を導入する.

定義 7.8 D を $\mathbb{R}^d$ 内の有界集合とする. 積分 $\displaystyle\int_D d\boldsymbol{x}$ が存在するとき D は**可測**であるといい, D の d 次元**測度** μ を

$$\mu(D) = \int_D d\boldsymbol{x}$$

で定義する [7]. $\mu(D) = 0$ のとき D を**ゼロ集合**という.

D が d 次元矩形のとき, ここで定義した測度は矩形に対して定義した測度 (d 次元体積) と一致するので, 同じ記号 μ を用いた. 実際, D を含む矩形 R として D 自身をとれば, リーマン和は

$$\sum_{R_i} f_D(\boldsymbol{\xi}_i)\mu(R_i) = \sum_{R_i} \mu(R_i) = \mu(R)$$

をみたすから

$$\mu(D) = \int_D d\boldsymbol{x} = \mu(R)$$

が成り立つ. ここで, 左辺は定義 7.8 による測度を, 右辺は矩形の体積を表している.

次の定理は測度の基本的な性質に関するものである.

定理 7.9 D_1, D_2 を可測な有界集合とすると以下が成り立つ.
  (i) $D_1 \subset D_2$ ならば $\mu(D_1) \leq \mu(D_2)$.
  (ii) $D_1 \cup D_2$ と $D_1 \cap D_2$ は可測で $\mu(D_1 \cup D_2) + \mu(D_1 \cap D_2) = \mu(D_1) + \mu(D_2)$.

【証明】 $D_1 \cup D_2$ を含む矩形を R, P をその分割とし, D_1, D_2 の特性関数を χ_{D_1}, χ_{D_2} とする. すると $D_1 \subset D_2$ ならば $\chi_{D_1} \leq \chi_{D_2}$ であるから

---

[7] この定義による測度は, より正確にはジョルダン測度と呼ばれるものである. ジョルダン測度では有限個の矩形による集合の被覆を考えるのに対し, 無限個の矩形による被覆を考えるのがルベーグ測度であり, これよりルベーグ積分の理論へとつながる.

$$L(\chi_{D_1}, P) \leq L(\chi_{D_2}, P), \qquad U(\chi_{D_1}, P) \leq U(\chi_{D_2}, P)$$

が成り立つ. ここで $\|P\| \to 0$ とすると, D_1, D_2 は可測であることから (i) が示される.

次に特性関数の定義から

$$L(\chi_{D_1 \cup D_2}, P) + L(\chi_{D_1 \cap D_2}, P) = L(\chi_{D_1}, P) + L(\chi_{D_2}, P)$$

が成り立ち, これより

$$\sup_P \{L(\chi_{D_1 \cup D_2}, P) + L(\chi_{D_1 \cap D_2}, P)\} = \sup_P \{L(\chi_{D_1}, P) + L(\chi_{D_2}, P)\}$$

が得られる. ここで, 任意の $\varepsilon > 0$ に対して $\delta > 0$ が存在し, $\|P'\| < \delta$ をみたす任意の分割 P' に対して

$$L(\chi_{D_1}, P') > \mu(D_1) - \varepsilon, \qquad L(\chi_{D_2}, P') > \mu(D_2) - \varepsilon$$

が成り立つ. したがって

$$\sup_P \{L(\chi_{D_1}, P) + L(\chi_{D_2}, P)\} \geq L(\chi_{D_1}, P') + L(\chi_{D_2}, P')$$
$$> \mu(D_1) + \mu(D_2) - 2\varepsilon$$

であり, ここで $\varepsilon > 0$ は任意であるから

$$\sup_P L(\chi_{D_1 \cup D_2}, P) + \sup_P L(\chi_{D_1 \cap D_2}, P)$$
$$\geq \sup_P \{L(\chi_{D_1 \cup D_2}, P) + L(\chi_{D_1 \cap D_2}, P)\} \geq \mu(D_1) + \mu(D_2)$$

が得られる. また同様の方法を用いて

$$U(\chi_{D_1 \cup D_2}, P) + U(\chi_{D_1 \cap D_2}, P) = U(\chi_{D_1}, P) + U(\chi_{D_2}, P)$$

から

$$\inf_P U(\chi_{D_1 \cup D_2}, P) + \inf_P U(\chi_{D_1 \cap D_2}, P)$$
$$\leq \inf_P \{U(\chi_{D_1 \cup D_2}, P) + U(\chi_{D_1 \cap D_2}, P)\} \leq \mu(D_1) + \mu(D_2)$$

を示すことができる.

以上をまとめると

$$\sup_P L(\chi_{D_1 \cup D_2}, P) + \sup_P L(\chi_{D_1 \cap D_2}, P) \geq \mu(D_1) + \mu(D_2)$$

$$\geq \inf_P U(\chi_{D_1 \cup D_2}, P) + \inf_P U(\chi_{D_1 \cap D_2}, P)$$

であり,一方

$$\sup_P L(\chi_{D_1 \cup D_2}, P) \leq \inf_P U(\chi_{D_1 \cup D_2}, P),$$

$$\sup_P L(\chi_{D_1 \cap D_2}, P) \leq \inf_P U(\chi_{D_1 \cap D_2}, P)$$

であるから

$$\sup_P L(\chi_{D_1 \cup D_2}, P) = \inf_P U(\chi_{D_1 \cup D_2}, P),$$

$$\sup_P L(\chi_{D_1 \cap D_2}, P) = \inf_P U(\chi_{D_1 \cap D_2}, P)$$

が得られる.これより $D_1 \cup D_2$ と $D_1 \cap D_2$ は可測であることがわかり,また $\mu(D_1 \cup D_2) + \mu(D_1 \cap D_2) = \mu(D_1) + \mu(D_2)$ が成り立つ.よって (ii) が示された. ■

定理 7.9 (ii) より,互いに素な可測集合 D_1, D_2 に対して

$$\mu(D_1 \cup D_2) = \mu(D_1) + \mu(D_2) - \mu(D_1 \cap D_2) = \mu(D_1) + \mu(D_2)$$

が成り立つ.またこれを繰り返し用いることにより,互いに素な有限個の可測集合 $D_1, D_2, \ldots, D_k$ に対して

$$\mu(D_1 \cup D_2 \cup \cdots \cup D_k) = \mu(D_1) + \mu(D_2) + \cdots + \mu(D_k)$$

が示される.

例題 7.10　関数 f が $\mathbb{R}^d$ 内の有界閉領域 D で連続ならば，そのグラフ $G = \{(\boldsymbol{x}, y) \mid y = f(\boldsymbol{x})\} \subset \mathbb{R}^{d+1}$ の $d+1$ 次元測度は 0 であることを示せ.

[**解**]　D を含む矩形を R, その分割を $P = \{R_i\}$ とする. f の一様連続性から，任意の $\varepsilon > 0$ と $\boldsymbol{x}, \boldsymbol{y} \in D$ に対して $|\boldsymbol{x} - \boldsymbol{y}| < \delta \Longrightarrow |f(\boldsymbol{x}) - f(\boldsymbol{y})| < \varepsilon$ をみたす $\delta > 0$ が存在する. この δ に対して，R の分割で $\|P\| < \delta/\sqrt{d}$ をみたすものをとると $|M_i - m_i| < \varepsilon$ が成り立つ. このとき $y = f(\boldsymbol{x})$ のグラフは $\mathbb{R}^{d+1}$ 内で $d+1$ 次元矩形 $R_i \times [m_i, M_i]$ で被覆され，定理 7.9 より

$$\mu(G) \leq \sum_{R_i} \mu(R_i)(M_i - m_i) < \sum_{R_i} \mu(R_i)\varepsilon = \mu(R)\varepsilon$$

が成り立つ（図 7.4）. ただし μ は $d+1$ 次元測度を表す. ここで $\varepsilon > 0$ は任意であるから $\mu(G) = 0$ を得る.　　　　　　　　　　　　　　□

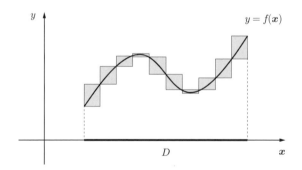

図 7.4　$y = f(\boldsymbol{x})$ のグラフの小矩形による被覆.

　ここで注意すべきことは，図形がゼロ集合であるかどうかは次元 d に依存するということである. 例えば，線分の d 次元測度 $(d \geq 2)$ は 0 であるが，1 次元測度は正の値をもつ. 半径 $r > 0$ の円板の $\mathbb{R}^2$ 内での 2 次元測度は πr^2 であるが，d 次元測度 $(d \geq 3)$ は 0 である. 一般に，$k < d$ のとき，k 次元の図形の d 次元測度は 0 である. 例えば，例題 7.10 より，有界閉区間上の連続関数のグラフは $\mathbb{R}^2$ におけるゼロ集合となる. より一般に，$\mathbb{R}^2$ 内で関数 $y = f(x)$ あるい

は $x = g(y)$ のグラフを有限個つなぎ合わせた形の連続曲線はゼロ集合である.
したがって, 2次元測度が0でないような曲線が存在すれば, それはきわめて
複雑な形状をしていなければならない. $\mathbb{R}^3$ 内の曲面についても同様で, 3次元
測度が0でないような曲面はきわめて複雑な形状をもつ.

　矩形などのような単純な形の集合が可測であることは容易に示せるが, 一般
に集合が可測かどうかについては, 境界の測度が決定的な意味をもつ.

> **定理 7.11**　$\mathbb{R}^d$ 内の有界集合 D が可測であるためには, その境界 ∂D がゼ
> ロ集合であることが必要十分である.

【証明】　D を含む矩形を R とする. R の分割 $P = \{R_i\}$ に対し, $R_i^0 \cap \partial D \neq \emptyset$
をみたす小矩形の集合 $\{R_i^0\}$ は ∂D を被覆する (図 7.5). ∂D がゼロ集合なら
ば, 任意の $\varepsilon > 0$ に対して $\sum \mu(R_i^0) < \varepsilon$ をみたす分割 P_ε が存在する. この P_ε
に対して上ダルブー和と下ダルブー和の差は

$$U(\chi_D, P_\varepsilon) - L(\chi_D, P_\varepsilon) = \sum \mu(R_i^0) < \varepsilon$$

をみたす. ここで $\varepsilon > 0$ は任意なので $\sup_P L(\chi_D, P) = \inf_P U(\chi_D, P)$ が成り立
ち, よって D は可測である.

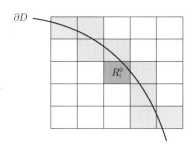

図 7.5　境界 ∂D の被覆.

　逆に D が可測ならば, 任意の $\varepsilon > 0$ に対して $U(\chi_D, P_\varepsilon) - L(\chi_D, P_\varepsilon) < \varepsilon$
をみたす R の分割 P_ε が存在する. P_ε に対して $\{R_i^0\}$ は ∂D を被覆し, かつ
$\sum \mu(R_i^0) < \varepsilon$ をみたす. ここで $\varepsilon > 0$ は任意なので $\mu(\partial D) = 0$ である.　∎

　応用上は，境界 ∂D が連続関数のグラフの組み合わせで表される場合が重要である．この場合には ∂D はゼロ集合になり（例題 7.10），したがって D は可測である．

例題 7.12 $\mathbb{R}^2$ 内の集合

$$D = \{(x,y) \mid x \in [0,1],\ y \in [0, f(x)]\}, \quad f(x) = \begin{cases} 1 & (x \in \mathbb{Q}) \\ 0 & (x \in \mathbb{R} \setminus \mathbb{Q}) \end{cases}$$

は可測でないことを示せ．

[**解**] 有理数の稠密性から，点 $(a,b) \in [0,1] \times [0,1]$ のすべての近傍 $U(a,b)$ には D に含まれる点と含まれない点が存在する．したがって $\partial D = [0,1] \times [0,1]$ であり，$\mu(\partial D) = 1$ であるから ∂D はゼロ集合ではない．よって定理 7.11 より D は可測でない． $\square$

■ 7.1.4 — 可測集合上の積分

　以上の議論をまとめて，積分可能であるための十分条件を与えよう．

定理 7.13 D を可測な有界閉領域とする．関数 f が D で連続ならば，f は D で積分可能である．

【**証明**】 D を含む矩形を R とする．R の分割 $P = \{R_i\}$ に対し，小矩形を3種類に分けて $\{R_i\} = \{R_i^+\} \cup \{R_i^0\} \cup \{R_i^+\}$ と表す．ただし

$$R_i^+ \subset D \setminus \partial D, \quad R_i^0 \cap \partial D \neq \emptyset, \quad R_i^- \subset R \setminus (D \cup \partial D)$$

である．定理 7.11 より D が可測ならば ∂D はゼロ集合であるから，任意の $\varepsilon > 0$ に対して $\sum \mu(R_i^0) < \varepsilon$ をみたす R の分割 P_ε が存在する．また f の一様連続性より，$\|P_\varepsilon\|$ を十分小さくとれば $\{R_i^+\}$ に対して $M_i - m_i < \varepsilon$ が成り立つ．一方，$M = \sup\{|f(\boldsymbol{x})| \mid \boldsymbol{x} \in D\}$ とおくと，f の有界性から $\{R_i^0\}$ に対して $M_i - m_i < 2M$ が成り立ち，また $\{R_i^-\}$ に対して $M_i - m_i = 0$ である．

以上のことから，f_D の上ダルブー和と下ダルブー和は，それぞれ

$$U(f_D, P_\varepsilon) = \sum_{R_i} M_i \mu(R_i) \leq \sum_{R_i^+} M_i \mu(R_i^+) + \sum_{R_i^0} M \mu(R_i^0)$$

$$\leq \sum_{R_i^+} M_i \mu(R_i^+) + M\varepsilon$$

および

$$L(f_D, P_\varepsilon) = \sum_{R_i} m_i \mu(R_i) \geq \sum_{R_i^+} m_i \mu(R_i^+) - \sum_{R_i^0} M \mu(R_i^0)$$

$$\geq \sum_{R_i^+} m_i \mu(R_i^+) - M\varepsilon$$

をみたす．したがって

$$U(f_D, P_\varepsilon) - L(f_D, P_\varepsilon) \leq \sum_{R_i^+} (M_i - m_i)\mu(R_i^+) + 2M\varepsilon < \{\mu(D) + 2M\}\varepsilon$$

である．ここで $\varepsilon > 0$ は任意なので $\sup_P L(f_D, P) = \inf_P U(f_D, P)$ が成り立ち，よって f は D で積分可能である． ∎

次の定理は，一変数関数の積分に関する定理 4.30 (i)〜(iii) の一般化である．

定理 7.14 関数 f と g は有界領域 D で積分可能であると仮定する．このとき以下が成り立つ．

(i) 任意の定数 $\alpha, \beta \in \mathbb{R}$ に対し，関数 $\alpha f + \beta g$ は D で積分可能で

$$\int_D \{\alpha f(\boldsymbol{x}) + \beta g(\boldsymbol{x})\}d\boldsymbol{x} = \alpha \int_D f(\boldsymbol{x})d\boldsymbol{x} + \beta \int_D g(\boldsymbol{x})d\boldsymbol{x}.$$

（積分の線形性）

(ii) D 上で $f \leq g$ ならば $\displaystyle\int_D f(\boldsymbol{x})d\boldsymbol{x} \leq \int_D g(\boldsymbol{x})d\boldsymbol{x}$. （積分の単調性）

(iii) 関数 $|f|$ は D で積分可能で $\displaystyle\left|\int_D f(\boldsymbol{x})d\boldsymbol{x}\right| \leq \int_D |f(\boldsymbol{x})|\, d\boldsymbol{x}$.

【証明】 D を含む矩形を R とし，R の分割を $P = \{R_i\}$ とする．すると (i), (ii) の証明は，それぞれ f と g のリーマン和がみたす性質

$$\sum_{R_i} \{\alpha f(\boldsymbol{\xi}_i) + \beta g(\boldsymbol{\xi}_i)\} \mu(R_i) = \alpha \sum_{R_i} f(\boldsymbol{\xi}_i) \mu(R_i) + \beta \sum_{R_i} g(\boldsymbol{\xi}_i) \mu(R_i)$$

および

$$\sum_{R_i} f(\boldsymbol{\xi}_i) \mu(R_i) \leq \sum_{R_i} g(\boldsymbol{\xi}_i) \mu(R_i)$$

において，$\|P\| \to 0$ での極限を考えるとただちに得られる.

f が積分可能ならば $|f|$ も積分可能であることを示そう．$|f|$ に対する上ダルブー和と下ダルブー和の差をとり，各 R_i に対して

$$\sup_{\boldsymbol{x} \in R_i} |f(\boldsymbol{x})| - \inf_{\boldsymbol{x} \in R_i} |f(\boldsymbol{x})| \leq \sup_{\boldsymbol{x} \in R_i} f(\boldsymbol{x}) - \inf_{\boldsymbol{x} \in R_i} f(\boldsymbol{x})$$

が成り立つ[8]ことを用いると

$$U(|f|, P) - L(|f|, P) = \sum_{R_i} \left\{ \sup_{\boldsymbol{x} \in R_i} |f(\boldsymbol{x})| - \inf_{\boldsymbol{x} \in R_i} |f(\boldsymbol{x})| \right\} \mu(R_i)$$

$$\leq \sum_{R_i} \left\{ \sup_{\boldsymbol{x} \in R_i} f(\boldsymbol{x}) - \inf_{\boldsymbol{x} \in R_i} f(\boldsymbol{x}) \right\} \mu(R_i)$$

$$= U(f, P) - L(f, P)$$

が得られる．右辺は $\|P\| \to 0$ とすると 0 に収束し，したがって $U(|f|, P)$ と $L(|f|, P)$ は同じ極限をもつから，$|f|$ は D で積分可能である．すると (ii) より

$$-\int_D |f(\boldsymbol{x})| \, d\boldsymbol{x} \leq \int_D f(\boldsymbol{x}) d\boldsymbol{x} \leq \int_D |f(\boldsymbol{x})| \, d\boldsymbol{x}$$

が成り立ち，(iii) が示された. ■

定理 4.30 (iii) より f が積分可能ならば $|f|$ も積分可能であるが，逆は必ずしも正しくない（例題 4.26）.

---

[8] 上限と下限の符号で場合分けすると簡単に確かめられる.

次の定理は，一変数関数に対する定理 4.28 を特殊な場合として含んでいる．

定理 7.15 D を有界領域とし，f を D 上の有界な関数とする．また D の部分集合 D_1, D_2 は $D = D_1 \cup D_2$ および $\mu(D_1 \cap D_2) = 0$ をみたすと仮定する．もし f が D_1 と D_2 で積分可能ならば，f は D で積分可能であり，また

$$\int_D f(\boldsymbol{x})d\boldsymbol{x} = \int_{D_1} f(\boldsymbol{x})d\boldsymbol{x} + \int_{D_2} f(\boldsymbol{x})d\boldsymbol{x}$$

が成り立つ．

【証明】 D を含む矩形を R とし，$P = \{R_i\}$ を R の分割とする．f の D, D_1, D_2, $D_1 \cap D_2$ の外部へのゼロ拡張 f_D, f_{D_1}, f_{D_2}, $f_{D_1 \cap D_2}$ は

$$f_D(\boldsymbol{x}) = f_{D_1}(\boldsymbol{x}) + f_{D_2}(\boldsymbol{x}) - f_{D_1 \cap D_2}(\boldsymbol{x})$$

をみたすことから，各 R_i に対して

$$\inf_{\boldsymbol{x} \in R_i} f_D(\boldsymbol{x}) \geq \inf_{\boldsymbol{x} \in R_i} f_{D_1}(\boldsymbol{x}) + \inf_{\boldsymbol{x} \in R_i} f_{D_2}(\boldsymbol{x}) - \sup_{\boldsymbol{x} \in R_i} f_{D_1 \cap D_2}(\boldsymbol{x}),$$

$$\sup_{\boldsymbol{x} \in R_i} f_D(\boldsymbol{x}) \leq \sup_{\boldsymbol{x} \in R_i} f_{D_1}(\boldsymbol{x}) + \sup_{\boldsymbol{x} \in R_i} f_{D_2}(\boldsymbol{x}) - \inf_{\boldsymbol{x} \in R_i} f_{D_1 \cap D_2}(\boldsymbol{x})$$

が成り立つ．これよりダルブー和に関する不等式

$$L(f_D, P) \geq L(f_{D_1}, P) + L(f_{D_2}, P) - U(f_{D_1 \cap D_2}, P),$$

$$U(f_D, P) \leq U(f_{D_1}, P) + U(f_{D_2}, P) - L(f_{D_1 \cap D_2}, P)$$

が得られる．したがって

$$U(f_D, P) - L(f_D, P)$$

$$\leq \{U(f_{D_1}, P) - L(f_{D_1}, P)\} + \{U(f_{D_2}, P) - L(f_{D_2}, P)\}$$

$$+ \{U(f_{D_1 \cap D_2}, P) - L(f_{D_1 \cap D_2}, P)\}$$

が成り立つ．

もし f が D_1, D_2 で積分可能ならば，任意の $\varepsilon > 0$ に対して

$$U(f_{D_1}, P_\varepsilon) - L(f_{D_1}, P_\varepsilon) < \varepsilon, \qquad U(f_{D_2}, P_\varepsilon) - L(f_{D_2}, P_\varepsilon) < \varepsilon$$

をみたす R の分割 P_ε が存在する．また $\mu(D_1 \cap D_2) = 0$ であるから，必要ならば分割をさらに細かくすることにより

$$U(f_{D_1 \cap D_2}, P_\varepsilon) - L(f_{D_1 \cap D_2}, P_\varepsilon) < \varepsilon$$

としてよい．するとこの P_ε に対して $U(f_D, P_\varepsilon) - L(f_D, P_\varepsilon) < 3\varepsilon$ が成り立ち，したがって f は

$$\inf_P U(f_D, P) - \sup_P L(f_D, P) \leq U(f_D, P_\varepsilon) - L(f_D, P_\varepsilon) < 3\varepsilon$$

をみたす．ここで $\varepsilon > 0$ は任意であるから $\sup_P L(f_D, P) = \inf_P U(f_D, P)$ が得られる．よって f は D で積分可能である．また，上で示したダルブー和に関する不等式で $\|P\| \to 0$ とすることにより

$$\int_D f(\boldsymbol{x})d\boldsymbol{x} = \int_{D_1} f(\boldsymbol{x})d\boldsymbol{x} + \int_{D_2} f(\boldsymbol{x})d\boldsymbol{x}$$

が得られる． ∎

次の定理は，ゼロ集合上で関数の値を変えても積分に影響を与えないことを表している．

定理 7.16　関数 f は有界領域 D で積分可能であるとする．また E を D に含まれるゼロ集合とし，g を E 上の有界な関数とする．このとき，E 上の f の値を g に置き換えても積分可能であり，また積分の値は変わらない．

【証明】　E 上の f の値を g に置き換えた関数を h とし，E を含む矩形 R の分割を P とする．このとき $M = \sup_{\boldsymbol{x} \in E} |f(\boldsymbol{x}) - g(\boldsymbol{x})| < \infty$ に対して

$$\left| L(h_D, P) - L(f_D, P) \right| \leq M L(\chi_E, P) \to M\mu(E) = 0,$$

$$\left| U(h_D, P) - U(f_D, P) \right| \leq M U(\chi_E, P) \to M\mu(E) = 0 \qquad (\|P\| \to 0)$$

が成り立つ．したがって

$$\sup_P L(h_D, P) = \sup_P L(f_D, P) = \inf_P U(f_D, P) = \inf_P U(h_D, P)$$

となるので結論が得られる． ■

　ここで，区間上の積分についての注意を述べる．定理 4.27 では区間を分割して区間ごとに積分してもよいことを示した．これは定理 7.15 で積分領域を分割したことに対応する．また，関数が区分的に連続（不連続点が有限個）ならば不連続点はゼロ集合であり，したがって定理 7.16 より，不連続点における被積分関数の値は積分値に影響を与えない．

　最後に，積分の平均値の定理 4.30 (v) を一般化した定理を与える．

定理 7.17（**積分の平均値の定理**）　D を連結した可測な有界閉領域，f, g を D 上の連続関数とする．もし D 上で $g(\boldsymbol{x}) > 0$（あるいは D 上で $g(\boldsymbol{x}) < 0$）をみたせば，ある $\boldsymbol{c} \in D$ に対して

$$\int_D f(\boldsymbol{x})g(\boldsymbol{x})d\boldsymbol{x} = f(\boldsymbol{c}) \int_D g(\boldsymbol{x})d\boldsymbol{x}$$

が成り立つ．特に $g(\boldsymbol{x}) \equiv 1$ とすると

$$\int_D f(\boldsymbol{x})d\boldsymbol{x} = f(\boldsymbol{c}) \int_D d\boldsymbol{x}$$

である．

【**証明**】　$g(\boldsymbol{x}) > 0$ の場合に証明する．（$g(\boldsymbol{x}) < 0$ の場合も同様である．）まず $f(\boldsymbol{x})$ が定数関数のときは明らかである．$f(\boldsymbol{x})$ が定数関数でないときは，D での $f(\boldsymbol{x})$ の最小値を m，最大値を M とすると

$$mg(\boldsymbol{x}) \leq f(\boldsymbol{x})g(\boldsymbol{x}) \leq Mg(\boldsymbol{x})$$

が成り立つ．これを D で積分すると，定理 7.14 (ii) より

$$m \int_D g(\boldsymbol{x})d\boldsymbol{x} \leq \int_D f(\boldsymbol{x})g(\boldsymbol{x})d\boldsymbol{x} \leq M \int_D g(\boldsymbol{x})d\boldsymbol{x}$$

となり，したがって

$$m \leq \frac{\displaystyle\int_D f(\boldsymbol{x})g(\boldsymbol{x})d\boldsymbol{x}}{\displaystyle\int_D g(\boldsymbol{x})d\boldsymbol{x}} \leq M$$

である．一方，D は連結していることから曲線に対する中間値の定理 3.25 が適用できて，$f(\boldsymbol{x})$ は D 上で m と M の間にあるすべての値をとる．したがって，ある $\boldsymbol{c} \in D$ に対して

$$f(\boldsymbol{c}) = \frac{\displaystyle\int_D f(\boldsymbol{x})g(\boldsymbol{x})d\boldsymbol{x}}{\displaystyle\int_D g(\boldsymbol{x})d\boldsymbol{x}}$$

が成り立つから，これを変形して証明が得られる． ∎

演習問題 7.1

1. ゼロ集合に対して次を示せ．

  (1) ゼロ集合の部分集合はゼロ集合である．

  (2) 有限個のゼロ集合の和集合はゼロ集合である．

2. 有界領域 D 上の関数 $y = f(\boldsymbol{x})$ が積分可能ならば，グラフ $\{(\boldsymbol{x}, y) \mid \boldsymbol{x} \in D,\ y = f(\boldsymbol{x})\}$ の $d+1$ 次元測度はゼロであることを示せ．

3. D を可測な有界閉領域とする．$D \times [a, b]$ で関数 $f(\boldsymbol{x}, t)$ は連続であり，また t について偏微分可能で偏導関数 $f_t(\boldsymbol{x}, t)$ は連続であると仮定する．このとき

$$\frac{d}{dt}\int_D f(\boldsymbol{x}, t)d\boldsymbol{x} = \int_D \frac{\partial}{\partial t}f(\boldsymbol{x}, t)d\boldsymbol{x}$$

が成り立つことを示せ．

7.2 重積分の計算

■7.2.1 — 逐次積分

ここでは，区間上の積分を繰り返す**逐次積分**[9]と重積分の関係について述べる．逐次積分を用いると，比較的簡単に重積分の値を計算できる．まず，逐次積分の基礎となる定理を証明しよう．

定理 7.18 Q を k 次元矩形，R を l 次元矩形とし，関数 $f(\boldsymbol{x}, \boldsymbol{y})$ は $k + l$ 次元矩形 $Q \times R$ で定義され，次の条件をみたすと仮定する．

(i) $f(\boldsymbol{x}, \boldsymbol{y})$ は $Q \times R$ で積分可能．

(ii) 各 $\boldsymbol{x} \in Q$ に対して $f(\boldsymbol{x}, \boldsymbol{y})$ は $\boldsymbol{y}$ について R で積分可能．

(iii) $F(\boldsymbol{x}) = \displaystyle\int_R f(\boldsymbol{x}, \boldsymbol{y}) d\boldsymbol{y}$ は Q で積分可能．

このとき

$$\int_{Q \times R} f(\boldsymbol{x}, \boldsymbol{y}) d(\boldsymbol{x}, \boldsymbol{y}) = \int_Q \left\{ \int_R f(\boldsymbol{x}, \boldsymbol{y}) d\boldsymbol{y} \right\} d\boldsymbol{x} \quad \left(= \int_Q F(\boldsymbol{x}) d\boldsymbol{x} \right)$$

が成り立つ．

【証明】 Q の分割を $\{Q_i\}$，R の分割を $\{R_j\}$ とし，Q_i の k 次元測度を $\mu(Q_i)$，R_j の l 次元測度を $\mu(R_j)$ で表す[10]．また $Q \times R$ の分割を $P = \{Q_i \times R_j\}$ で定めて

$$m_{ij} = \inf_{(\boldsymbol{x}, \boldsymbol{y}) \in Q_i \times R_j} f(\boldsymbol{x}, \boldsymbol{y}), \qquad M_{ij} = \sup_{(\boldsymbol{x}, \boldsymbol{y}) \in Q_i \times R_j} f(\boldsymbol{x}, \boldsymbol{y})$$

とおく．定理 7.6 より，$f(\boldsymbol{x}, \boldsymbol{y})$ が $\boldsymbol{y}$ について R で積分可能ならば各 R_j で積分可能である．そこで $\boldsymbol{x} \in Q_i$ を固定して $m_{ij} \leq f(\boldsymbol{x}, \boldsymbol{y}) \leq M_{ij}$ を $\boldsymbol{y}$ について R_j で積分すると

$$m_{ij} \mu(R_j) \leq \int_{R_j} f(\boldsymbol{x}, \boldsymbol{y}) d\boldsymbol{y} \leq M_{ij} \mu(R_j)$$

---

[9] 累次積分，反復積分ともいう．

[10] 本来，次元の異なる測度には異なる記号を使うべきではあるが，混乱は生じないと思われるので同じ記号 μ を用いる．

となり，これをすべての R_j について加えると

$$\sum_{R_j} m_{ij}\mu(R_j) \leq F(\boldsymbol{x}) \leq \sum_{R_j} M_{ij}\mu(R_j)$$

が得られる．さらにこれを $\boldsymbol{x}$ について Q_i で積分すると

$$\sum_{R_j} m_{ij}\mu(Q_i)\mu(R_j) \leq \int_{Q_i} F(\boldsymbol{x})d\boldsymbol{x} \leq \sum_{R_j} M_{ij}\mu(Q_i)\mu(R_j)$$

となり，すべての Q_i について加えると

$$\sum_{Q_i,\,R_j} m_{ij}\mu(Q_i)\mu(R_j) \leq \int_{Q} F(\boldsymbol{x})d\boldsymbol{x} \leq \sum_{Q_i,\,R_j} M_{ij}\mu(Q_i)\mu(R_j)$$

が得られる．ここで $\mu(Q_i)\mu(R_j)$ は $Q_i \times R_j$ の $k+l$ 次元測度であるから，左辺は f の $Q \times R$ 上の下ダルブー和，右辺は上ダルブー和である．したがって，$\|P\| \to 0$ とすると

$$\int_{Q \times R} f(\boldsymbol{x},\boldsymbol{y})d(\boldsymbol{x},\boldsymbol{y}) = \int_{Q} F(\boldsymbol{x})d\boldsymbol{x} = \int_{Q}\left\{\int_{R} f(\boldsymbol{x},\boldsymbol{y})d\boldsymbol{y}\right\}d\boldsymbol{x}$$

が得られる． ■

　積分領域が一般の有界集合の場合には，これを含む矩形上にゼロ拡張した関数を積分すれば，定理 7.18 をそのままの形で適用できる．特に，領域 D の境界が連続関数のグラフで表せる場合には，より実用的な積分公式が導ける．

定理 7.19　E を $\mathbb{R}^{d-1}$ 内の可測な有界閉集合とし，$\varphi(\boldsymbol{x})$ と $\psi(\boldsymbol{x})$ を E で連続で $\varphi(\boldsymbol{x}) \leq \psi(\boldsymbol{x})$ をみたす関数とする．$f(\boldsymbol{x},y)$ を領域

$$D = \{(\boldsymbol{x},y) \mid \varphi(\boldsymbol{x}) \leq y \leq \psi(\boldsymbol{x}),\ \boldsymbol{x} \in E\}$$

（図 7.6）で連続な関数とすれば

$$\int_{D} f(\boldsymbol{x},y)d(\boldsymbol{x},y) = \int_{E}\left\{\int_{\varphi(\boldsymbol{x})}^{\psi(\boldsymbol{x})} f(\boldsymbol{x},y)dy\right\}d\boldsymbol{x}$$

が成り立つ．

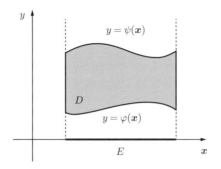

図 7.6 積分領域 D.

【証明】 Q を E を含む $d-1$ 次元矩形とし, 定数 a, b を $Q \times [a, b]$ が D を含むようにとる. f_D を f のゼロ拡張とし, f_D が定理 7.18 の条件 (i), (ii), (iii) をみたすことを確認する.

まず D の境界がゼロ集合であることから, 定理 7.11 より D は可測である. f は D 上で連続であるから, $f(\boldsymbol{x}, y)$ は D で積分可能である. また $\boldsymbol{x} \in Q$ を固定すると $f_D(\boldsymbol{x}, y)$ は y について連続であり, したがって $f(\boldsymbol{x}, y)$ は y について区間 $[\varphi(\boldsymbol{x}), \psi(\boldsymbol{x})]$ で積分可能である. よって条件 (i), (ii) をみたすことが示された.

次に, 関数

$$F_D(\boldsymbol{x}) = \int_a^b f_D(\boldsymbol{x}, y) dy$$

が E で連続であることを示す. 定義から, $\boldsymbol{x}, \boldsymbol{x} + \boldsymbol{h} \in E$ に対して

$$F_D(\boldsymbol{x} + \boldsymbol{h}) - F_D(\boldsymbol{x})$$
$$= \int_{\varphi(\boldsymbol{x}+\boldsymbol{h})}^{\psi(\boldsymbol{x}+\boldsymbol{h})} f(\boldsymbol{x} + \boldsymbol{h}, y) dy - \int_{\varphi(\boldsymbol{x})}^{\psi(\boldsymbol{x})} f(\boldsymbol{x}, y) dy$$
$$= \int_{\varphi(\boldsymbol{x})}^{\psi(\boldsymbol{x})} \{f(\boldsymbol{x} + \boldsymbol{h}, y) - f(\boldsymbol{x}, y)\} dy$$
$$+ \int_{\psi(\boldsymbol{x})}^{\psi(\boldsymbol{x}+\boldsymbol{h})} f(\boldsymbol{x} + \boldsymbol{h}, y) dy - \int_{\varphi(\boldsymbol{x})}^{\varphi(\boldsymbol{x}+\boldsymbol{h})} f(\boldsymbol{x} + \boldsymbol{h}, y) dy$$

が成り立つ. ここで $\boldsymbol{h} \to \boldsymbol{0}$ とすると, 右辺の第一項は $f(\boldsymbol{x}, y)$ の一様連続性,

第二項は $f(\boldsymbol{x}+\boldsymbol{h},y)$ の有界性と $\psi(\boldsymbol{x})$ の連続性，第三項は $f(\boldsymbol{x},y)$ の有界性と $\varphi(\boldsymbol{x})$ の連続性から，それぞれ 0 に収束する．したがって $F_D(\boldsymbol{x})$ は E で連続であるから積分可能である．よって条件 (iii) をみたすことが示された．

以上より，関数 f_D は $Q \times [a,b]$ で逐次積分可能で

$$\int_{Q \times [a,b]} f_D(\boldsymbol{x},y)d(\boldsymbol{x},y) = \int_Q F_D(\boldsymbol{x})d\boldsymbol{x}$$

をみたす．ここで

$$\int_{Q \times [a,b]} f_D(\boldsymbol{x},y)d(\boldsymbol{x},y) = \int_D f(\boldsymbol{x},y)d(\boldsymbol{x},y),$$

$$\int_Q F_D(\boldsymbol{x})d\boldsymbol{x} = \int_E \left\{ \int_{\varphi(\boldsymbol{x})}^{\psi(\boldsymbol{x})} f(\boldsymbol{x},y)dy \right\}d\boldsymbol{x}$$

であることに注意すると証明が得られる． ∎

次の例題が示すように，被積分関数が連続でないと，逐次積分が可能であっても対応する重積分が可能とは限らない．

例題 7.20 長方形 $R = [0,1] \times [0,1]$ で定義された関数

$$f(x,y) = \begin{cases} 2xy & (x \in \mathbb{Q}) \\ x & (x \in \mathbb{R} \setminus \mathbb{Q}) \end{cases}$$

の積分可能性について調べよ．

[**解**]　定義から各 $x \in [0,1]$ に対して

$$\int_0^1 f(x,y)dy = x$$

であり，したがって逐次積分すると

$$\int_0^1 \left\{ \int_0^1 f(x,y)dy \right\}dx = \int_0^1 x\,dx - \frac{1}{2}$$

が得られる．一方，例題 4.26 より，各 $y \in (0,1)$ に対して $f(x,y)$ は x につい

て積分可能でない．また

$$\sup_P L(f, P) = \int_R \min\{2xy, y\}\, d(x, y),$$

$$\inf_P U(f, P) = \int_R \max\{2xy, y\}\, d(x, y)$$

の値が異なることから，f は R で積分可能でない．　　□

■ 7.2.2 ── 積分の順序

逐次積分の背後にある考え方は単純で，例えば $d = 2$ の場合，リーマン和を計算する際にまず x 軸あるいは y 軸に平行な帯に沿って足し合わせ，次にそれらを加えることに対応する．その結果，例えば長方形 $R = [a, b] \times [c, d]$ で逐次積分が可能ならば，二重積分を

$$\int_R f(x, y)d(x, y) = \int_a^b \left\{ \int_c^d f(x, y)dy \right\}dx$$

あるいは

$$\int_R f(x, y)d(x, y) = \int_c^d \left\{ \int_a^b f(x, y)dx \right\}dy$$

として計算できる（図 7.7）．

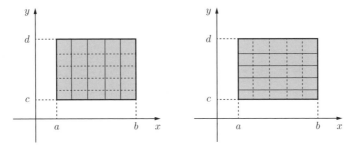

図 7.7　逐次積分の原理．

すべての変数について逐次積分が可能なとき，定理 7.19 を繰り返し用いると

$$\int_R f(\boldsymbol{x})d\boldsymbol{x} = \int_{a_{i_d}}^{b_{i_d}} \left\{ \cdots \left\{ \int_{a_{i_2}}^{b_{i_2}} \left\{ \int_{a_{i_1}}^{b_{i_1}} f(\boldsymbol{x})dx_{i_1} \right\} dx_{i_2} \right\} \cdots \right\} dx_{i_d}$$

が得られ，これを簡単に

$$\int_R f(\boldsymbol{x})d\boldsymbol{x} = \int_{a_{i_d}}^{b_{i_d}} \cdots \int_{a_{i_2}}^{b_{i_2}} \int_{a_{i_1}}^{b_{i_1}} f(\boldsymbol{x})dx_{i_1}dx_{i_2}\cdots dx_{i_d}$$

と表す．ただし $\{i_1, i_2, \ldots, i_d\}$ は $\{1, 2, \ldots, d\}$ の並べ替えであり，したがって $\mathbb{R}^d$ 内の矩形領域での逐次積分として $d!$ 通りの方法が考えられる．ただし，積分の順序によって計算の手間が増えたり，初等的な計算では値を求めることができないこともあるので，その中から最適な方法を探る必要がある．

例題 7.21　$\mathbb{R}^3$ 内において座標平面と平面 $x+y+2z=2$ で囲まれた集合を D とする（図 7.8）．f を D 上の連続関数とするとき，$\displaystyle\int_D f(x,y,z)d(x,y,z)$ を逐次積分で表せ．

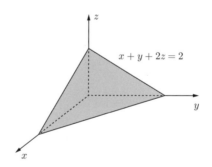

$x+y+2z=2$

図 7.8　例題 7.21 の積分領域.

［**解**］　積分領域を

$$D = \{(x,y,z) \mid 0 \le x \le 2-y-2z,\ 0 \le y \le 2-2z,\ 0 \le z \le 1\}$$

と表せば，定理 7.19 を繰り返し用いて

$$\int_D f(x,y,z)d(x,y,z) = \int_0^1 \int_0^{2-2z} \int_0^{2-y-2z} f(x,y,z)dxdydz$$

が得られる. 積分の順序を入れ替えると, 他の形の逐次積分として

$$\int_D f(x,y,z)d(x,y,z) = \int_0^2 \int_0^{1-\frac{y}{2}} \int_0^{2-y-2z} f(x,y,z)dxdzdy$$

$$= \int_0^1 \int_0^{2-2z} \int_0^{2-x-2z} f(x,y,z)dydxdz$$

$$= \int_0^2 \int_0^{1-\frac{x}{2}} \int_0^{2-x-2z} f(x,y,z)dydzdx$$

$$= \int_0^2 \int_0^{2-x} \int_0^{1-\frac{x}{2}-\frac{y}{2}} f(x,y,z)dzdydx$$

$$= \int_0^2 \int_0^{2-y} \int_0^{1-\frac{x}{2}-\frac{y}{2}} f(x,y,z)dzdxdy$$

の 5 通りが得られる. □

　ここまでは, 重積分の値を計算するための手段として逐次積分を用いてきたが, 逆に逐次積分の値の計算に重積分を利用することもできる. 例えば, 逐次積分の値の計算が困難なとき, 重積分を経由して積分の順序を入れ替えることによって簡単になることがある. 具体的には, まず与えられた逐次積分に対応する重積分を考え, もし重積分が可能ならば定理 7.19 を用いて他の形の逐次積分に書き直す. この手続きを**積分順序の交換**といい, これによって積分の値は変わらない.

例題 7.22　逐次積分

$$\int_0^1 \int_0^y e^{-(x-1)^2}dxdy$$

の値を求めよ.

[**解**]　関数 $e^{-(x-1)^2}$ の原始関数は初等関数では表せないので, この逐次積分の値を求めるのは簡単ではない. そこで積分の順序を交換してみる. この場合の積分領域は

$$D = \{(x,y) \mid 0 \le x \le y,\ 0 \le y \le 1\}$$

であり（図 7.9），被積分関数は D で連続であるから，f は D 上で二重積分可能で

$$\int_0^1 \int_0^y e^{-(x-1)^2} dxdy = \int_D e^{-(x-1)^2} d(x, y)$$

が成り立つ．積分領域は

$$D = \{(x, y) \mid 0 \le x \le 1, \ x \le y \le 1\}$$

とも表せるから，積分値は

$$\int_D e^{-(x-1)^2} d(x, y) = \int_0^1 \int_x^1 e^{-(x-1)^2} dydx$$

$$= -\int_0^1 (x-1)e^{-(x-1)^2} dx = \frac{1}{2}(1 - e^{-1})$$

と計算できる． □

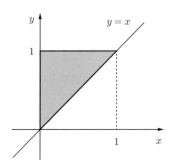

図 7.9　例題 7.22 の積分領域 D.

7.2.3 ── 広義重積分

積分領域が有界でないときや，領域の境界で被積分関数が発散しているときには，多変数関数に対する広義重積分が定義される．広義重積分の考え方は一変数関数に対する広義積分の場合と同じで，積分領域を内側から近似する．ただし，$\mathbb{R}^d$ $(d \ge 2)$ 内の領域は $\mathbb{R}$ 上の区間よりも複雑な構造をもち得るので，そのために多少の準備が必要である．

領域 D に対し，以下のような条件をみたす有界閉領域の列 $\{D_n\}$ を D の**近似増加列**という（図 7.10）．

(i) $D_1 \subset D_2 \subset \cdots \subset D_n \subset D_{n+1} \subset \cdots \subset D.$

(ii) 任意の有界閉領域 $E \subset D$ に対し，$E \subset D_j$ となるような j が存在する．

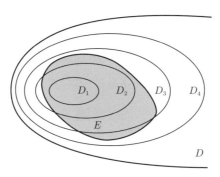

図 7.10 D に対する近似増加列 $\{D_n\}$．

すべての領域に対して近似増加列が存在するとは限らないが，一つでも存在すれば無限に多くの他の近似増加列が存在する．これを踏まえて，$\mathbb{R}^d$ 内の領域 D における**広義重積分**を次のように定義する．

定義 7.23 f を $\mathbb{R}^d$ 内の領域 D で定義された関数とし，$\{D_n\}$ を D の近似増加列とする．各 $n \in \mathbb{N}$ について積分 $\displaystyle\int_{D_n} f(\boldsymbol{x})d\boldsymbol{x}$ が存在し，$\{D_n\}$ のとり方と無関係に $n \to \infty$ で同じ値 $L \in \mathbb{R}$ に収束するとき，f は D で**広義重積分可能**であるといい

$$\int_D f(\boldsymbol{x})d\boldsymbol{x} = L = \lim_{n \to +\infty} \int_{D_n} f(\boldsymbol{x})d\boldsymbol{x}$$

で定義する．

この定義ではすべての近似増加列に対して同じ極限の存在を仮定しているが，f が符号変化しない場合には，一つの近似増加列について極限が存在することを確かめれば十分である．

定理 7.24　f を領域 D 上で非負（非正）の値をとる連続関数とする．もし D の一つの近似増加列 $\{D_n\}$ と $L \in \mathbb{R}$ に対して

$$\lim_{n \to +\infty} \int_{D_n} f(\boldsymbol{x}) d\boldsymbol{x} = L$$

が成り立てば，f は D で広義重積分可能で $\int_D f(\boldsymbol{x}) d\boldsymbol{x} = L$ をみたす．

【証明】　$f \geq 0$ の場合に証明する．（$f \leq 0$ の場合も同様である．）この場合，$\int_{D_n} f(\boldsymbol{x}) d\boldsymbol{x}$ は n について非減少であることに注意しよう．

$\{D'_m\}$ を D の他の近似増加列とする．定義から各 D'_m に対して $D'_m \subset D_n$ をみたす D_n が存在し，このとき

$$\int_{D'_m} f(\boldsymbol{x}) d\boldsymbol{x} \leq \int_{D_n} f(\boldsymbol{x}) d\boldsymbol{x} \leq L$$

が成り立つ．したがって $\int_{D'_m} f(\boldsymbol{x}) d\boldsymbol{x}$ は有界であり，また m について非減少であるから収束する．この極限を L' とすると $L' \leq L$ が成り立ち，一方 $\{D_n\}$ と $\{D'_m\}$ の役割を入れ替えれば $L \leq L'$ が得られる．よって極限値は近似増加列のとり方と無関係であるから，f は D で広義重積分可能である．　∎

例題 7.25　積分

$$\int_D \frac{y}{(x+y)^2} d(x, y), \qquad D = \{(x, y) \mid 0 < x \leq 1,\ 0 \leq y \leq 1\}$$

の値を求めよ．

［解］　被積分関数は D で非有界である．そこで広義重積分を考えることになるが，定理 7.24 より一つの近似増加列に対して極限を求めれば十分である．

D の近似増加列 $\{D_n\}$ を $D_n = [1/n, 1] \times [0, 1]$ $(n = 1, 2, 3, \ldots)$ で定める．すると各 $n \in \mathbb{N}$ に対して f は D_n で連続であり，D_n 上の積分は

$$I_n = \int_{D_n} f(x,y)d(x,y) = \int_{1/n}^1 \int_0^1 \frac{y}{(x+y)^2}dydx$$

$$= \int_{1/n} \left[\log|x+y| + \frac{x}{x+y} \right]_0^1 dx$$

$$= \int_{1/n} \left(\log|x+1| - \log|x| - \frac{1}{x+1} \right) dx$$

$$= \log 2 - \frac{1}{n}\log\left(1 + \frac{1}{n}\right) - \frac{1}{n}\log\left(\frac{1}{n}\right)$$

と計算できる. ここで

$$\lim_{n\to\infty} \frac{1}{n}\log\left(1 + \frac{1}{n}\right) = 0, \qquad \lim_{n\to\infty} \frac{1}{n}\log\left(\frac{1}{n}\right) = 0$$

を用いると

$$\int_D \frac{y}{(x+y)^2}d(x,y) = \lim_{n\to\infty} I_n = \log 2$$

が得られる. □

演習問題 7.2

1. 次の関数 f と領域 D に対する重積分の値を求めよ.

(1) $f(x,y) = (x^2 + y^2)$, $D = \{(x,y) \mid 0 \le x \le 1, \ 0 \le y \le 1\}$.

(2) $f(x,y) = \sin(x+y)$, $D = \{(x,y) \mid 0 \le x \le \pi/2, \ 0 \le y \le \pi\}$.

(3) $f(x,y,z) = y\mathrm{e}^z$,
$D = \{(x,y,z) \mid 0 \le x \le 1, \ 0 \le y \le \sqrt{x}, \ 0 \le z \le y\}$.

(4) $f(x,y,z) = xyz$,
$D = \{(x,y,z) \mid 0 \le x \le \sqrt{1-y^2}, \ 0 \le y \le 1, \ 0 \le z \le \sqrt{x^2+y^2}\}$.

2. $f(x,y)$ を $D = \{(x,y) \mid a \le x \le b, \ c \le y \le d\}$ 上の C^2 級関数とすると

$$\int_D \frac{\partial^2}{\partial x \partial y}f(x,y)d(x,y) = f(b,d) - f(b,c) - f(a,d) + f(a,c)$$

が成り立つことを示せ.

3. 次の積分の順序を交換せよ.

(1) $\displaystyle\int_0^1 \int_{x^2}^x f(x,y)\,dydx$　　　　(2) $\displaystyle\int_0^1 \int_0^{\sqrt{1-x^2}} f(x,y)\,dydx$

4. 次の広義積分が存在するような $\alpha, \beta \in \mathbb{R}$ の範囲と積分値を求めよ.

$$\int_D \frac{1}{(1+x)^\alpha (1+y)^\beta}\,dxdy,\quad D = \{(x,y) \mid 0 \le x < \infty,\ 0 \le y < \infty\}.$$

5. $0 < \alpha < 1$ のとき,次の積分の値を求めよ.

$$\int_D (x-y)^{-\alpha}d(x,y),\quad D = \{(x,y) \mid 0 \le y < x \le 1\}.$$

▌7.3　変数変換

▌7.3.1 ── 変数と領域の変換

　置換積分は,一変数関数の積分の計算にはきわめて有用である.この節では,置換積分を多変数関数に対して拡張するために,変数変換と呼ばれる手法を用いるが,厳密な議論には一変数の場合には見られない難しさがある.

　重積分における変数変換について説明するために,最初にいくつかの用語を導入しておこう.$\mathbb{R}^d$ から $\mathbb{R}^d$ への C^1 級の写像によって $\boldsymbol{u} = (u_1, u_2, \ldots, u_d)$ が $\boldsymbol{x} = (x_1, x_2, \ldots, x_d)$ に写されるとし,これを d 変数の d 次元ベクトル値関数 $\boldsymbol{\varphi}$ を用いて

$$\boldsymbol{x} = \boldsymbol{\varphi}(\boldsymbol{u}) = (\varphi_1(\boldsymbol{u}), \varphi_2(\boldsymbol{u}), \ldots, \varphi_d(\boldsymbol{u}))$$

で表す.写像 $\boldsymbol{\varphi}$ のことを**変数変換**といい,これによって独立変数を $\boldsymbol{x}$ から $\boldsymbol{u}$ に変えたとみなす.また第 (i,j) 成分が $J_{ij} = \dfrac{\partial \varphi_i}{\partial u_j}$ で与えられる d 次の正方行列 J を**ヤコビ行列**といい

$$J(\boldsymbol{u}),\quad \frac{\partial \boldsymbol{\varphi}}{\partial \boldsymbol{u}},\quad \frac{\partial(\varphi_1, \varphi_2, \ldots, \varphi_d)}{\partial(u_1, u_2, \ldots, u_d)},\quad \left[\frac{\partial \varphi_i}{\partial u_j}\right]$$

などで表し[11]，ヤコビ行列 J に対応する行列式 $\det J$ を**ヤコビアン**という．

E を $\mathbb{R}^d$ 内の集合とし，φ による E の像を D とする（図7.11）．すなわち，変換 φ は E から D の上への写像である．また重要な仮定として，φ は E から D への全単射（すなわち φ は一対一対応）であるとする．$f(\boldsymbol{x})$ を D で定義された関数とすると，f と φ の合成によって，E 上の関数 $g(\boldsymbol{u}) = f(\varphi(\boldsymbol{u}))$ が定まる．

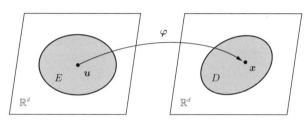

図7.11 $\boldsymbol{x}$ から $\boldsymbol{u}$ への変数変換.

変数変換 φ によって，D 上の積分と E 上の積分が次のように関係づけられる．

定理 7.26 D と E を $\mathbb{R}^d$ 内の可測な閉領域とする．$\varphi : \mathbb{R}^d \to \mathbb{R}^d$ を C^1 級の写像[12]とし，φ は E から D への全単射で，すべての $\boldsymbol{u} \in E$ に対して φ のヤコビアンは $|\det J(\boldsymbol{u})| \neq 0$ をみたすと仮定する．このとき，D 上の連続関数 f に対して

$$\int_D f(\boldsymbol{x})d\boldsymbol{x} = \int_E f(\varphi(\boldsymbol{u}))|\det J(\boldsymbol{u})|\,d\boldsymbol{u}$$

が成り立つ．

【証明】 以下の五つのステップに分けて証明する．

STEP 1 E 上のリーマン和を考える．

E を含む矩形 R を考え，その分割を $P = \{R_i\}$ とする．ただし各 R_i は一辺の長さが $2r > 0$ の（超）立方体とし，このとき分割のノルムは $\|P\| = 2r$ とな

---

[11] この記号で行列式を表すこともあるが，ここでは行列を J，行列式を $\det J$ で表して区別する．

[12] 実際は E の近傍（E を含む開領域）で C^1 級であれば十分である．

る．立方体 R_i 内の点 $\boldsymbol{\xi}_i$ を $R_i \subset E$ ならば R_i の中心にとり，そうでないときは $\boldsymbol{\xi}_i \notin E$ をみたすように選ぶ．

$g_E(\boldsymbol{u})$ を $g(\boldsymbol{u}) = f(\boldsymbol{\varphi}(\boldsymbol{u}))$ のゼロ拡張とし，R 上の関数 $g_E(\boldsymbol{u})|\det J(\boldsymbol{u})|$ に対するリーマン和を

$$W(E) = \sum_{R_i} g_E(\boldsymbol{\xi}_i)|\det J(\boldsymbol{\xi}_i)|\,\mu(R_i)$$

とする．ただし $\boldsymbol{u} \notin E$ に対しては $\det J(\boldsymbol{u}) = 0$ と定める．

STEP 2 $\boldsymbol{\varphi}$ による立方体の像の測度を調べる．

中心が $\boldsymbol{u} \in E$，一辺の長さが $2r > 0$ の立方体を

$$Q^r(\boldsymbol{u}) = \{\boldsymbol{u} + r\boldsymbol{v} \in \mathbb{R}^d \mid -1 \leq v_1, v_2, \ldots, v_d \leq 1\}$$

とし，$\boldsymbol{\varphi}$ による $Q^r(\boldsymbol{u})$ の像を

$$S^r(\boldsymbol{u}) = \boldsymbol{\varphi}(Q^r(\boldsymbol{u})) = \{\boldsymbol{\varphi}(\boldsymbol{u} + r\boldsymbol{v}) \mid \boldsymbol{u} + r\boldsymbol{v} \in Q^r(\boldsymbol{u})\}$$

と表す．すると $Q^r(\boldsymbol{u})$ の 2^d 個の頂点は $\boldsymbol{u} + r\boldsymbol{e}$（$\boldsymbol{e}$ の各成分は 1 か -1）で表され，$\boldsymbol{\varphi}$ が全微分可能であることから各 $i = 1, 2, \ldots, d$ について

$$\varphi_i(\boldsymbol{u} + r\boldsymbol{e}) = \varphi_i(\boldsymbol{u}) + r\,d\varphi_i(\boldsymbol{u})(\boldsymbol{e}) + o(r) \qquad (r \to 0)$$

が成り立つ．ただし $d\varphi_i(\boldsymbol{u})$ は $\boldsymbol{\varphi}$ の第 i 成分 φ_i の $\boldsymbol{u}$ での全微分を表す．また

$$\boldsymbol{\varphi}(\boldsymbol{u}) + r(d\varphi_1(\boldsymbol{u})(\boldsymbol{e}), d\varphi_2(\boldsymbol{u})(\boldsymbol{e}), \ldots, d\varphi_d(\boldsymbol{u})(\boldsymbol{e}))$$

の形の 2^n 個の点は平行面体の頂点であり，この平行面体を $S_0^r(\boldsymbol{u})$ で表すと，その d 次元測度は

$$\mu(S_0^r(\boldsymbol{u})) = (2r)^d|\det J(\boldsymbol{u})| = \mu(Q^r(\boldsymbol{u}))|\det J(\boldsymbol{u})|$$

で与えられる [13]．

一方，$\boldsymbol{\varphi}$ が C^1 級であることから，任意の $\varepsilon > 0$ に対してある $\delta > 0$ が存在

---

[13] 正方行列 A に対し，$|\det A|$ は A の列ベクトルを辺とする平行面体の測度（体積）である．

して，$S^r(\boldsymbol{u}) \subset E$ に対して

$$0 < r < \delta \implies S_0^{(1-\varepsilon)r}(\boldsymbol{u}) \subset S^r(\boldsymbol{u}) \subset S_0^{(1+\varepsilon)r}(\boldsymbol{u})$$

が成り立つ（図 7.12）．このとき $S^r(\boldsymbol{u})$ の測度は

$$(1-\varepsilon)^d |\det J(\boldsymbol{u})| \, \mu(Q^r(\boldsymbol{u})) \leq \mu(S^r(\boldsymbol{u})) \leq (1+\varepsilon)^d |\det J(\boldsymbol{u})| \, \mu(Q^r(\boldsymbol{u}))$$

をみたし，したがって十分小さい $\varepsilon > 0$ に対して

$$\left| \mu(S^r(\boldsymbol{u})) - |\det J(\boldsymbol{u})| \, \mu(Q^r(\boldsymbol{u})) \right| < 2d\varepsilon$$

が成り立つ．すなわち，$\boldsymbol{\varphi}$ によって測度は約 $|\det J(\boldsymbol{u})|$ 倍に拡大あるいは縮小される [14]．

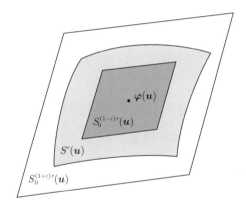

図 7.12　$\boldsymbol{\varphi}$ による $Q^r(\boldsymbol{u})$ の像 $S^r(\boldsymbol{u})$.

STEP 3　E 上のリーマン和を $\boldsymbol{\varphi}$ で D に写す．

$f_D(\boldsymbol{x})$ を $f(\boldsymbol{x})$ のゼロ拡張，$\boldsymbol{\varphi}$ による R_i の像を $S_i = \boldsymbol{\varphi}(R_i)$，$\boldsymbol{\varphi}$ により $\boldsymbol{\xi}_i$ が写された点を $\boldsymbol{\eta}_i = \boldsymbol{\varphi}(\boldsymbol{\xi}_i) \in S_i$（図 7.13）として

$$V(D) = \sum_{S_i} f_D(\boldsymbol{\eta}_i)\mu(S_i)$$

---

[14] $\det J < 0$ のときは向きが反対（裏返し）になる．

とおく．すると $g_E(\boldsymbol{\xi}_i) = f_D(\boldsymbol{\varphi}(\boldsymbol{\xi}_i)) = f_D(\boldsymbol{\eta}_i)$ より

$$V(D) - W(E) = \sum_{S_i} f_D(\boldsymbol{\eta}_i)\mu(S_i) - \sum_{R_i} g_E(\boldsymbol{\xi}_i)|\det J(\boldsymbol{\xi}_i)|\,\mu(R_i)$$

$$= \sum_{R_i} f_D(\boldsymbol{\eta}_i)\big\{\mu(\boldsymbol{\varphi}(R_i)) - |\det J(\boldsymbol{\xi}_i)|\,\mu(R_i)\big\}$$

である．ここで STEP 2 の結果を用いると

$$|V(D) - W(E)| \le 2d\varepsilon \sum_{R_i} f_D(\boldsymbol{\eta}_i)|\det J(\boldsymbol{\xi}_i)|\,\mu(R_i) \le 2dM\mu(R)\varepsilon$$

が得られる．ただし $M = \sup_{\boldsymbol{x}\in D}|f(\boldsymbol{x})| \times \sup_{\boldsymbol{u}\in E}|\det J(\boldsymbol{u})| < +\infty$ とおいた．

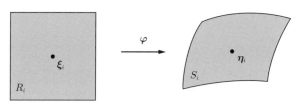

図 7.13 $\boldsymbol{\varphi}$ による R_i の像 S_i.

STEP 4 D 上の積分と関係づける．

積分の平均値の定理 7.17 より，$S_i \cap D \ne \emptyset$ ならばある $\boldsymbol{c}_i \in S_i$ に対して

$$f(\boldsymbol{c}_i)\mu(S_i \cap D) = \int_{S_i \cap D} f(\boldsymbol{x})d\boldsymbol{x}$$

が成り立つ．これをすべての S_i について加えた和を $V_0(D)$ とおくと

$$V_0(D) = \sum_{S_i} f(\boldsymbol{c}_i)\mu(S_i \cap D) = \sum_{S_i}\int_{S_i \cap D} f(\boldsymbol{x})d\boldsymbol{x} = \int_D f(\boldsymbol{x})d\boldsymbol{x}$$

である．一方，点 $\{\boldsymbol{\xi}_i\}$ の選び方から

$$V(D) - V_0(D) = \sum_{S_i \subset D}\{f(\boldsymbol{\eta}_i) - f(\boldsymbol{c}_i)\}\mu(S_i) - \sum_{S_i \cap \partial D \ne \emptyset} f(\boldsymbol{c}_i)\mu(S_i \cap D)$$

である．ここで f の一様連続性より，$\delta > 0$ が十分小さければ右辺第一項は

$|f(\boldsymbol{\eta}_i) - f(\boldsymbol{c}_i)| < \varepsilon$ をみたし，したがって

$$\left| \sum_{S_i \subset D} \{f(\boldsymbol{\eta}_i) - f(\boldsymbol{c}_i)\} \mu(S_i) \right| \le \varepsilon \sum_{S_i \subset D} \mu(S_i) \le \varepsilon \mu(D)$$

である．一方，右辺第二項は

$$\left| \sum_{S_i \cap \partial D \neq \emptyset} f(\boldsymbol{c}_i) \mu(S_i \cap D) \right| \le \sum_{S_i \cap \partial D \neq \emptyset} |f(\boldsymbol{c}_i)| \mu(S_i)$$

$$\le (1 + \varepsilon)^d \sum_{R_i \cap \partial E \neq \emptyset} |f(\boldsymbol{c}_i)| |\det J(\boldsymbol{u}_i)| \mu(R_i)$$

$$\le 2M \sum_{R_i \cap \partial E \neq \emptyset} \mu(R_i)$$

をみたす．E は可測集合なので ∂E はゼロ集合である（定理 7.11）から，r を十分小さくとると $\sum_{R_i \cap \partial E \neq \emptyset} \mu(R_i) < \varepsilon$ が成り立つ．よって

$$|V(D) - V_0(D)| \le \{\mu(D) + 2M\}\varepsilon$$

が得られた．

STEP 5 以上の議論をまとめる．

STEP 3 より $|V(D) - W(E)| < 2dM\mu(R)\varepsilon$ であり，また STEP 4 より $|V(D) - V_0(D)| \le (\mu(D) + 2M)\varepsilon$ であるから

$$|W(E) - V_0(D)| \le |W(E) - V(D)| + |V(D) - V_0(D)|$$

$$\le \{2dM\mu(R) + \mu(D) + 2M\}\varepsilon$$

である．すなわち，任意の $\varepsilon > 0$ に対してある $\delta > 0$ が存在し，$0 < r < \delta$ ならば

$$\left| \sum_{R_i} g_E(\boldsymbol{\xi}_i) |\det J(\boldsymbol{\xi}_i)| \mu(R_i) - \int_D f(\boldsymbol{x}) d\boldsymbol{x} \right| \le \{2dM\mu(R) + \mu(D) + 2M\}\varepsilon$$

が成り立つ．よって $\|P\| = 2r \to 0$ とすると

$$\int_E f(\boldsymbol{\varphi}(\boldsymbol{u}))|\det J(\boldsymbol{u})|\,d\boldsymbol{u} = \int_D f(\boldsymbol{x})d\boldsymbol{x}$$

が得られる. ■

変数変換の一つの応用として，ガンマ関数（例題 4.34）とベータ関数（例題 4.35）の性質を証明する.

例題 7.27 ベータ関数はガンマ関数を用いて

$$B(p,q) = \frac{\Gamma(p)\Gamma(q)}{\Gamma(p+q)} \qquad (p > 0,\ q > 0)$$

と表される.

[**解**] x-y 平面の第一象限を D とすると，定義から，

$$\Gamma(p)\Gamma(q) = \int_0^\infty \mathrm{e}^{-x}x^{p-1}dx \int_0^\infty \mathrm{e}^{-y}y^{q-1}dy = \int_D \mathrm{e}^{-x-y}x^{p-1}y^{q-1}d(x,y)$$

である. 右辺の広義積分の値を求めよう. 変数変換 $x = uv,\ y = u - uv$ によって，D は

$$S = \{(u,v) \mid u > 0,\ 0 < v < 1\}$$

と一対一に対応する. S の近似増加列 $\{S_n\}$ を

$$S_n = \{(u,v) \mid u > 1/n,\ 1/n < v < 1 - 1/n\}$$

で定め，対応する D の近似増加列を $\{D_n\}$ とする. ヤコビアンは

$$\det J = \det \begin{bmatrix} v & u \\ 1-v & -u \end{bmatrix} = -u$$

と計算でき，これを用いると

$$\int_{D_n} \mathrm{e}^{-x-y}x^{p-1}y^{q-1}d(x,y) = \int_{S_n} \mathrm{e}^{-u}(uv)^{p-1}v^{q-1}(1-v)^{q-1}|\det J|\,d(u,v)$$

$$= \int_{S_n} \mathrm{e}^{-u} u^{p+q-1} v^{q-1} (1-v)^{q-1} d(u,v)$$

$$= \int_{1/n}^{n} \mathrm{e}^{-u} u^{p+q-1} du \int_{1/n}^{1-1/n} v^{q-1} (1-v)^{q-1} dv$$

となる．ここで $n \to \infty$ とすると $\Gamma(p)\Gamma(q) = \Gamma(p+q)B(p,q)$ が得られる．　□

■7.3.2 ── 各種の変数変換

よく使われる変数変換の例をいくつか挙げる．以下の例では，特に断らない限りは f, D, E および φ は定理 7.26 の仮定をみたしているものとする．

● アフィン変換

アフィン変換とは線形変換と平行移動を組み合わせた $\mathbb{R}^d$ から $\mathbb{R}^d$ への写像であり，正則な d 次正方行列 A とベクトル $\boldsymbol{p}$ を用いて

$$\boldsymbol{x} = A\boldsymbol{u} + \boldsymbol{p}$$

と表される．A が正則であることから $\boldsymbol{x}$ と $\boldsymbol{u}$ は $\mathbb{R}^d$ 全体で一対一に対応し，ヤコビアンは $|\det J| = |\det A| \neq 0$ をみたしている．したがって，アフィン変換による変換公式として

$$\int_D f(\boldsymbol{x})d\boldsymbol{y} = \int_E f(A\boldsymbol{u} + \boldsymbol{p})|\det A|\, d\boldsymbol{u}$$

が得られる．

例題 7.28　重積分

$$\int_D (x - y - 3)d(x,y),$$
$$D = \{(x,y) \mid 0 \le x - y - 3 \le 1,\ 0 \le x + y + 1 \le 1\}$$

の値を求めよ．

[解]　$u = x - y - 3, v = x + y + 1$ とおく．すなわちアフィン変換を

$$x = \frac{1}{2}(u + v) + 1, \qquad y = -\frac{1}{2}(u - v) - 2$$

で定め，領域 E を

$$E = \{(u, v) \mid 0 \le u \le 1,\ 0 \le v \le 1\}$$

とすると，アフィン変換は E から D への全単射でそのヤコビアンは

$$\det J = \det \begin{bmatrix} \dfrac{1}{2} & \dfrac{1}{2} \\[2mm] -\dfrac{1}{2} & \dfrac{1}{2} \end{bmatrix} = \frac{1}{2}$$

で与えられる．したがって

$$\int_D (x - y - 3)\,d(x, y) = \int_E u|\det J|\,d(u, v) = \frac{1}{2} \int_0^1 \int_0^1 u\,du\,dv = \frac{1}{4}$$

と計算できる． □

◉ 極座標による変換

$\mathbb{R}^2$ 内の点 (x, y) を極座標 (r, θ) を用いて

$$(x, y) = (r \cos \theta, r \sin \theta) \qquad (r \ge 0,\ 0 \le \theta < 2\pi)$$

と表す．このとき，極座標による変数変換のヤコビアンは

$$\det J = \det \begin{bmatrix} \cos \theta & -r \sin \theta \\ \sin \theta & r \cos \theta \end{bmatrix} = r$$

で与えられる．したがって二重積分の極座標への変換公式として

$$\int_D f(x, y)\,d(x, y) = \int_E f(r \cos \theta, r \sin \theta) r\,d(r, \theta)$$

が得られる．

　極座標による変換は r と θ の範囲に制限があることに注意しよう．定理 7.26 で変換 φ は $\mathbb{R}^d$ 全体で定義されていると仮定していたが，実際は D と E の近傍に対して定義されていれば十分である．また $r = 0$ では一対一の対応が崩れ

ており，したがって $E \subset (0, \infty) \times [0, 2\pi)$ であれば特に問題なく定理 7.26 を適用できるが，そうでない場合には近似増加列を考える必要がある．

例題 7.29　極座標による変数変換を用いて，積分

$$\int_D x \, d(x, y), \quad D = \{(x, y) \mid x^2 + y^2 \le a^2\}$$

の値を求めよ．

[**解**]　E の近似増加列を

$$E_n = \{(r, \theta) \mid 1/n \le r \le a,\ 0 \le \theta \le 2\pi - 1/n\}$$

とし，極座標による変換を用いて

$$D_n = \{(x, y) = (r\cos\theta, r\sin\theta) \mid (r, \theta) \in E_n\}$$

と定める（図 7.14）．定理 7.26 を適用すると

$$\int_{E_n} r^2 \cos^2\theta \, d(r, \theta) = \int_{1/n}^{a} r^2 dr \int_0^{2\pi - 1/n} \cos^2\theta \, d\theta$$

$$= \frac{1}{3}(a^3 - 1/n^3) \cdot \frac{1}{2}(2\pi - 1/n)$$

を得る．したがって $\displaystyle\int_{D_n} x \, dx \to a^3\pi/3 \ (n \to \infty)$ が成り立つ．一方，$D \setminus D_n$ の面積は $n \to \infty$ とすると 0 に収束し，また被積分関数は有界であるから $\displaystyle\int_{D \setminus D_n} x \, dx \to 0 \ (n \to \infty)$ をみたす．よって

$$\int_D x \, d(x, y) = \frac{a^3\pi}{3}$$

が得られる．なお，以上のことを踏まえた上で，実際の計算では

$$\int_D d(x, y) = \int_0^a r^2 dr \int_0^{2\pi} \cos^2\theta \, d\theta = \frac{a^3\pi}{3}$$

と簡単に済ましてもよい．　　　　　　　　　　　　　　　　　　　　　□

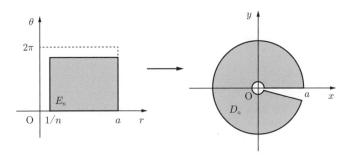

図 7.14 例題 7.29 の極座標変換.

◉ 3 次元極座標による変換

$\mathbb{R}^3$ 内の点 (x, y, z) を 3 次元極座標 (r, ϕ, θ) を用いて

$$(x, y, z) = (r \sin\phi \cos\theta, r \sin\phi \sin\theta, r \cos\phi)$$

$$(r \geq 0,\ 0 \leq \phi \leq \pi,\ 0 \leq \theta < 2\pi)$$

と表す（図 7.15）．このとき，3 次元極座標による変数変換のヤコビアンは

$$\det J = \det \begin{bmatrix} \sin\phi\cos\theta & r\cos\phi\cos\theta & -r\sin\phi\sin\theta \\ \sin\phi\sin\theta & r\cos\phi\sin\theta & r\sin\phi\cos\theta \\ \cos\phi & -r\sin\phi & 0 \end{bmatrix} = r^2 \sin\phi$$

で与えられる．したがって三重積分の極座標への変換公式として

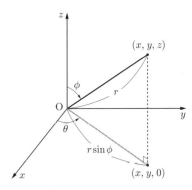

図 7.15 3 次元極座標.

$$\int_D f(x,y,z)d(x,y,z)$$

$$= \int_E f(r\sin\phi\cos\theta, r\sin\phi\sin\theta, r\cos\phi)r^2\sin\phi\,d(r,\phi,\theta)$$

が得られる.

2 次元極座標による変換と同じく，(r,ϕ,θ) の範囲には制限があり，実際の計算では例題 7.29 のような注意や工夫が必要となる.

◉ 円筒座標による変換

$\mathbb{R}^3$ 内の点 (x,y,z) を円筒座標 (r,θ,z) を用いて

$$(x,y,z) = (r\sin\theta, r\cos\theta, z) \quad (r\geq 0,\ 0\leq\theta<2\pi,\ -\infty<z<+\infty)$$

と表す.このとき，円筒座標による変数変換のヤコビアンは

$$\det J = \det\begin{bmatrix} \sin\theta & r\cos\theta & 0 \\ \cos\theta & r\sin\theta & 0 \\ 0 & 0 & 1 \end{bmatrix} = r$$

である.したがって三重積分の円筒座標への変換公式として

$$\int_D f(x,y)d(x,y) = \int_E f(r\cos\theta, r\sin\theta, z)r\,d(r,\theta,z)$$

が得られる.円筒座標による変換では $r=0$ で一対一の対応が崩れており，極座標の場合と同じ注意が必要である.

演習問題 7.3

1. 適当な変数変換を用いて次の重積分の値を求めよ.

(1) $\displaystyle\int_D (2x-y)d(x,y), \quad D=\{(x,y)\mid 1\leq x+y\leq 2,\ 0\leq x-2y\leq 2\}$

(2) $\displaystyle\int_D (ax^2+by^2)d(x,y), \quad D=\{(x,y)\mid x^2+y^2\leq r^2\}\ (a,b,r>0)$

(3) $\displaystyle\int_D \sqrt{x^2+y^2+z^2}\,\mathrm{e}^{x^2+y^2+z^2}\,d(x,y),$

$D = \{(x,y,z) \mid a^2 \le x^2+y^2+z^2 \le b^2\}$ $(0 < a < b)$

2. 3 次元極座標による変数変換を用いて，積分

$$\int_D \frac{xz}{x^2+y^2}\,d(x,y,z), \quad D = \{(x,y,z) \mid 0 \le x^2+y^2+z^2 \le 4,\ x,y,z \ge 0\}$$

の値を求めよ．

3. 円筒座標による変換を用いて，積分

$$\int_D z\,d(x,y,z), \quad D = \{(x,y,z) \mid 9 \le x^2+y^2 \le 25-z^2,\ 0 \le z \le 4\}$$

の値を求めよ．

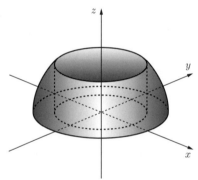

4. $\displaystyle I = \int_0^\infty \mathrm{e}^{-x^2}\,dx$ の値を

$$\int_D \mathrm{e}^{-x^2-y^2}\,d(x,y), \quad D = \{(x,y) \mid x \ge 0,\ y \ge 0\}$$

の逐次積分を用いて求めよ．

5. 次の広義重積分の値を求めよ．

(1) $\displaystyle\int_D \frac{1}{\sqrt{a^2-x^2-y^2}}\,d(x,y), \quad D = \{(x,y) \mid x^2+y^2 < a^2\}$ $(a > 0)$

(2) $\displaystyle\int_D \frac{1}{(1+x^2+y^2)^2}\,d(x,y), \quad D = \{(x,y) \mid x \ge 0,\ y \ge 0\}$

7.4 重積分の応用

■ 7.4.1 — 集合の面積と体積

ここでは主に例題を通じて，長さ，面積，体積を重積分を用いて計算するための方法について説明する.

$\mathbb{R}^d$ 内の領域 D に対し，その特性関数 $\chi(D)$ に対する下ダルブー和は D を内側から多数の矩形で埋めていくことに対応する. 一方，上ダルブー和は D を多数の矩形で被覆することに対応する. したがって，もし D に対して d 次元体積が定義できるとすれば，それは下ダルブー和と上ダルブー和ではさまれていると考えるのは自然なことである. そこで，可測な領域 D に対し，その d 次元体積を

$$\mu(D) = \int_D d\boldsymbol{x}$$

で定義する. 以下で可測な領域に対し，その体積を具体的に計算するための方法について述べる.

次の例題は，一変数関数に対する積分公式を重積分の立場から見直したものである.

例題 7.30 $\varphi(x), \psi(x)$ を区間 $[a, b]$ で連続で $\varphi(x) \leq \psi(x)$ をみたす関数とするとき，集合

$$D = \{(x, y) \mid a \leq x \leq b, \ \varphi(x) \leq y \leq \psi(x)\}$$

の面積 $\mu(D)$ を求めよ（図 7.16）.

[解] $\varphi(x)$ が $[a, b]$ で連続ならば，逐次積分により

$$\mu(D) = \int_D d(x, y) = \int_a^b \int_{\varphi(x)}^{\psi(x)} dy dx = \int_a^b \{\psi(x) - \varphi(x)\} dx$$

と計算できる（定理 7.19）. □

$\mathbb{R}^3$ 内の領域についても同様に考えることができて，例えば

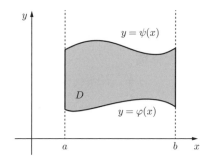

図 7.16　$y = \varphi(x)$ と $y = \psi(x)$ で挟まれた領域.

$$D = \{(x, y, z) \mid (x, y) \in E, \ \varphi(x, y) \leq z \leq \psi(x, y)\}$$

（ただし E は可測，φ と ψ は E で連続）に対して，その体積は

$$\mu(D) = \int_D d(x, y, z) = \int_E \{\psi(x, y) - \varphi(x, y)\} d(x, y)$$

で与えられる.

例題 7.31　極座標を用いて領域

$$D = \{(x, y) = (r \cos \theta, r \sin \theta) \mid \alpha \leq \theta \leq \beta, \ 0 \leq r \leq \varphi(\theta)\}$$

の面積を求めよ. ただし $-\pi \leq \alpha < \beta \leq \pi$ とし，$\varphi : [\alpha, \beta] \to [0, \infty)$ は連続である（図 7.17）.

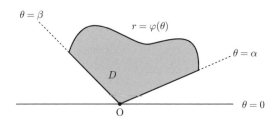

図 7.17　極座標を用いて定義される領域.

[**解**]　極座標による変換によって，領域

$$E = \{(r, \theta) \mid \alpha \le \theta \le \beta,\ 0 \le r \le \varphi(\theta)\}$$

は D に写される.したがって

$$\mu(D) = \int_D d(x, y) = \int_E r\, d(r, \theta) = \int_\alpha^\beta \left\{ \int_0^{\varphi(\theta)} r\, dr \right\} d\theta = \frac{1}{2} \int_\alpha^\beta \varphi(\theta)^2 d\theta$$

が得られる. □

次の定理は,断面積を積分することによって体積を求めることができることを示している.

定理 7.32(カヴァリエリの原理) $\mathbb{R}^{d+1}$ 内の可測な集合を

$$D = \{(x, \boldsymbol{y}) \in \mathbb{R} \times \mathbb{R}^d \mid a \le x \le b,\ \boldsymbol{y} \in E(x)\}$$

とする.ただし

$$E(x) = \{\boldsymbol{y} \in \mathbb{R}^d \mid (x, \boldsymbol{y}) \in D\} \qquad (a \le x \le b)$$

は各 x に対して $\mathbb{R}^d$ で可測な集合で,その d 次元測度 $\mu(E(x))$ は $[a, b]$ で積分可能であるとする.このとき D の $d+1$ 次元体積は

$$\mu(D) = \int_a^b \mu(E(x)) dx$$

で与えられる.

【証明】 R を $D \subset [a, b] \times R$ をみたす d 次元矩形とし,また $Q = [a, b]$ とすると,$f(x, \boldsymbol{y}) = \chi(D)$ は定理 7.18 の仮定をすべてみたしている.したがって D の体積は逐次積分により

$$\mu(D) = \int_D d(x, \boldsymbol{y}) = \int_a^b \left\{ \int_R \chi(D) d\boldsymbol{y} \right\} dx = \int_a^b \mu(E(x)) dx$$

と計算できる. ■

例題 7.33　関数 φ を $[a,b]$ 上の非負連続関数とする．このとき，φ のグラフを x 軸について回転した曲面で囲まれた回転体 D の体積を求めよ（図 7.18）．

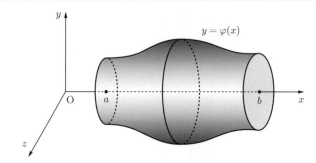

図 7.18　x 軸のまわりの回転体．

［**解**］　回転体 D は

$$D = \{(x,y,z) \mid a \leq x \leq b,\ (y,z) \in E(x)\},$$

$$E(x) = \{(y,z) \mid y^2 + z^2 \leq \varphi(x)^2\}$$

と表せる．したがって D の体積は

$$\mu(D) = \int_D d(x,y,z) = \int_a^b \left\{ \int_{E(x)} d(y,z) \right\} dx\ = \pi \int_a^b \varphi^2(x) dx$$

と計算できる． □

▍7.4.2 — 曲線の弧長

曲線の弧長を定義し，その積分を用いた計算方法について説明しよう．まず曲線に関する定義を与える．

定義 7.34　$d \geq 2$ とする．関数 $\boldsymbol{p} : \mathbb{R} \to \mathbb{R}^d$ は区間 $[a,b]$ で連続で，$\boldsymbol{p}(a) = \boldsymbol{p}(b)$ の場合を除いて一対一に対応するとき，$\boldsymbol{p}$ による $[a,b]$ の像

$$\boldsymbol{C} = \{\boldsymbol{p}(s) \in \mathbb{R}^d \mid s \in [a,b]\}$$

を**単純曲線**という．特に $\boldsymbol{p}(a) = \boldsymbol{p}(b)$ のとき $\boldsymbol{C}$ を**閉曲線**という．さらに $\boldsymbol{p}$ が C^1 級であれば $\boldsymbol{C}$ を**滑らかな単純曲線**という．

　定義から単純曲線は自分自身と交わらず，閉曲線は端点が一致する単純曲線である．$s \in [a, b]$ に対して点 $\boldsymbol{p}(s) = (p_1(s), p_2(s), \ldots, p_d(s)) \in \boldsymbol{C}$ は s とともに動く $\mathbb{R}^d$ 上の点となる（図 7.19）．この s をパラメータといい，$(\boldsymbol{p}, [a, b])$ を曲線 $\boldsymbol{C}$ の**パラメータ表示**という．なお，与えられた曲線に対してそのパラメータ表示の仕方は一つとは限らない．

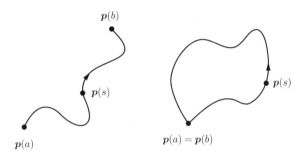

図 7.19　単純曲線（左）と閉曲線（右）.

　滑らかな曲線は 1 次元の図形であるから，その d 次元測度 $(d \geq 2)$ はゼロであるが，その長さを次のように定義する．区間 $[a, b]$ の分割 P_n を $a = s_0 < s_1 < s_2 < \cdots < s_{n-1} < s_n = b$ で定めると，$\boldsymbol{C}$ が滑らかであれば各部分区間 $[s_{j-1}, s_j]$ $(j = 1, \ldots, n)$ に対する $\boldsymbol{C}$ の長さは $\left| \boldsymbol{p}(s_j) - \boldsymbol{p}(s_{j-1}) \right|$ で近似できる．したがって，曲線全体の長さは点 $\boldsymbol{p}(s_j)$ を順に結んだ折線の長さ

$$l(P_n) = \sum_{j=1}^{n} \left| \boldsymbol{p}(s_j) - \boldsymbol{p}(s_{j-1}) \right|$$

で近似でき，この値は分割を細かくするほど大きくなる（図 7.20）．実際，P_n

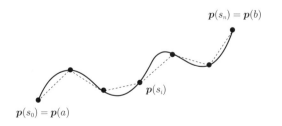

図 7.20　滑らかな単純曲線とその折線による近似.

が P_m の細分ならば，三角不等式を繰り返し用いることにより $l(P_n) \geq l(P_m)$ が成り立つ．これを踏まえて，曲線の長さ $L(\boldsymbol{C})$ を次のように定義する．

定義 7.35　単純曲線 $\boldsymbol{C} = \{\boldsymbol{p}(s) \mid s \in [a,b]\}$ の**弧長**（**長さ**）を

$$L(\boldsymbol{C}) = \sup_{P_n,\, n \in \mathbb{N}} \sum_{j=1}^{n} \left| \boldsymbol{p}(s_j) - \boldsymbol{p}(s_{j-1}) \right| \qquad \left(= \lim_{n \to \infty} \sup_{P_n} l(P_n) \right)$$

で定義する．

この定義により，すべての単純曲線に対してその弧長が定まるが，必ずしも有限とは限らないことに注意しよう [15]．また弧長がパラメータ表示の仕方によらないことは，折線の長さ $l(P_n)$ が（パラメータの値ではなく）分点の位置で定まることから明らかであろう．

定義にもとづいて弧長を求めることは容易ではないが，滑らかな曲線については次の定理が有用である．

定理 7.36　単純曲線 $\boldsymbol{C} = \{\boldsymbol{p}(s) \mid s \in [a,b]\}$ の弧長は

$$L(\boldsymbol{C}) = \int_a^b \sqrt{p_1'(s)^2 + p_2'(s)^2 + \cdots + p_d'(s)^2}\, ds$$

で与えられる．

【証明】　まず仮定から関数

$$g(s) = \sqrt{p_1'(s)^2 + p_2'(s)^2 + \cdots + p_d'(s)^2}$$

は $[a,b]$ で連続であり，したがって $[a,b]$ で積分可能であることに注意しよう．証明を3段階に分ける．

STEP 1　折線の長さ $l(P_n)$ を計算する．

分割 P_n の部分区間 $[s_{j-1}, s_j]$ $(j = 1, 2, \ldots, n)$ において，$\boldsymbol{p}$ の各成分 $p_i(s)$

---

[15] 長さが無限大の曲線の例としては，フラクタルの理論で現れるコッホ曲線や高木曲線などがある．

$(i = 1, 2, \ldots, d)$ に平均値の定理を適用すると，ある $\xi_{i,j} \in (s_{j-1}, s_j)$ に対して

$$p_i(s_j) - p_i(s_{j-1}) = p'_i(\xi_{i,j})(s_j - s_{j-1})$$

が成り立つ．したがって，折線の長さは

$$l(P_n) = \sum_{j=1}^n \sqrt{p'_1(\xi_{1,j})^2 + p'_2(\xi_{2,j})^2 + \cdots + p'_d(\xi_{d,j})^2} \,(s_j - s_{j-1})$$

と表される．

STEP 2 $l(P_n)$ を上から評価する．

g の下ダルブー和を

$$\begin{aligned} L(g, P_n) &= \sum_{j=1}^n g(\eta_j)(s_j - s_{j-1}) \\ &= \sum_{j=1}^n \sqrt{p'_1(\eta_j)^2 + p'_2(\eta_j)^2 + \cdots + p'_d(\eta_j)^2} \,(s_j - s_{j-1}) \end{aligned}$$

と表すと，$p'_i(s)^2$ の一様連続性より，任意の $\varepsilon > 0$ に対してある $\delta > 0$ が存在して

$$\|P_n\| < \delta \implies \left| p'_i(\xi_{i,j})^2 - p'_i(\eta_j)^2 \right| < \varepsilon \qquad (j = 1, 2, \ldots, n)$$

が成り立つ．したがって $\|P_n\| < \delta$ ならば

$$\begin{aligned} &\sqrt{p'_1(\xi_{1,j})^2 + p'_2(\xi_{2,j})^2 + \cdots + p'_d(\xi_{d,j})^2} \\ &\qquad < \sqrt{p'_1(\eta_j)^2 + p'_2(\eta_j)^2 + \cdots + p'_d(\eta_j)^2 + d\varepsilon} < g(\eta_j) + C_1\varepsilon \end{aligned}$$

をみたす（ε と無関係な）定数 $C_1 > 0$ が存在する．これに $s_j - s_{j-1}$ を乗じて加えると

$$l(P_n) < L(g, P_n) + C_1(b-a)\varepsilon \le \int_a^b g(s)ds + C_1(b-a)\varepsilon$$

が得られる．また，$\|P_m\| \ge \delta$ をみたす分割については，P_m の細分で $\|P_n\| < \delta$ をみたすものと比べると $l(P_m) \le l(P_n)$ であることがわかる．したがってすべ

ての分割に対して

$$l(P_n) < \int_a^b g(s)ds + C_1(b-a)\varepsilon$$

が成り立ち，ここで左辺の上限をとると

$$L(\boldsymbol{C}) = \sup_{P_n,\, n \in \mathbb{N}} l(P_n) \le \int_a^b g(s)ds + C_1(b-a)\varepsilon$$

が得られる．

STEP 3　$l(P_n)$ を下から評価する．

g の上ダルブー和を $U(g, P_n)$ とすると，STEP 2 と同様に，ある定数 $C_2 > 0$ に対して

$$\|P_n\| < \delta \implies l(P_n) > U(g, P_n) - C_2(b-a)\varepsilon$$

が成り立ち，このとき $L(\boldsymbol{C})$ は

$$L(\boldsymbol{C}) \ge l(P_n) > U(g, P_n) - C_2(b-a)\varepsilon \ge \int_a^b g(s)ds - C_2(b-a)\varepsilon$$

をみたす．

　以上より弧長 $L(\boldsymbol{C})$ は

$$\int_a^b g(s)ds - C_2(b-a)\varepsilon \le L(\boldsymbol{C}) \le \int_a^b g(s)ds + C_1(b-a)\varepsilon$$

をみたし，ここで $\varepsilon > 0$ は任意なので

$$L(\boldsymbol{C}) = \int_a^b g(s)ds = \int_a^b \sqrt{p_1'(s)^2 + p_2'(s)^2 + \cdots + p_d'(s)^2}\, ds$$

が成り立つ．　　　　　　　　　　　　　　　　　　　　　■

例題 7.37　曲線 $\boldsymbol{C}$ が $x \in [a, b]$ に対する関数 $y = f(x)$ のグラフとして表されるとし，f は C^1 級の関数とする．このとき $\boldsymbol{C}$ の弧長は

$$L(C) = \int_a^b \sqrt{1 + f'(x)^2}\, dx$$

で与えられることを示せ.

[**解**] グラフ $C = \{(x, f(x)) \in \mathbb{R}^2 \mid x \in [a, b]\}$ を

$$\boldsymbol{p}(x) = \begin{bmatrix} x \\ f(x) \end{bmatrix}, \qquad x \in [a, b]$$

とパラメータ表示すると, 定理 7.36 より弧長は

$$L(C) = \int_a^b \sqrt{p_1'(x)^2 + p_2'(x)^2}\, dx = \int_a^b \sqrt{1 + f'(x)^2}\, dx$$

と表される. □

例題 7.38   曲線 C は極座標を用いて $r = \varphi(\theta)$, $\theta \in [\alpha, \beta]$ で表されている とする. $\varphi : [\alpha, \beta] \to [0, \infty)$ が C^1 級ならば

$$L(C) = \int_\alpha^\beta \sqrt{\varphi'(\theta)^2 + \varphi(\theta)^2}\, d\theta$$

と表せることを示せ.

[**解**]   曲線 C を

$$\boldsymbol{p}(\theta) = \begin{bmatrix} \varphi(\theta) \cos\theta \\ \varphi(\theta) \sin\theta \end{bmatrix}, \qquad \theta \in [\alpha, \beta]$$

とパラメータ表示すると, 定理 7.36 より, 弧長は

$$
\begin{aligned}
L(C) &= \int_a^b \sqrt{p_1'(\theta)^2 + p_2'(\theta)^2}\, d\theta \\
&= \int_a^b \sqrt{\{\varphi'(\theta)\cos\theta - \varphi(\theta)\sin\theta\}^2 + \{\varphi'(\theta)\sin\theta + \varphi(\theta)\cos\theta\}^2}\, d\theta \\
&= \int_a^b \sqrt{\varphi'(\theta)^2 + \varphi(\theta)^2}\, d\theta
\end{aligned}
$$

と計算できる.   □

■7.4.3 ── 曲面の面積

$\mathbb{R}^2$ 内の閉領域 D で定義された $\mathbb{R}^3$ への写像 φ が連続かつ一対一対応のとき,φ による D の像 $\boldsymbol{S} = \varphi(D)$ を**曲面**といい,また (φ, D) を曲面 $\boldsymbol{S}$ の**パラメータ表示**という.例えば長方形 R 上の座標 $(u, v) \in R$ をパラメータとする曲面を考えると,φ によって (u, v) の座標格子は $\boldsymbol{S}$ 上の曲線座標に写される(図 7.21).

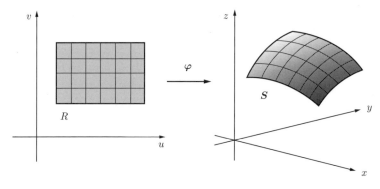

図 7.21　曲面 $\boldsymbol{S}$ のパラメータ表示.

　曲面は 3 次元空間内の 2 次元の図形であるが,その面積を定義しようとすると,曲線には見られない難しさがあることが知られている.例えば,曲面の面積を内接する多面体の面積で近似しようと考えるのは自然に思えるが,たとえ曲面が滑らかであったとしても内接多面体の面積の上限が有限とは限らない [16].実は,滑らかな曲面を外接する多面体で近似すれば,外接多面体の面積の下限で曲面積を定義できるのであるが,その計算はかなり面倒なものになる.そこで簡便な方法として,滑らかな曲面の面積を以下のように定義する.

　$\boldsymbol{S}$ を (φ, D) でパラメータ表示された曲面とし,φ は D で C^1 級であると仮定する.R を D を含む長方形とし,その分割を $P = \{R_i\}$ とする.D に含まれる小長方形 R_i は φ によって $\boldsymbol{S}$ 上の図形 $\varphi(R_i)$ に写されるが,R_i の 4 個の

---

[16] 円筒の表面に内接するシュワルツの提灯と呼ばれる多面体は,その面積がいくらでも大きくなり得ることが知られている.

頂点 (u, v), $(u+h, v)$, $(u, v+k)$, $(u+h, v+k)$ $(h, k > 0)$ に対応する S 上の点を A, B, C, D とする（図 7.22）.

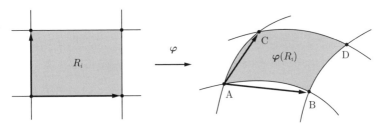

図 7.22 φ による小長方形 R_i の像.

φ が C^1 級ならば，$\varphi(R_i)$ の面積は AB と AC を辺とする平行四辺形の面積で近似できる．実際，φ が C^1 級であることから

$$\overrightarrow{\mathrm{AB}} = \varphi(u+h, v) - \varphi(u, v) = h\varphi_u + o(h) \quad (h \to 0),$$

$$\overrightarrow{\mathrm{AC}} = \varphi(u, v+k) - \varphi(u, v) = k\varphi_v + o(k) \quad (k \to 0),$$

$$\overrightarrow{\mathrm{AD}} = \varphi(u+h, v+k) - \varphi(u, v) = h\varphi_u + k\varphi_v + o(\sqrt{h^2 + k^2})$$

$$((h, k) \to (0, 0))$$

であり，ベクトル $h\varphi_u$ と $k\varphi_v$ を辺とする平行四辺形の面積はベクトルの外積 "$\times$" を用いて

$$|\overrightarrow{\mathrm{AB}} \times \overrightarrow{\mathrm{AC}}| = |\varphi_u \times \varphi_v| \, hk = |\varphi_u \times \varphi_v| \, \mu(R_i)$$

で与えられる．ここで，φ を

$$\varphi(u, v) = \begin{bmatrix} x(u, v) \\ y(u, v) \\ z(u, v) \end{bmatrix}$$

と表すと

$$\varphi_u \times \varphi_v = \begin{bmatrix} x_u \\ y_u \\ z_u \end{bmatrix} \times \begin{bmatrix} x_v \\ y_v \\ z_v \end{bmatrix} = \begin{bmatrix} y_u z_v - z_u y_v \\ z_u x_v - x_u z_v \\ x_u y_v - y_u x_v \end{bmatrix}$$

である.

このような平行四辺形を分割されたすべての小長方形について足し合わせると，$|\varphi_u \times \varphi_v|$ に対する R 上のリーマン和が得られる．以上の考察より，次のような定義に到達する.

定義 7.39　φ を $\mathbb{R}^2$ 内の閉領域 D から $\mathbb{R}^3$ への C^1 級の写像とし，S を (φ, D) でパラメータ表示された滑らかな曲面とする．このとき S の**面積** $A(S)$ を

$$A(S) = \int_D |\varphi_u \times \varphi_v| \, d(u, v)$$

で定義する.

多くの重要な曲面が関数のグラフとして表され，この場合には次の例題のような形のほうが使いやすい.

例題 7.40　D を $\mathbb{R}^2$ 内の有界な閉領域とし，$f \in C^1(D)$ とする．このとき曲面

$$S = \{(x, y, z) \mid (x, y) \in D, \ z = f(x, y)\}$$

に対し，その面積は

$$A(S) = \int_D \sqrt{1 + f_x{}^2 + f_y{}^2} \, d(x, y)$$

で与えられることを示せ.

[**解**]　曲面を

$$\varphi(x, y) = \begin{bmatrix} x \\ y \\ f(x, y) \end{bmatrix}$$

とパラメータ表示すると

$$\varphi_x \times \varphi_y = \begin{bmatrix} 1 \\ 0 \\ f_x \end{bmatrix} \times \begin{bmatrix} 0 \\ 1 \\ f_y \end{bmatrix} = \begin{bmatrix} -f_x \\ -f_y \\ 1 \end{bmatrix}$$

となる．したがって面積は

$$A(\boldsymbol{S}) = \int_D |\varphi_x \times \varphi_y|\, d(x, y) = \int_D \sqrt{1 + {f_x}^2 + {f_y}^2}\, d(x, y)$$

である．　　　　　　　　　　　　　　　　　　　　　　　　　　　□

　曲線を直線の周りで回転して得られる曲面を**回転面**という．

例題 7.41　$f(x)$ を非負の C^1 級の関数とする．$\mathbb{R}^3$ 内において，f のグラフの x 軸についての回転面 $\boldsymbol{S}$ に対し，$x \in [a, b]$ の部分の面積 $A(\boldsymbol{S})$ は

$$A(\boldsymbol{S}) = 2\pi \int_a^b f(x) \sqrt{1 + f'(x)^2}\, dx$$

で与えられることを示せ．

[**解**]　回転面 $\boldsymbol{S}$ を

$$\varphi(x, \theta) = \begin{bmatrix} x \\ f(x)\cos\theta \\ f(x)\sin\theta \end{bmatrix}, \qquad D = \{(x, \theta) \mid a < x < b,\ 0 < \theta < 2\pi\}$$

とパラメータ表示すると

$$\boldsymbol{\varphi}_x \times \boldsymbol{\varphi}_y = \begin{bmatrix} 1 \\ f' \cos\theta \\ f' \sin\theta \end{bmatrix} \times \begin{bmatrix} 0 \\ -f \sin\theta \\ f \cos\theta \end{bmatrix} = \begin{bmatrix} f'f \\ -f\cos\theta \\ -f\cos\theta \end{bmatrix}$$

である. そこで $|\boldsymbol{\varphi}_x \times \boldsymbol{\varphi}_y| = f(x)\sqrt{1 + f'(x)^2}$ となることを用いると

$$A(\boldsymbol{S}) = \int_D f(x)\sqrt{1 + f'(x)^2}\,d(x,\theta) = 2\pi \int_a^b f(x)\sqrt{1 + f'(x)^2}\,dx$$

が得られる. □

演習問題 7.4

1. カージオイド $r(\theta) = a(1 + \cos\theta)$ $(0 \le \theta \le 2\pi,\, a > 0)$ に囲まれた領域の面積を求めよ.

2. 次の領域の体積を求めよ.

(1) $D = \{(x,y,z) \mid (x/a)^{2/3} + (y/b)^{2/3} + (z/c)^{2/3} \le 1\}$ $(a,b,c > 0)$

(2) $D = \{(x,y,z) \mid x,y,z \ge 0,\ x^2 + y^2 + z^2 \le a^2,\ x^2 + y^2 \le ax\}$
$(a > 0)$

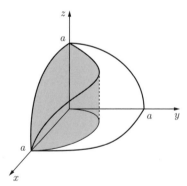

3. 次の曲線の長さを求めよ.

(1) カテナリー（懸垂曲線） $y = \dfrac{a}{2}(\mathrm{e}^{x/a} + \mathrm{e}^{-x/a})$ $(x \in [0,b],\, a,b > 0)$

(2) アルキメデス螺線 $r = a\theta$ $(\theta \in [0,b],\, a > 0)$

(3) 対数螺線 $r = a\mathrm{e}^{b\theta}$ $(\theta \in [\alpha,\beta],\, a,b > 0)$

(4) 円形螺旋 $(x, y, z) = (a\cos\theta, a\sin\theta, b\theta)$ $(\theta \in [\alpha, \beta],\ a > 0,\ b \neq 0)$

4. 曲面 $z = a^2 - x^2 - y^2,\ a > 0$ に対し，平面 $z = 0$ と $z = a^2$ の間の面積を求めよ．

5. サイクロイド $(x, y) = (a(\theta - \sin\theta), a(1 - \cos\theta))$ $(0 \leq \theta \leq 2\pi,\ a > 0)$ の x 軸についての回転面の面積と，この回転面に囲まれた回転体の体積を求めよ．

参考書

解析学についての著作は数多くあるが，その中から本書の内容を補う参考書をいくつか紹介する．

全体に内容が豊富なものとしては

[1] 鈴木武ほか，理工系のための微分積分 I, II，内田老鶴圃 (2007)

[2] 杉浦光夫，解析入門 I, II，東京大学出版会 (1980, 1985)

がある．[1] は通常の微積分の教科書よりも，理論，計算問題ともかなりの分量がある．[2] は説明は丁寧であるが重厚で読み通すのが大変なので，ある程度の理解が進んでから参考にするのがよいであろう．

部分的に詳しい解説がなされているものとしては

[3] 原惟行，松永秀章，イプシロン・デルタ論法完全攻略，共立出版 (2011)

[4] 田島一郎，解析入門，岩波書店 (1981)

[5] 小池茂昭，微分積分，数学書房 (2010)

[6] J. Březina, 柳田英二，Introduction to Calculus in English
  – 英語で学ぶ微分積分学 –，POD 版，裳華房 (2019)

がある．[3] はタイトル通りの内容であり，ε-δ 論法について習熟したい読者にお勧めする．[4] は一変数関数の解析に限定した本であるが，それゆえに ε-δ 論法についてもわかりやすく解説されている．[5] は陰関数定理に関する詳しい解説がある．数学の英語表現に興味のある読者には [6] を挙げておく．

最後に，解析学に関する古典的文献として

[7] 高木貞治，解析概論（改訂第三版），岩波書店 (1983)

を挙げておく．現代的な視点からはやや古い面もあるが，大数学者ならではの

深い含蓄が感じられる名著である.

　本書よりさらに進んだ解析学の分野としては，ベクトル解析，調和解析，測度論，複素解析，関数解析，関数方程式などがある．これらの分野に関してそれぞれ数多くの出版物があるので，その中から興味とレベルに合わせて選ぶとよいであろう.

解　答

第1章　実　数

演習問題 1.1

1. $\mathbb{R} \setminus \mathbb{Q}$ が可算であるとすると，そのすべての要素を $\alpha_1, \alpha_2, \dots$ と順に並べることができる．$\mathbb{Q}$ のすべての要素は $\beta_1, \beta_2, \dots$ と順に並べられる．すると，すべての実数は $\alpha_1, \beta_1, \alpha_2, \beta_2, \dots$ と順に並べることができ，$\mathbb{R}$ が非可算であることと矛盾する．

2. 整数係数の 2 次方程式 $ax^2 + bx + c = 0$ に対し，$n = |a| + |b| + |c|$ とおく．各 $n \in \mathbb{N}$ に対し，このような方程式は有限個であるから，その実数解も有限個である．そこで，$n = 1, 2 \dots$ に対してこれらの解を（重複を避けて）順に並べる．

演習問題 1.2

1. 上に有界ならば上界 $M > 0$ が存在する．するとアルキメデスの公理により，$N \cdot 1 > M$ となる $N \in \mathbb{N}$ が存在し，M が上界であることと矛盾する．下に有界であることも同様．

2. 有限集合ならばその中に最小値と最大値が存在し，非有界であることと矛盾する．

3. (1) 上限は $+\infty$, 下限は $-\sqrt{2}$.　(2) 上限は 1, 下限は 0.

(3) 上限は $+\infty$, 下限は 0.　(4) 上限は 1, 下限は -1.

4. (1) $-s$ が $\{-x \mid x \in A\}$ の上界ならば，すべての $x \in A$ に対して $-s \geq -x$（すなわち $x \geq s$）が成り立つ．したがって s は A の下界である．また $\{-x \mid x \in A\}$ の最小の上界は A の最大の下界である．

(2) s が A の上界，t が B の上界ならば，すべての $x \in A$ と $y \in B$ に対して，$s \geq x$, $t \geq y$ が成り立ち，したがって $s + t$ は $\{x + y \mid x \in A, y \in B\}$ の上界である．また s が A の下限，t が B の下限ならば，$s + t$ より小さい上界は存在しない．

(3) (2) と同様．

5. アルキメデスの公理により，任意の実数 $a < b$ に対して $N(b - a) > 1$ となる $N \in \mathbb{N}$ が存在し，この N に対して $k > Na$ をみたす $k \in \mathbb{N}$ が存在する．このような k の中で最小なものをとると，$Na < k \leq N(a + 1) < Nb$ が成り立ち，したがって $a < k/N < b$ となる．

第 2 章　数列と級数

演習問題 2.1

1. 任意の $\varepsilon > 0$ に対し，$N \in \mathbb{N}$ を $N\varepsilon > 1$ をみたすようにとると，$n \geq N$ について $|(\sin n)/n - 0| \leq 1/n \leq 1/N < \varepsilon$ が成り立つ.

2. 任意の $\varepsilon > 0$ に対し，$N \in \mathbb{N}$ を $N\varepsilon > C(1-\varepsilon)$ をみたすようにとると，$n \geq N$ について $|n/(n+C) - 1| = C/(n+C) \leq C/(N+C) < \varepsilon$ が成り立つ.

3. $\lim_{n\to\infty} a_n = a$, $\lim_{n\to\infty} b_n = b$ とおき，$a > b$ と仮定して矛盾を導く. 定義より，任意の $\varepsilon > 0$ に対してある $N_a, N_b \in \mathbb{N}$ が存在し，$n \geq N_a \implies |a_n - a| < \varepsilon$, $n \geq N_b \implies |b_n - b| < \varepsilon$ が成り立つ. そこで $\varepsilon < (a-b)/2$, $N = \max\{N_a, N_b\}$ ととると，$b_N < b + \varepsilon < a - \varepsilon < a_N$ となり仮定に矛盾する. $a_n < b_n$ をみたす場合は同様に $a \leq b$ が成り立つが，$a < b$ とは限らない.

演習問題 2.2

1. $I = [c, d]$ とする. $a > d$ ならば，$0 < \varepsilon < a - d$ に対してある $N \in \mathbb{N}$ が存在し，$n \geq N \implies a - \varepsilon < a_n$ が成り立つが，これは $\{a_n\}$ が a に収束することと矛盾. $a < c$ の場合も同様. I が開区間の場合は極限値が I の端点となることがあるので，I に含まれるとは限らない.

2. 相加相乗平均の不等式より $0 < a_n < a_{n+1} < b_{n+1} < b_n$ が成り立つから $\{a_n\}$ は単調増加，$\{b_n\}$ は単調減少である. また $b_{n+1} - a_{n+1} = (\sqrt{b_n} - \sqrt{a_n})^2/2 < (b_n - a_n)/2$ より $b_n - a_n \to 0$ $(n \to \infty)$ である. よって区間縮小法の原理により，$\{a_n\}$ と $\{b_n\}$ は同じ値に収束する.

3. 上極限，下極限はそれぞれ (1) $1, -1$　(2) $3/2, -3/2$　(3) $1, -1$.

演習問題 2.3

1. (1) $a > b+1$ ならば収束，$a \leq b+1$ ならば $+\infty$ に発散.

(2) $a > 1/2$ ならば収束，$a \leq 1/2$ ならば発散.

(3) $a > 1$ ならば収束，$a \leq 1$ ならば $+\infty$ に発散.

(4) $a > 1$ ならば収束，$a \leq 1$ ならば $+\infty$ に発散.

2. (1) $a > 1$ ならば絶対収束，$0 < a \leq 1$ ならば条件収束. (2) 条件収束.

3. 定理 2.32 の証明で，(iii) の c を徐々に大きくしていけばよい.

4. $\sum \sqrt{a_n b_n} \leq (1/2) \sum (a_n + b_n) < \infty$.

5. $\sum_{n=1}^{j} |c_n| \leq \left(\sum_{n=1}^{j} |a_n| \right) \left(\sum_{n=1}^{j} |b_n| \right) \leq \left(\sum |a_n| \right) \left(\sum |b_n| \right) < \infty$ より $\sum c_n$ は絶対収束する. また

$$\left| \sum_{n=1}^{2j} c_n - \left(\sum_{n=1}^{j} a_n \right) \left(\sum_{n=1}^{j} b_n \right) \right|$$

$$\leq \left(\sum_{n=1}^{j} |a_n|\right)\left(\sum_{n=j+1}^{2j} |b_n|\right) + \left(\sum_{n=1}^{j} |b_n|\right)\left(\sum_{n=j+1}^{2j} |a_n|\right)$$

$$\leq \left(\sum |a_n|\right)\left(\sum_{n=j+1}^{2j} |b_n|\right) + \left(\sum |b_n|\right)\left(\sum_{n=j+1}^{2j} |a_n|\right)$$

$$\to 0 \qquad (j \to \infty)$$

より，$\sum c_n = \left(\sum a_n\right)\left(\sum b_n\right)$ を得る．

第 3 章　関数の極限と連続性

演習問題 3.1

1. (1) $f(y) = (y^2 - 1)/(2y)$.　(2) $f(y) = (y^2 + 1)/(2y)$.

2. $x \in [-1, 1]$ に対して $\cos \circ \arccos(x) = x$ であるが，$x \notin [-1, 1]$ に対しては $\cos \circ \arccos(x)$ は定義されない．$x \in [0, \pi]$ に対して $\arccos \circ \cos(x) = x$ であるが，$x \in [0, \pi]$ に対して $\arccos \circ \cos(x) \neq x$ である．したがって，$\arccos \circ \cos(x)$ と $\cos \circ \arccos(x)$ は $x \in [0, 1]$ に対してその値は等しいが，定義域が異なる．

3. (1) $f^{-1}(y) = \sqrt[3]{1 - y^3}$, $D_{f^{-1}} = (-\infty, 1]$.

(2) $f^{-1}(y) = \begin{cases} \sqrt{y + 1} & (y \geq -1) \\ y + 1 & (y < -1) \end{cases}$, $D_{f^{-1}} = \mathbb{R}$.

(3) $f^{-1}(y) = \log(y + \sqrt{y^2 + 1})$, $D_{f^{-1}} = \mathbb{R}$.

(4) $f^{-1}(y) = \log(y + \sqrt{y^2 - 1})$, $D_{f^{-1}} = [1, \infty)$.

演習問題 3.2

1. 数列に対する定理 2.11 に注意し，定理 3.4 を適用する．

2. $a \notin D$ ならば，D が閉集合であることから，ある $\varepsilon > 0$ に対して $U^\varepsilon(a) \cap D = \emptyset$ が成り立つ．$x_n \to a$ $(n \to \infty)$ の定義より，これは $\{x_n\}$ が D 内の点列であることと矛盾する．

3. 例題 2.2 と同様．

4. $\forall \varepsilon > 0, \exists K > 0$ $(x > K \implies |f(x) - a| < \varepsilon)$ とすると，$\forall \varepsilon > 0, \exists \delta = 1/K > 0$ $(|x - 0| < \delta \implies |f(1/x) - a| < \varepsilon)$.

5. $\forall \varepsilon > 0, \exists \delta > 0$ $(|x - a| < \delta \implies |f(x) - L| < \varepsilon)$ より，$x \in U^\delta(a)$ ならば $|f(x)| < |L| + \varepsilon$ をみたす．

6. $a \in \mathbb{R}$ を任意に固定すると，有理数と無理数の稠密性より，任意の $\delta > 0$ に対して $U^\delta(a) \setminus \{a\}$ に属する有理数 α と無理数 β が存在する．このとき $|f(\alpha) - L| \geq 1/2$ あるいは $|f(\beta) - L| \geq 1/2$ のいずれか一方が必ず成り立つ．したがって，$\varepsilon = 1/2$

とすると $|f(x) - L| \geq \varepsilon$ が $x = \alpha$ あるいは $x = \beta$ で成り立つ. よって f は極限を
もたない.

演習問題 3.3

1. $0 < \varepsilon < f(\boldsymbol{a})$ とすると, $|f(\boldsymbol{x}) - f(\boldsymbol{a})| < \varepsilon$ となる近傍 $U^\delta(\boldsymbol{a})$ が存在し, $\boldsymbol{x} \in U^\delta(\boldsymbol{a}) \Longrightarrow f(\boldsymbol{x}) > f(\boldsymbol{a}) - \varepsilon > 0$ が成り立つ.

2. $\boldsymbol{a} \in D$ に対して $|f(\boldsymbol{x}) - \boldsymbol{a}| < \varepsilon \Longrightarrow ||f(\boldsymbol{x})| - |f(\boldsymbol{a})|| \leq |f(\boldsymbol{x}) - f(\boldsymbol{a})| < \varepsilon.$

3. $g(x) = f(x) - x$ は $[a, b]$ で連続で $g(a) \geq 0 \geq g(b)$ をみたすから, 中間値の定理より $g(c) = f(c) - c = 0$ となる $c \in [a, b]$ が存在する.

4. $\sin y, 1/x$ の連続性から, 合成関数 $\sin(1/x)$ は $(0, 1)$ で連続である. $\forall \varepsilon > 0$ に対して $0 < x, y < \varepsilon$ かつ $|\sin(1/x) - \sin(1/y)| = 2$ をみたす x, y が存在するから一様連続でない.

第 4 章　一変数関数の微分と積分

演習問題 4.1

1. (1) $f(x)/h(x) \to 0,\ g(x)/h(x) \to 0$ より $\{f(x) + g(x)\}/h(x) \to 0$.
   (2) $|f(x)| \leq C_1|g(x)|,\ |g(x)| \leq C_2|h(x)|$ より $|f(x)| \leq C_1|g(x)| \leq C_1C_2|h(x)|$.

2. (1) $o(x^m)/x^m \to 0,\ |O(x^n)| \leq C|x|^n$ より

$$\left| \frac{o(x^m)O(x^n)}{x^{m+n}} \right| \leq \frac{|o(x^m)|C|x|^n}{|x^{m+n}|} = \frac{C|o(x^m)|}{|x^m|} \to 0.$$

$|O(x^m)| \leq C_1|x^m|,\ |O(x^n)| \leq C_2|x^n|$ より $|O(x^m)O(x^n)| = |O(x^m)||O(x^n)| \leq C_1C_2|x^{m+n}|$.
(2) $|x^n| \leq C|x^m|$ より

$$\left| \frac{o(x^m) + o(x^n)}{x^m} \right| \leq \left| \frac{o(x^m)}{x^m} \right| + \left| \frac{o(x^n)}{x^m} \right|$$
$$\leq \left| \frac{o(x^m)}{x^m} \right| + C \left| \frac{o(Cx^m)}{(Cx)^m} \right| \to 0.$$

$|O(x^m) + O(x^n)| \leq |O(x^m)| + |O(x^n)| \leq C_1|x^m| + C_2|x^m| = (C_1 + C_2)|x^m|$.

3. $f(0) = 0,\ |f(h)| \leq h^2$ より $f(h) = f(0) + 0h + o(h)\ (h \to 0)$. したがって $f'(0) = 0$.

4. コーシーの平均値の定理より $|\sin x - \sin y| = |(x - y)\cos \xi| \leq |x - y|$, $|\sinh x - \sinh y| = |(x - y)\cosh \xi| \geq |x - y|$.

5. (1) $1/2$　(2) $1/2$　(3) 0　(4) $1/6$　(5) 0　(6) $1/e$

演習問題 4.2

1. (1) $x + 2x^2 + 2x^3 + \cdots + \dfrac{2^{n-1}}{(n-1)!}x^n + r_n(x)$

(2) $x^2 - \dfrac{1}{3!}x^4 + \dfrac{1}{5!}x^6 + \cdots + \dfrac{(-1)^{n-1}}{(2n-1)!}x^{2n} + r_{2n}(x)$

(3) $1 + \alpha x + \dfrac{1}{2}\alpha(\alpha-1)x^2 + \cdots + \dfrac{\alpha(\alpha-1)\cdots(\alpha-n+1)}{n!}x^n + r_n(x)$

2. $\log a + \dfrac{1}{a}(x-a) - \dfrac{1}{a^2}(x-a)^2 + \cdots + \dfrac{(-1)^{n-1}(n-1)!}{a^n}(x-a)^n + r_n(x)$

3. (1) $1/3$ (2) 1

4. (1) $x = 1$ で極大値 3, $x = 3$ で極小値 -1.

(2) $x = -1$ で極小値 $-1/2$, $x = 1$ で極大値 $1/2$.

(3) $x = (n-1/4)\pi$ で極小値 $e^{(n-1/4)\pi}/\sqrt{2}$,

$x = (n+3/4)\pi$ で極大値 $e^{(n+3/4)\pi}/\sqrt{2}$.

5. $f(x) = o(x^2)$ より $x = 0$ で微分可能で,$f'(0) = 0$ であるから臨界点である.一方,$x = 0$ の任意の近傍で無限回,符号変化する.

演習問題 4.3

1. $I_1 = 1$, $n \geq 2$ が偶数のとき $I_n = \dfrac{1 \cdot 3 \cdot 5 \cdot (n-1)}{2 \cdot 4 \cdot 6 \cdot n}$, $n \geq 3$ が奇数のとき $I_n = \dfrac{2 \cdot 4 \cdot 6 \cdot (n-1)}{1 \cdot 3 \cdot 5 \cdot n}$.

2. $a \leq kT < a+T$ となる $k \in \mathbb{Z}$ をとると

$$\int_a^{a+T} f(x)dx = \int_a^{kT} f(x)dx + \int_{kT}^{a+T} f(x)dx$$
$$= \int_{a+T}^{kT+T} f(x)dx + \int_{kT}^{a+T} f(x)dx$$
$$= \int_{kT}^{kT+T} f(x)dx = \int_0^T f(x)dx.$$

3. (1) $p > -1, p+q < -1$.   (2) $p > -1, q > -1$.

(3) $-2 < p \leq -1, q \neq 0$, または $q = 0$.

4. $x = \sin^2\theta$ とおくと

$$B(p,q) = \int_0^{\pi/2} (\sin^2\theta)^{p-1}(1-\sin^2\theta)^{q-1}(\sin^2\theta)' d\theta$$
$$= 2\int_0^{\pi/2} \sin^{2p-1}\theta \cos^{2q-1}\theta \, d\theta.$$

5. 部分積分により

$$B(m,n) = \left[\frac{1}{m}x^m(1-x)^{n-1}\right]_0^1 + \int_0^1 x^m(1-x)^{n-2}dx$$

$$= \frac{n-1}{m}B(m+1,n-1).$$

同様の計算を繰り返して

$$B(m,n) = \frac{(m-1)!(n-1)!}{(m+n-2)!}\int_0^1 x^{m+n-2}dx = \frac{(m-1)!(n-1)!}{(m+n-1)!}.$$

第5章　関数列と関数項級数

演習問題 5.1

1. (1) 各点収束　(2) 各点収束　(3) 一様収束　(4) 一様収束

2. $\forall \varepsilon > 0, \exists \delta \in \mathbb{N}\,(|x-y| < \delta \implies |f(x) - f(y)| < \varepsilon$ である．このとき，$N\delta > 1$ をみたす $N \in \mathbb{N}$ に対し，$n \geq N \implies |f(x+1/n) - f(x)| < \varepsilon$ がすべての $x \in \mathbb{R}$ について成り立つので一様収束する．

3. $1 + n^2 x^2 \geq 2nx$ より，すべての $n \in \mathbb{N}$ と $x \in \mathbb{R}$ に対して $|f_n(x)| \leq 1/2$ であるから $\{f_n\}$ は一様有界である．一方，任意の $\delta > 0$ に対して $n\delta > 1$ をみたす $n \in \mathbb{N}$ をとると，$0 < 1/n < \delta$ かつ $|f(1/n) - f(0)| = 1/2$ であるから $\{f_n\}$ は同程度連続ではない．

演習問題 5.2

1. (1) 一様収束　(2) $x = 0$ で収束，$x \in (0, 1]$ で発散．

2. $\sum |c_n|$ が優級数となるから一様収束する．

3. $\displaystyle\sup_{x \in [0,\infty)} |f_n(x)| = 1/n$ より，最小の優級数は $\sum 1/n$ であるが，この級数は発散する．一方，$i \neq j$ に対して $f_i(x) > 0$ となる区間と $f_j(x) > 0$ となる区間は重ならない．そこで $\forall \varepsilon > 0$ に対して $N \in \mathbb{N}$ を $N > 1/\varepsilon$ をみたすようにとると，コーシー条件 $N \leq i < j \implies \displaystyle\sup_{x \in [0,\infty)} |s_j(x) - s_i(x)| \leq 1/N < \varepsilon$ をみたす．よって $\sum f_n$ は $[0, \infty)$ で一様収束する．

4. (1) $-\infty < x < +\infty$　(2) $x = 0$　(3) $-1 < x < 1$　(4) $-1/2 \leq x \leq 1/2$

5. (1) $f(x) = 2x - \dfrac{7}{3}x^3 + \cdots + \dfrac{(-1)^{n-1}(1 + 3^{2n+1})}{(2n+1)!}x^{2n+1} + \cdots, \quad -\infty < x < +\infty$

(2) $f(x) = x + \dfrac{1}{2}x^2 + \dfrac{1}{3}x^3 + \cdots + \dfrac{1}{n}x^n + \cdots, \quad -1 \leq x < 1$

第6章 多変数関数の微分

演習問題 6.1

1. (1) $(x, y) \in \mathbb{R}^2$ に対して $df(x, y) = -2x \sin(x^2 + y^2)dx - 2y \sin(x^2 + y^2)dy$.

(2) $x + y \neq 0$ に対して $df(x, y) = \dfrac{1}{x + y}dx + \dfrac{1}{x + y}dy$.

(3) $xy > 0$ に対して $df = \dfrac{y}{2\sqrt{|xy|}}dx + \dfrac{x}{2\sqrt{|xy|}}dy$, $xy < 0$ に対して $df = -\dfrac{y}{2\sqrt{|xy|}}dx - \dfrac{x}{2\sqrt{|xy|}}dy$.

(4) $xy > 0$ に対して $df = ydx + xdy$, $xy < 0$ に対して $df = -ydx - xdy$, $(x, y) = (0, 0)$ に対して $df = 0$.

2. $df : \boldsymbol{h} \mapsto 0$ であるが, $f_x = 2x \sin\left(\dfrac{1}{\sqrt{x^2 + y^2}}\right) + \dfrac{x}{\sqrt{x^2 + y^2}} \cos\left(\dfrac{1}{\sqrt{x^2 + y^2}}\right)$, $f_y = 2y \sin\left(\dfrac{1}{\sqrt{x^2 + y^2}}\right) + \dfrac{y}{\sqrt{x^2 + y^2}} \cos\left(\dfrac{1}{\sqrt{x^2 + y^2}}\right)$ は $(x, y) \to (0, 0)$ で極限をもたない.

3. $df/dt = f_x x_t + f_y y_t + f_z z_t = 2yzt + xz/t + xy/\cos^2 t$

4. $z_x = f_u u_x + f_v v_x = 2x f_u(x^2 - y^2, xy) + y f_v(x^2 - y^2, xy)$,
$z_y = f_u u_y + f_v v_y = -2y f_u(x^2 - y^2, xy) + x f_v(x^2 - y^2, xy)$.

5. 右辺に $z_r = z_x \cos\theta + z_y \sin\theta$, $z_{rr} = z_{xx} \cos^2\theta + 2z_{xy} \cos\theta \sin\theta + z_{yy} \sin^2\theta$, $z_{\theta\theta} = z_{xx} r^2 \sin^2\theta - 2z_{xy} r^2 \cos\theta \sin\theta + z_{yy} r^2 \cos^2\theta - z_x r \cos\theta - z_y r \sin\theta$ を代入して整理する.

6. $z_{xx} = f''(x - ct) + g''(x + ct)$, $z_{tt} = c^2 f''(x - ct) + c^2 g''(x + ct)$ より $z_{tt} = c^2 z_{xx}$.

7. $\forall \varepsilon > 0, \exists \delta > 0 \ (t, s \in U^\delta(a) \setminus \{a\} \implies \sup_{\boldsymbol{x} \in D} |f(\boldsymbol{x}, t) - f(\boldsymbol{x}, s)| < \varepsilon)$.

演習問題 6.2

1. (1) $x + y + \dfrac{2}{3}x^3 - \dfrac{2}{3}y^3$ (2) $1 + x + y + \dfrac{1}{2}(x + y)^2 - \dfrac{1}{6}(x + y)^3$

(3) $xy + x^3 y + xy^3$

2. (1) $(x - 1)(y - 1) - \dfrac{1}{2}(x - 1)^2(y - 1) - \dfrac{1}{2}(x - 1)(y - 1)^2$

(2) $(x - 1) + (y - 1) - \dfrac{1}{6}(x - 1)^3 - \dfrac{1}{2}(x - 1)^2(y - 1) - \dfrac{1}{2}(x - 1)(y - 1)^2 - \dfrac{1}{6}(x - 1)^3$

(3) $(x \quad 1) - (y - 1) + \dfrac{1}{6}(x - 1)^3 - \dfrac{1}{2}(x - 1)^2(y - 1) + \dfrac{1}{2}(x - 1)(y - 1)^2 - \dfrac{1}{6}(y - 1)^3$

3. (1) $(0,0)$ は鞍点. $(\pm 1, \pm 1)$ で極小値 -2.

(2) $(0,0)$ は臨界点だが極値をとらない. $(\pm 1, \pm 1)$ で極大値 2.

(3) $(0,0)$ で極小値 0. $(\pm 1, 0)$ で極大値 a/e. $(0, \pm 1)$ は鞍点.

4. $(x,y) = (\pi/3, \pi/6)$ で極大値 $3\sqrt{3}/2$.

演習問題 6.3

1. (1) $|a| < 2/\sqrt{3}$ のとき $\varphi'(a) = -(2a-b)/(a-2b)$. $a = 1/\sqrt{3}$ のとき極大値 $b = 2/\sqrt{3}$. $a = -1/\sqrt{3}$ のとき極小値 $b = -2/\sqrt{3}$.

(2) $(a,b) \neq (0,0)$, $(a,b) \neq (\sqrt[3]{4}, \sqrt[3]{2})$ のとき $\varphi'(a) = (a^2 - b)/(a - b^2)$. $a = \sqrt[3]{2}$ のとき極大値 $b = \sqrt[3]{4}$.

2. (1) $f_y(a,b) \neq 0$ ならば陰関数 $y = \varphi(x)$ が定義され, 接点が (a,b), $\varphi'(a) = -f_x(a,b)/f_y(a,b)$ より接線の方程式が得られる. $f_x(a,b) \neq 0$ ならば陰関数 $x = \psi(y)$ が定義され, 接線の方程式は同様にして得られる.

(2) (1) と同様.

3. (1) $((n+1/8)\pi, (n-1/8)\pi)$, $n \in \mathbb{Z}$ で極大値 $1 + 1/\sqrt{2}$.

$((n+5/8)\pi, (n-3/8)\pi)$, $n \in \mathbb{Z}$ で極小値 $1 - 1/\sqrt{2}$.

(2) $(a,0)$ で最大値 a^2, $(0,b)$ で最小値 b^2. (3) $(2,2,2)$ で最大値 8.

4. 関数 $f(x,y,z) = x^2 + y^2 + z^2$ を制約条件 $g(x,y,z) = ax + by + cz + d = 0$ のもとで最小化する. ラグランジュの未定乗数法を用いると f の最小値は $d^2/(a^2 + b^2 + c^2)$ であり, したがって最短の距離は $|d|/\sqrt{a^2 + b^2 + c^2}$.

第7章　多変数関数の積分

演習問題 7.1

1. (1) $A \subset B$ ならば, A の被覆は B も被覆するので $\mu(A) \leq \mu(B)$.

(2) $A_1, \ldots, A_n$ をゼロ集合とし, $A = \bigcup A_i$ とすると A を含む矩形の分割を考えると, $\mu(A) \leq \sum \mu_{A_i}$ が示せる.

2. D を含む矩形 R の分割を $P = \{R_i\}$ とすると, $\{R_i \times [m_i, M_i]\}$ はグラフを被覆する. この被覆の $d+1$ 次元測度は $\sum_{R_i} \mu(R_i)(M_i - m_i) = U(f,P) - L(f,P) \to 0$ $(\|P\| \to 0)$ をみたす.

3. 各 $t \in [c,d]$ に対して $F(t) = \int_D f(\boldsymbol{x}, t) d\boldsymbol{x}$ とおき, 定理 6.14 と同様に平均値の定理を用いて $F(t+h) = F(t) + h \int_D f_t(\boldsymbol{x}, t) d\boldsymbol{x} + h \int_D \{f_t(\boldsymbol{x}, t + \theta h) - f_t(\boldsymbol{x}, t + \theta h)\} d\boldsymbol{x}$ と表して $h \to 0$ とする.

演習問題 7.2

1. (1) $2/3$ (2) 2 (3) $-3/4 + 2e$ (4) $1/12$

2.
$$\int_D f_{xy}(x,y)\,d(x,y) = \int_a^b \int_c^d f_{xy}(x,y)\,dy\,dx = \int_a^b \Big[f_x(x,y) \Big]_c^d dx$$
$$= \int_a^b \{f_x(x,d) - f_x(x,c)\}\,dx = \Big[f(x,d) - f(x,c) \Big]_a^b$$
$$= \{f(b,d) - f(b,c)\} - \{f(a,d) - f(a,c)\}$$

3. (1) $\displaystyle\int_0^1 \int_y^{\sqrt{y}} f(x,y)\,dx\,dy$ (2) $\displaystyle\int_0^1 \int_0^{\sqrt{1-y^2}} f(x,y)\,dx\,dy$

4. $\alpha > 1$ かつ $\beta > 1$ のとき $1/\{(\alpha-1)(\beta-1)\}$.

5. $1/\{(1-\alpha)(2-\alpha)\}$

演習問題 7.3

1. (1) アフィン変換を用いて $5/2$. (2) 2 次元極座標変換を用いて $\pi(a+b)r^2/4$.
(3) 3 次元極座標変換を用いて $2\pi\{(b^2-1)e^{b^2} - (a^2-1)e^{a^2}\}$.

2. $D_n = \{(x,y,z) \mid 1/n \le x^2 + y^2 + z^2 \le 4,\ x,y,z \ge 0\}$ とおくと

$$\int_{D_n} \frac{xz}{x^2+y^2}\,d(x,y,z) = \int_{D_n} \frac{r^2 \sin\phi \cos\phi \cos\theta}{r^2 \sin^2\phi}\, r^2 \sin\phi\,d(r,\phi,\theta)$$
$$= \int_{1/n}^2 \int_0^{\pi/2} \int_0^{\pi/2} r^2 \cos\phi \cos\theta\,d\theta\,d\phi\,dr \to \frac{8}{3} \quad (n \to \infty).$$

3. 円筒座標を用いる変換は $E = \{(r,\theta,z) \mid 3 \le r \le \sqrt{25-z^2},\ 0 \le \theta < 2\pi,\ 0 \le z \le 4\}$ から D への全単射となる. 非積分関数は有界なので

$$\int_D z\,d(x,y,z) = \int_0^4 \int_0^{2\pi} \int_3^{\sqrt{25-z^2}} zr\,dr\,d\theta\,dz = \frac{\pi}{64}.$$

4. 極座標変換により $\displaystyle\int_D e^{-x^2-y^2}\,d(x,y) = \pi/4$. 一方, 逐次積分により

$$\int_D e^{-x^2-y^2}\,d(x,y) = \int_0^\infty e^{-x^2}\,dx \int_0^\infty e^{-y^2}\,dy = I^2.$$

よって $I = \sqrt{\pi}/2$.

5. (1) $2\pi a$ (2) $\pi/4$

演習問題 7.4

1. $3\pi a^2/2$

2. (1) $4\pi abc/35$　(2) $\left(\dfrac{\pi}{6} - \dfrac{2}{9}\right)a^2$

3. (1) $a\sinh(b/a)$　(2) $\dfrac{a}{2}\{b\sqrt{b^2+1} + \log(b + \sqrt{b^2+1})\}$

　　(3) $\dfrac{a^2}{4b}(\mathrm{e}^{2b\beta} - \mathrm{e}^{2b\alpha})$　(4) $\sqrt{a^2+b^2}(\beta - \alpha)$

4. 曲面を

$$\varphi(r,\theta) = \begin{bmatrix} r\cos\theta \\ r\sin\theta \\ a^2 - r^2 \end{bmatrix}, \qquad D = \{(r,\theta) \mid 0 < r < a,\ 0 < \theta < 2\pi\}$$

とパラメータ表示すると，$|\varphi_r \times \varphi_\theta| = r\sqrt{1+4r^2}$ である．これより表面積は

$$\int_D \sqrt{1+4r^2}\, d(r,\theta) = \frac{\pi}{6}\big\{(1+4a^2)^{3/2} - 1\big\}.$$

5. 面積 $64\pi a^2/3$，体積 $5\pi^2 a^3$.

記号索引

事項索引

・サ行・

著者略歴

柳田 英二（やなぎだ　えいじ）

1957 年 富山県生まれ．1984 年 東京大学大学院工学系研究科博士課程修了．金沢工業大学講師，宮崎大学助教授，東京工業大学助教授，東京大学助教授，東北大学教授を歴任．2010 年より東京工業大学理学院数学系教授，現在に至る．工学博士．専門は非線形数理，微分方程式．

　主な著書：『反応拡散方程式』（東京大学出版会），『理工系の数理　数値計算』（共著，裳華房），『常微分方程式論』（共著，朝倉書店）など

数学のとびら **解析入門**

2022 年 2 月 15 日　第 1 版 1 刷発行

検 印
省 略

定価はカバーに表示してあります．

著作者　　柳　田　英　二
発行者　　　　吉　野　和　浩
発行所　　東京都千代田区四番町 8-1
　　　　　電　話　03-3262-9166（代）
　　　　　郵便番号　102-0081
　　　　　株式会社　裳　華　房
印刷所　　三 美 印 刷 株 式 会 社
製本所　　株 式 会 社 松 岳 社

ISBN 978-4-7853-1208-4